高等学校计算机科学与技术项目驱动案例实践系列教材

基于Web技术的物联网应用开发

梁立新　周行　编著

清华大学出版社
北京

内 容 简 介

本书是学习 Web 技术和物联网应用开发的教材。本书应用项目驱动教学模式，通过完整的项目案例，系统地介绍使用 Web 技术开发物联网应用的方法和技术。内容包括物联网与开发技术概述、智能家居 Web 应用概述、HTML 页面设计、CSS 样式表设计、JavaScript 编程、Web 开发框架与插件、Web 应用物联网中间件。

本书注重理论与实践相结合，内容翔实，提供大量实例，突出应用能力和创新能力的培养，将一个实际项目的知识点分解在各章作为案例讲解，是一本实用性突出的教材。

本书可作为高等学校计算机类专业相关课程的教材，也可供物联网应用设计与开发的工程技术人员参考使用。

图书在版编目（CIP）数据

基于 Web 技术的物联网应用开发/梁立新，周行编著. —北京：清华大学出版社，2022.5（2023.1重印）
高等学校计算机科学与技术项目驱动案例实践系列教材
ISBN 978-7-302-59853-4

Ⅰ. ①基… Ⅱ. ①梁… ②周… Ⅲ. ①物联网－程序设计－高等学校－教材 Ⅳ. ①TP393.4 ②TP18

中国版本图书馆 CIP 数据核字（2021）第 280321 号

责任编辑：张瑞庆
封面设计：常雪影
责任校对：李建庄
责任印制：曹婉颖

出版发行：清华大学出版社
网　　址：http://www.tup.com.cn，http://www.wqbook.com
地　　址：北京清华大学学研大厦 A 座　　**邮　　编**：100084
社 总 机：010-83470000　　**邮　　购**：010-62786544
投稿与读者服务：010-62776969，c-service@tup.tsinghua.edu.cn
质量反馈：010-62772015，zhiliang@tup.tsinghua.edu.cn
课件下载：http://www.tup.com.cn，010-83470236
印 装 者：三河市铭诚印务有限公司
经　　销：全国新华书店
开　　本：185mm×260mm　　**印　　张**：16.75　　**字　　数**：409 千字
版　　次：2022 年 5 月第 1 版　　**印　　次**：2023 年 1 月第 2 次印刷
定　　价：49.50 元

产品编号：083016-01

高等学校计算机科学与技术项目驱动案例实践系列教材

编写指导委员会

PREFACE

序 言

作为教育部高等学校计算机科学与技术教学指导委员会的工作内容之一，自从2003年参与清华大学出版社的“21世纪大学本科计算机专业系列教材”的组织工作以来，陆续参加或见证了多个出版社的多套教材的出版，但是现在读者看到的这一套“高等学校计算机科学与技术项目驱动案例实践系列教材”有着特殊的意义。

这个特殊性在于其内容。这是第一套我所涉及的以项目驱动教学为特色，实践性极强的规划教材。如何培养符合国家信息产业发展要求的计算机专业人才，一直是这些年人们十分关心的问题。加强学生的实践能力的培养，是人们达成的重要共识之一。为此，高等学校计算机科学与技术教学指导委员会专门编写了《高等学校计算机科学与技术专业实践教学体系与规范》(清华大学出版社出版)。但是，如何加强学生的实践能力培养，在现实中依然遇到种种困难。困难之一，就是合适教材的缺乏。以往的系列教材，大都比较“传统”，没有跳出固有的框框。而这一套教材，在设计上采用软件行业中卓有成效的项目驱动教学思想，突出“做中学”的理念，突出案例(而不是“练习作业”)的作用，为高校计算机专业教材的繁荣带来了一股新风。

这个特殊性在于其作者。本套教材目前规划了十余本，其主要编写人不是我们常见的知名大学教授，而是知名软件人才培训机构或者企业的骨干人员，以及在该机构或者企业得到过培训的并且在高校教学一线有多年教学经验的大学教师。我以为这样一种作者组合很有意义，他们既对发展中的软件行业有具体的认识，对实践中的软件技术有深刻的理解，对大型软件系统的开发有丰富的经验，也有在大学教书的经历和体会，他们能在一起合作编写教材本身就是一件了不起的事情，没有这样的作者组合是难以想象这种教材的规划编写的。我一直感到中国的大学计算机教材尽管繁荣，但也比较“单一”，作者群的同质化是这种风格单一的主要原因。对比国外英文教材，除了Addison Wesley和Morgan Kaufmann等出版的经典教材长盛不衰外，我们也看到O'Reilly“动物教材”等的异军突起——这些教材的作者，大都是实战经验丰富的资深专业人士。

这个特殊性还在于其产生的背景。也许是由于我在计算机技术方面的动手能力相对比较弱，其实也不太懂如何教学生提高动手能力，因此一直希望有一个机会实际地了解所谓“实训”到底是怎么回事，也希望能有一种安排让现在

教学岗位的一些青年教师得到相关的培训和体会。于是作为2006—2010年教育部高等学校计算机科学与技术教学指导委员会的一项工作，我们和教育部软件工程专业大学生实习实训基地（亚思晟）合作，举办了6期“高等学校青年教师软件工程设计开发高级研修班”，每期时间虽然只是短短的1～2周，但是对于大多数参加研修的青年教师来说都是很有收获的一段时光，在对他们的结业问卷中充分反映了这一点。从这种研修班得到的认识之一，就是目前市场上缺乏相应的教材。于是，这套“高等学校计算机科学与技术项目驱动案例实践系列教材”应运而生。

当然，这样一套教材，由于“新”，难免有风险。从内容程度的把握、知识点的提炼与铺陈，到与其他教学内容的结合，都需要在实践中逐步磨合。同时，这样一套教材对我们的高校教师也是一种挑战，只能按传统方式讲软件课程的人可能会觉得有些障碍。相信清华大学出版社今后将和作者以及教育部高等学校计算机科学与技术教学指导委员会一起，举办一些相应的培训活动。总之，我认为编写这样的教材本身就是一种很有意义的实践，祝愿成功。也希望看到更多业界资深技术人员加入大学教材编写的行列中，和高校一线教师密切合作，将学科、行业的新知识、新技术、新成果写入教材，开发适用性和实践性强的优秀教材，共同为提高高等教育教学质量和人才培养质量做出贡献。

原教育部高等学校计算机科学与技术教学指导委员会副主任、北京大学教授

FOREWORD

前　言

21 世纪，什么技术将影响人类的生活？什么产业将决定国家的发展？信息技术与信息产业是首选的答案。高等学校学生是国家的后备军，我国教育行政部门在高校中普及信息技术与软件工程教育。经过多所高校的实践，信息技术与软件工程教育受到高校师生的普遍欢迎，取得了很好的教学效果。然而也存在一些不容忽视的共性问题，其中突出的是教材问题。

从近两年信息技术与软件工程教育研究来看，许多任课教师都提出目前教材不合适，具体体现在：一是来自信息技术与软件工程专业的术语很多，对于没有这些知识背景的学生学习起来具有一定难度；二是书中案例比较匮乏，与企业的实际情况相差太远，致使案例可参考性差；三是缺乏具体的课程实践指导和真实项目。因此，针对高校信息技术与软件工程课程的教学特点与需求，编写适用的规范化教材已刻不容缓。

本书就是针对以上问题编写的，作者希望推广一种最有效的学习方法与培训捷径，这就是 Project-Driven Training，也就是用项目实践来带动理论的学习（也称作"做中学"）。基于此，本书围绕一个物联网项目案例来贯穿 Web 应用开发各个模块的理论讲解，内容包括物联网与开发技术概述、智能家居 Web 应用概述、HTML 页面设计、CSS 样式表设计、JavaScript 编程、Web 开发框架与插件、Web 应用物联网中间件。通过项目实践，可以对技术应用有明确的目的性（为什么学），对技术原理更好地融会贯通（学什么），也可以更好地检验学习效果（学得怎样）。

本书主要特色如下。

（1）重项目实践。

作者多年项目开发的经验体会是"IT 是做出来的，不是想出来的"，理论虽然重要，但一定要为实践服务。以项目为主线，带动理论的学习是最好、最快、最有效的方法。通过此书，作者希望读者对 Web 开发技术和流程有整体了解，减少对项目的盲目感和神秘感，能够按照本书的体系循序渐进地动手做出自己的真实项目来。

（2）重理论要点。

本书以项目实践为主线，着重介绍 Web 开发理论中最重要、最精华的部分，以及它们之间的融会贯通；而不是面面俱到，没有重点和特色。读者首先通过项目把握整体概貌，再深入局部细节，系统学习理论；然后不断优化和扩展细

节，完善整体框架和改进项目。本书既有整体框架，又有重点理论和技术。一书在手，思路清晰，项目无忧。

为了便于教学，本书配有教学课件，读者可以从清华大学出版社网站（www.tup.com.cn）下载。

本书第一作者梁立新的工作单位是深圳技术大学，本书获得深圳技术大学的大力支持和教材出版资助，在此表示感谢。

鉴于作者的水平有限，书中难免有不足之处，敬请广大读者批评指正。

梁立新

2022年1月

CONTENTS

目　录

CONTENTS

CONTENTS

CONTENTS

第1章 物联网与开发技术概述

1.1 物联网的概念

1.1.1 物联网的定义

物联网的概念最初于1999年提出,即物联网是通过射频识别(RFID)、红外感应器、全球定位系统、激光扫描器、气体感应器等信息传感设备,按约定的协议,把任何物品与互联网连接起来,进行信息交换和通信,以实现智能化识别、定位、跟踪、监控和管理的一种网络。简单地讲,物联网就是“物物相连的互联网”。

广义上说,当下涉及的信息技术的应用,都可以纳入物联网的范畴。物联网是一个基于互联网、传统电信网等信息承载体,让所有能够被独立寻址的普通物理对象实现互联互通的网络。物联网具有智能、先进、互联三个重要特征。

2005年国际电信联盟(ITU)发布的ITU互联网报告,对物联网给出了定义:通过二维码识读设备、射频识别装置、红外感应器、全球定位系统和激光扫描器等信息传感设备,按照约定的协议,把任何物品与互联网相连接,进行信息交换和通信,以实现智能化识别、定位、跟踪、监控和管理的一种网络。

根据国际电信联盟的定义,物联网主要解决物与物(Thing to Thing,T2T)、人与物(Human to Thing,H2T)、人与人(Human to Human,H2H)之间的连接。但是,与传统互联网不同的是,H2T是指人利用通用装置与物体之间的连接,从而使人与物的连接更加简化,而H2H是指人与人之间不依赖于PC而进行的连接。因为互联网并没有考虑到对于任何物体连接的问题,所以人们使用物联网来解决这个传统意义上的问题。顾名思义,物联网就是连接物体的网络。许多学者讨论物联网时,经常引入M2M的概念，可以解释成人与人（Man to Man）、人与机器（Man to Machine）、机器与机器，从本质上讲，人与机器、机器与机器的交互，大部分是为了实现人与人之间的信息交互。图 1-1是物联网示意图。

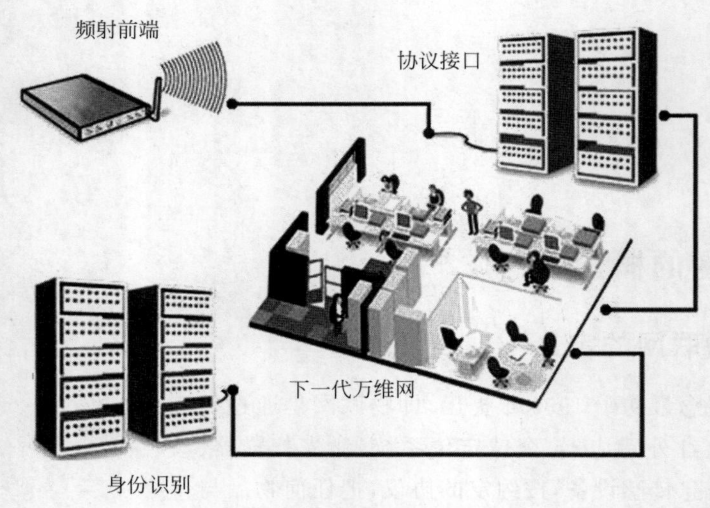

图 1-1　物联网示意图

1.1.2　物联网的发展过程

物联网的实践最早可以追溯到 1990 年施乐公司的网络可乐售卖机（Networked Coke Machine）。

1995 年，比尔盖茨在《未来之路》一书中也曾提及物联网，但未引起广泛重视。

1999 年，美国麻省理工学院（MIT）的 Kevin Ashton 教授首次提出物联网的概念。美国麻省理工学院建立了“自动识别中心”（Auto-ID），提出“万物皆可通过网络互联”，阐明了物联网的基本含义。早期的物联网是依托射频识别技术的物流网络，随着技术和应用的发展，物联网的内涵已经发生了较大变化。

2003 年，美国《技术评论》提出传感网络技术将是未来改变人们生活的十大技术之首。

2004 年，日本总务省提出 u-Japan 计划，该战略力求实现人与人、物与物、人与物之间的连接，希望将日本建设成一个随时、随地、任何物体、任何人都可连接的泛在网络社会。

2005 年，在突尼斯举行的信息社会世界峰会（WSIS）上，国际电信联盟发布《ITU 互联网报告 2005：物联网》，引用了“物联网”的概念。物联网的定义和范围已经发生了变化，覆盖范围有了较大的拓展，不再只是指基于射频识别技术的物联网。

2006 年，韩国确立了 u-Korea 计划，该计划旨在建立无所不在的社会，在民众的生活环境里建设智能型网络（如 IPv6、BcN、USN）和各种新型应用（如 DMB、Telematics、RFID），让民众可以随时、随地享有科技智慧服务。2009 年，韩国通信委员会出台了《物联网基础设施构建基本规划》，将物联网定为新增长动力，提出到 2012 年实现“通过构建世界最先进的物联网基础实施，打造未来广播通信融合领域超一流的信息通信技术强国”的目标。

为了促进科技发展，寻找经济新的增长点，各国政府开始重视下一代的技术规划，将目光放在了物联网上。

2008 年 11 月，在北京大学举行的第二届中国移动政务研讨会“知识社会与创新 2.0”上提出：移动技术、物联网技术的发展代表着新一代信息技术的形成，并带动了经济社会形态、创新形态的变革，推动了面向知识社会的以用户体验为核心的下一代创新(创新 2.0)形态的形成，创新与发展更加关注用户、注重以人为本。而创新 2.0 形态的形成又进一步推动了新一代信息技术的健康发展。

2009 年，欧盟执委会发表了欧洲物联网行动计划，描绘了物联网技术的应用前景，提出欧盟要加强对物联网的管理，促进物联网的发展。

2009 年 1 月，奥巴马就任美国总统后，与美国工商业领袖举行了一次圆桌会议，作为仅有的两名代表之一，IBM 首席执行官彭明盛首次提出“智慧地球”的概念，建议新政府投资新一代的智慧型基础设施。当年，美国将新能源和物联网列为振兴经济的两大重点。

2009 年 2 月，在 2009IBM 论坛上，IBM 大中华区首席执行官钱大群公布了名为“智慧地球”的最新策略。此概念一经提出，即得到美国各界的高度关注，有分析认为 IBM 公司的这一构想极有可能上升至美国的国家战略，并在世界范围内引起轰动。今天，“智慧地球”战略被美国人认为与当年的“信息高速公路”有许多相似之处，是振兴经济、确立竞争优势的关键战略。该战略能否掀起如当年互联网革命一样的科技和经济浪潮，不仅为美国关注，更为世界所关注。

2009 年 8 月，温家宝总理“感知中国”的讲话把我国物联网领域的研究和应用推向了高潮，无锡市率先建立了“感知中国”研究中心，中国科学院、一些运营商和多所大学都在无锡建立了物联网研究院，无锡市江南大学还成立了全国首家物联网学院。物联网被正式列为国家五大新兴战略性产业之一写入“政府工作报告”，物联网在中国受到了全社会极大的关注。

物联网的概念已经是一个“中国制造”的概念，它的覆盖范围与时俱进，已经超越了 1999 年 Ashton 教授和 2005 年 ITU 报告所涉及的范围，物联网已被贴上“中国式”标签。

国家发展和改革委员会、工业和信息化部等部委会同有关部门，在新一代信息技术方面开展研究，形成支持新一代信息技术的一些新政策措施，从而推动我国经济的发展。

物联网作为一个新的经济增长点的战略新兴产业，具有良好的市场效益，《2014—2018 年中国物联网行业应用领域市场需求与投资预测分析报告》数据表明，2010 年物联网在安防、交通、电力和物流领域的市场规模分别为 600 亿元、300 亿元、280 亿元和 150 亿元人民币。2011 年中国物联网产业市场规模达到 2600 多亿元人民币。

1.1.3 物联网的特征

物联网有三个关键特征：①各类终端实现“全面感知”；②电信网、因特网等融合实现“可靠传输”；③云计算等技术对海量数据“智能处理”。

1. 全面感知

全面感知利用无线射频识别、传感器、定位器和二维码等技术手段随时、随地对物体进行信息采集和获取。全面感知包括传感器的信息采集、协同处理、智能组网甚至信息服务，以达到控制和指挥的目的。

2. 可靠传输

可靠传输是指通过各种电信网和因特网融合，对接收到的感知信息进行实时远程传送，实现信息的交互和共享，并进行各种有效的处理。在这一过程中，通常需要用到现有的电信运行网络，包括无线网和有线网。由于传感器网络是一个局部的无线网，因而无线移动通信网、3G/4G/5G 网络是作为承载物联网的有力支撑。

3. 智能处理

智能处理是指利用云计算、模式识别等各种智能计算技术，对随时接收到的跨地域、跨行业、跨部门的海量数据和信息进行分析处理，提升对物理世界、经济社会各种活动和变化的洞察力，实现智能化的决策和控制。

1.2 物联网的系统结构

物联网有两层含义：第一，物联网的核心和基础仍然是互联网，是在互联网基础上延伸和扩展的网络；第二，其用户端延伸和扩展到任何物体，以及物与物之间进行信息交换和通信。因此，物联网是指运用传感器、射频识别、智能嵌入式等技术，使信息传感设备感知任何需要的信息，按照约定的协议，通过可能的网络（如基于 WiFi 的无线局域网、3G/4G/5G 等）接入方式，把任何物体与互联网相连接，进行信息交换和通信，在进行物与物、物与人的泛在连接的基础上，实现对物体的智能化识别、定位、跟踪、控制和管理。图 1-2 给出了物联网结构示意图，分为感知层、传输层、支撑层和应用层。

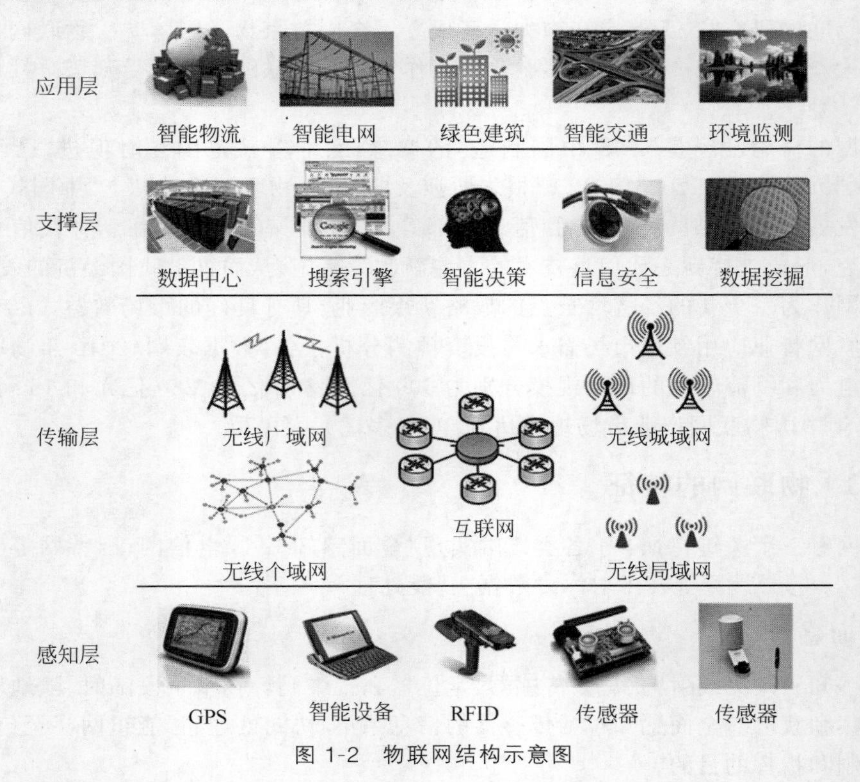

图 1-2 物联网结构示意图

物联网作为新一代信息技术的重要组成部分，有三方面的特征：首先，物联网技术具有互联网特征。对需要用物联网技术联网的物体来说，一定要有能够实现互联、互通的互联网络来支撑；其次，物联网技术具有识别与通信特征，接入联网的物体要具备自动识别的功能和物物通信的功能；最后，物联网技术具有智能化特征，使用物联网技术形成的网络应该具有自动化、自我反馈和智能控制的功能。

1.2.1 感知层

数据采集与感知主要用于采集物理世界中发生的物理事件和数据，包括各类物理量、标识、音频和视频数据。物联网的数据采集涉及传感器、射频识别、多媒体信息采集、二维码和实时定位等技术。传感器网络组网和协同信息处理技术实现传感器、射频识别等数据采集技术所获取数据的短距离传输、自组织组网，以及多个传感器对数据的协同信息处理过程。

感知层由各种传感器构成，包括温湿度传感器、二维码标签、射频识别标签和读写器、摄像头、红外线、GPS 等感知终端。感知层是物联网识别物体、采集信息的来源。

传感器是一种物理装置或生物器官，能够探测、感受外界的信号、物理条件（如光、热、湿度）或化学成分（如烟雾），并将探知的信息传递给其他装置或器官。

1.2.2 传输层

要实现更加广泛的互联功能，能够把感知到的信息无障碍、高可靠性、高安全性地进行传送，需要传感器网络与移动通信技术、互联网技术相融合。经过多年的快速发展，移动通信、互联网等技术已经比较成熟，能够基本满足物联网数据传输的需要。

1.2.3 支撑层

物联网采集到的数据为了满足不同的需求，需要经过计算机进行数据处理。数据处理包括汇总求和、统计分析、阀值判断、专业计算和数据挖掘等，这些数据处理技术构成了支撑层。

1.2.4 应用层

应用层主要包含应用支撑平台子层和应用服务子层。其中，应用支撑平台子层用于支撑跨行业、跨应用、跨系统之间的信息协同、共享、互通功能；应用服务子层包括智能交通、智能医疗、智能家居、智能物流、智能电力等行业应用。

1.3 物联网应用开发技术

物联网不仅提供了传感器的连接，物联网本身也具备智能处理的能力，可以对物体实施智能控制。物联网通过将传感器和智能处理进行融合，利用模式识别与云计算等技术扩充到应用领域，再通过传感器获取海量信息，完成分析、处理，得到有意义的数据，来适应各种用户的不同需求，以此来发现新的应用领域和新的应用模式。

1.3.1 感知层技术

射频识别（RFID）是一种无线通信技术，可以通过无线电信号识别特定目标并读写相关数据，无须识别系统与特定目标之间建立机械或光学接触。一套完整的 RFID 系统是由阅读器、电子标签及应用软件系统三部分组成的。

对于有价值的信息，不仅需要射频识别，还要有传感功能，传感器可以采集海量信息，它是设备与信息系统获取信息的主要途径。如果没有传感器对最初信息的检测、捕获，所有控制与测试都不可能实现，就算是最先进的计算机，如果没有足够的信息和可靠的数据，都不可能最大化地发挥传感器本身的作用。

嵌入式技术综合了计算机软硬件、传感器技术、集成电路技术、电子应用技术等复杂技术，经过几十年的演变，以嵌入式系统为特征的智能终端产品随处可见，小到人们身边的 MP3，大到航天航空的卫星系统。如果把物联网用人体做一个简单比喻，传感器相当于人的眼睛、鼻子、皮肤等感官，网络就是神经系统用来传递信息，嵌入式系统则是人的大脑，在接收到信息后要进行分类处理。这个例子形象地描述了传感器、嵌入式系统在物联网中的位置与作用。

表 1-1 给出了感知层相关技术。

表 1-1　感知层相关技术

互联网层次	相关技术	描　述
感知层	微处理器技术	51 处理器开发、STM32 处理器开发、单片机及接口技术、传感器微操作系统、电源管理技术
	感知执行技术	常用传感器原理、传感器数据采集及处理、电机驱动控制、开关类设备驱动控制、常见控制器技术
	RFID 技术	RFID 原理、RFID 频段及 ISO 指令集、RFID 标签技术、一维码技术、二维码技术

1.3.2　传输层技术

网络通信包含很多重要的技术，最主要的就是 M2M 技术，这项技术应用范围比较广泛，不仅可以与远距离实现连接，也能与近距离实现完美连接。通信网络在整个 M2M 技术框架中处于核心地位，包括广域网（无线移动通信网络、卫星通信网络、因特网）、局域网（以太网、无线局域网）、个域网（ZigBee、传感器网络）。目前，M2M 技术以机器与机器之间的通信为核心，对于其他行业的应用还需要人们努力去实现。

表 1-2 给出了传输层相关技术。

表 1-2　传输层相关技术

互联网层次	相关技术	描　述
传输层	智能网关	Linux 操作系统、Linux 网络、M2M、MQTT、TCP/UDP、网关服务
	网络技术	局域网技术、工业以太网技术、网络服务器、网络编程
	ZigBee 技术	ZigBee 2007 协议栈、ZigBee、SOC 开发、CC2530 应用开发、基于 ZigBee 的无线传感网设计
	蓝牙 BLE 技术	蓝牙 4.0 BLE 协议栈、蓝牙节点设计、蓝牙组网设计、蓝牙 SOC 编程开发

续表

互联网层次	相关技术	描述
传输层	WiFi 技术	WiFi 协议栈、WiFi 节点设计、WiFi 嵌入式编程、WiFi 通信协议设计、WiFi 组网设计
	NB-IOT 技术	NB-IOT 协议、NB-IOT 节点设计、Contiki 系统应用开发、AT 指令、NB-IOT 应用设计
	LoRa 技术	LoRa/LoRaWan 协议、LoRa 节点设计、Contiki 系统应用开发、LoRa 应用设计

1.3.3 支撑层技术

云计算使计算分布在大量的分布式计算机上，而非本地计算机或远程服务器，企业数据中心的运行与互联网更为相似。这使得企业能够将资源切换到需要的应用上，根据需求访问计算机和存储系统。物联网与云计算都是基于互联网的，可以说互联网就是它们相互连接的一个纽带。物联网就是互联网通过传感网络向物理世界的延伸，它的最终目标就是对物理世界进行智能化管理。物联网的这一使命，也决定了它必然要由一个大规模的计算平台作为支撑。云计算从本质上来说，就是一个用于对海量数据进行处理的计算平台，因此，云计算技术是物联网涵盖的技术范畴之一。

表 1-3 给出了支撑层相关技术。

表 1-3 支撑层相关技术

互联网层次	相关技术	描述
支撑层	物联网云服务	物联网中间件、数据中心技术、虚拟化技术、物联网大数据技术、MQTT 服务器技术、物联网云计算应用开发
	数据库技术	大数据技术、数据库编程、数据库安全、物联网数据服务、MQTT 物联网数据协议
	物联网信息安全	无线传感网通信加密技术、网关加密及验证技术、数据库信息安全

1.3.4 应用层技术

物联网应用包括用户直接使用的各种应用，如智能操控、安防、电力抄表、远程医疗、智能农业等。

物联网应用层的核心功能围绕两方面：一是“数据”，应用层需要完成数据的管理和数据的处理；二是“应用”，仅管理和处理数据还远远不够，必须将这些数据与各行业的应用相结合。例如，在智能电网中的远程电力抄表应用中，安置于用户家中的读表器就是感知层中的传感器，这些传感器在收集到用户用电的信息后，通过网络发送并汇总到发电厂的处理器上。该处理器及其对应工作就属于应用层，它将完成对用户用电信息的分析，并自动采取相关措施。

表 1-4 给出了应用层相关技术。

表 1-4 应用层相关技术

互联网层次	相关技术	描述
应用层	物联网应用	智能家居应用开发、智慧城市应用开发、智慧农业应用开发、智能交通应用开发、智慧工厂应用开发、智慧医疗应用开发、智慧社区应用开发、智慧养老应用开发、智能制造应用开发、智能产品应用开发
	物联网系统维护	物联网应用系统基本知识、物联网常用设备及部件使用、物联网系统故障定位
	移动互联网技术	移动设备硬件开发、Android 嵌入式编程、移动互联网、App 开发、Web 应用开发、HTML5 JavaScript Web App

习题

1. 国际电信联盟发布的 ITU 互联网报告中对物联网的定义是什么?
2. 物联网的三个关键特征是什么?
3. 物联网架构中分为哪几层?简单描述每一层。
4. 什么是 RFID 技术?一套完整的 RFID 技术是由哪几部分组成的?
5. 物联网传输层有哪些主要技术?

2.1 智能家居行业分析

2.1.1 智能家居概述

智能家居的概念最早起源于20世纪70年代的美国。之后，这个概念相继传入欧洲、新加坡、日本等发达国家和地区，并迅速发展壮大。20世纪90年代末，智能家居的概念才传入我国，但我国智能家居的发展势头很猛，国内已经出现相当多的应用案例。

智能家居就是将建筑电气、自动控制技术、网络通信技术和音视频技术等融入建筑本身，为用户提供更为快捷、高效、安全的家居体验。智能家居系统运用网络通信技术，将各种家居设备(如空调、电视机、微波炉、热水器、家居报警设备、视频监控设备等)组成一个统一协调的、可以相互沟通的整体系统，使家居环境"动起来"，具备一定程度的智能，可以和用户交互，同时对家居环境中的各个方面实行统一的监管，为用户提供优质服务。

智能家居系统的功能涉及多个方面：对家居环境进行视频监控，使用户可以及时看到家居环境的实时状况，确保家居环境的安全性；统一监测家居环境的温湿度，并依据事先设置好的控制规则，自动开启空调、加湿器等家用电器；安装在门、窗等位置的红外传感器可以使家居环境"感知"这些地方是否有人，并通过设置使红外报警系统工作于特定的时间段(如外出或夜间)，当传感器检测到这些地方有人时就及时报警；安装在室内适当位置的光敏传感器可以使家居环境具备"感知"照度变化的能力，用户可以事先设置好控制规则，当室内有人且照度低于一定阈值时，家居环境就自动开启照明系统；通过气体传感器对家居环境的气体成分进行监测，当家居环境中有烟雾等危险气体时就及时报警；运用网络通信技术，使用户可以轻松、便捷、实时地与家居环境互动。可以说，智能家居系统囊括的功能多种多样，不胜枚举。

2.1.2 智能家居的发展状况

智能家居产品的发展趋势可以从产品形态和控制方式两大维度来分析，从不同维度看，智能家居都会有不同的发展阶段。

1. 从产品形态看智能家居的发展

从产品形态看，智能家居的发展分为三个阶段。

第一阶段，单品智能化。创业公司和家电企业会呈现从两端向中间走态势，创业公司优先选择小型家电产品，如插座、音响、电灯、摄像头等，而家电企业则优先选择大型家电产品，如电视、冰箱、洗衣机、空调等。在这个过程中，显然家电企业占优势，因为家居生活大家电产品是必不可少的，这是智能家居无法绕过去的。

第二阶段，单品之间联动。首先不同品类产品在数据上进行互通，后续不同品牌、不同种类产品之间会在数据上进行更多的融合和交互，但这样的跨产品的数据互通和互动大多还是没办法自发地进行，只能人为去干涉。例如，通过手环读取智能秤的数据，通过温控器读取手环的数据等。

第三阶段，系统智能化。系统实现智能化比较科幻，是跨产品数据互通和互动之后再进一步的结果，不同产品之间不仅可以进行数据互通，并且将其转化为主动的行为，不需要用户再去人为干涉。例如，智能床发现主人太热出汗了，就启动空调；抽油烟机发现油烟量太大，净化器就做好准备开始吸附 PM2.5 并除味。

系统实现智能化是建立在具备完善智能化单品以及智能产品可以实现跨品牌、跨种类互动前提下的，这需要智能家居中的所有产品运营在统一的平台上，遵循统一的标准。这意味着，目前已经切入智能家居领域的厂商，需要考虑自己的一套智能产品的网关设备是不是可以嫁接到未来的大平台上。

2. 从控制方式看智能家居的发展

从控制方式看，智能家居的发展分为四个阶段。

第一阶段，手机控制。对于很多产品来说，有手机控制未必比没有手机控制更加智能，很多厂商将手机控制作为智能的必要条件，其实就是在强求用户控制，不仅没有给用户带来智能的感觉，反倒成了用户的拖累。智能家居产品应该在某种程度上当家做主，不去主动打扰消费者。例如，洗衣机看重的是洗涤速度和洁净程度，空气净化器看重的是清洁速度和噪音大小，热水器看重的是加热效率和安全性，如果这些更核心的功能没有提升，只是增加联网功能支持手机控制开关，并无实际意义。

第二阶段，各种控制方式结合。除了手机控制，已经出现了触控、语音、手势等多种控制方式，洗衣机、净化器等现在都出现了支持触摸控制的产品，语音控制则更多体现在电视、智能音箱等产品上，而手势控制在水杯、空调、音响上都有应用。现在手机之外的控制方式虽然很多，但只各自出现在个别的家电产品上，还没有广泛交叉使用，在单纯的手机控制之后，这些操控方式一定会融合在一起，一个产品也不限于一种操控方式，可能既能手机控制，也能语音、手势等控制。

第三阶段，感应式控制。理想化的智能家居能够感应用户的状态，进而对设备进行调整,做到无感化,如空气般存在。例如,人来灯亮、人走灯灭,有人在房间里的时候空调设置为26℃,而屋内无人时空调则自动调为28℃,以节省电力。再如,洗衣机能自动识别衣服的材质,并选择最合适的洗涤模式等。

第四阶段,系统自学习。变被动为主动是智能家居必然的进化之路,目前已经有厂商在尝试性地实现。例如,带着手环靠近电视,电视会识别到人离得太近,自动降低屏幕亮度,或者暂时将屏幕背光关闭,以达到保护人眼的目的。变被动为主动需要大量传感器的介入,如温度传感器、亮度传感器、距离传感器、心率传感器等,未来的智能家居可以说就是传感器组成的。在智能家居实现了主动自动化之后,才会真的给人带来智能的感觉。

在智能家居的发展过程中,很多国家根据各自的国情设计出了各种不同的系统方案。随着相关技术的发展,越来越多的功能被纳入智能家居系统中并得以实现,使得先前很多只停留于概念之中的功能走进现实。早期的智能家居系统一般仅针对空调、热水器、照明设施、电梯等实现简单的控制,同时监测家居环境中的一些重要参数,当发生火警、煤气泄漏、人员入侵等险情时会发出警报。随着时代的进步,人们的生活水平逐步提高,人们对智能家居系统在智能程度方面的需求日益增长。而随着传感器与检测技术的发展,智能家居系统的"感官系统"有了长足的进步,结合先进的控制理论与控制技术,其智能程度也越来越高,以前仅停留于人们设想中的诸多功能都已经被逐步实现。

因为智能家居的概念开始于美国,并最初在欧美等发达国家和地区得以实现和推广,所以欧美国家一直处于智能家居系统研发的前沿。Microsoft、IBM 和 Motorola 等 IT 行业巨头也相继进行投资,加入智能家居系统的研发队伍。在亚洲,新加坡、韩国、日本等发达国家的大企业也相继开始投资,进行智能家居的研发工作。现在,国外市场较为流行的智能家居系统主要有美国的 X-10 系统、德国的 EIB 系统以及新加坡的 8X 系统。

智能家居的概念进入中国比较晚,从上海、广州、深圳等沿海发达城市逐步向内陆地区推进。因此,相比较而言,我国智能家居技术的发展相对滞后,并且迄今为止还没有像欧美国家和地区那样形成统一的国家标准,成本较高。所以,国内的很多用户在实施智能家居系统的安装时还是选择国外的相关技术和产品,而且国内的智能家居系统大多见于一些高档的酒店、会所、别墅等建筑物,尚未大范围地走进平常百姓家中。与此同时,国内智能家居系统普遍存在拼凑痕迹较为严重的缺点,即各个子系统"各自为政",不同子系统之间尚未形成无缝连接,不能实现良好的沟通与协调,不利于用户对家居环境实行统一的管理与控制。在这种情况下,计算机网络技术的优势和潜能很难得到很好的开发和利用。更有甚者,有的智能家居系统纯粹只是各种不同功能的堆砌,严格地讲,这根本就不符合智能家居系统的含义。

随着我国人民生活水平的逐步提高,国内用户对于智能家居系统的需求量日渐增大,所以国内的智能家居市场前景广阔,潜力巨大,国内很多企业相继加大在智能家居市场的投资,研发更能应对市场竞争的智能家电设备、相关软件和技术服务,力求解决目前国内智能家居市场产品成本高、使用不方便、用户体验差等诸多缺点,并力争在技术革新方面与国际接轨。目前,国内企业自主研发的智能家居系统主要有海尔的 e 家庭和清华同方的 e-home 数字家园等。

总体而言,现在智能家居市场的产品种类比较丰富,与智能家居相关的技术也相继取得长足的进展,使得智能家居系统中的很多概念化的功能设想逐步变成现实。但是,作为一个新兴行业,智能家居行业缺乏统一的行业标准,这一现象在我国尤为明显,这就造成了很多问题：各种智能家居产品之间的相互兼容性较差、相关软硬件和技术服务的成本居高不下、整个智能家居系统的稳定性和可靠性难以得到保证等。因此,在形成统一行业标准方面,智能家居还有很长的路要走。未来的智能家居系统发展方向是：更高的智能化、更低的能源消耗以及更有效的可再生能源利用率。

2.1.3 智能家居的应用前景

智能家居行业目前存在一系列的发展瓶颈,是不是说它没有更多的发展空间了呢？答案是否定的,智能家居的发展前景一片光明。

第一,国家正大力提倡发展智能化,互联网、三网融合的普及从本质上来说也进一步带动了智能家居的发展。以互联网为输送平台,并逐步加快智能家居与其匹配关系,依托国家大型网络的建设,一根光纤就可以在家里上网、看电视、打电话等都不再是一个遥不可及的梦。

第二,从现在的发展状态来看,技术创新正日趋成熟,随着各环节创新技术的使用,在产品工艺、质量品质、外观设计等方面都会得到进一步提升,发展前景也将日趋明朗化。

从产品角度来讲,以后的智能家居产品会朝着实用化、简单化、模块化的方向发展。所谓模块化,就是产品开发商把智能家居产品做成模块化的,可以根据用户的实际需求任意搭配。这样,不仅可以满足不同层次用户的需要,而且可以节约成本,也可以解决不必要的端口模块的浪费。LonWorks、EIB、X10 等都是良好的尝试。未来的状况可能是有一家公司在某个层次上获得了突破,其他各种技术手段作为一种补充而适应更多的个性化需求。

智能家居的进一步发展应该是为人们提供更舒适、更智能的产品。它不仅能解决随时随地操控问题,更需要提供一个无须操控即可为人们提供一个舒适环境的智能方案,也就是所谓的“如果……就……”系统。例如,如果温度低于 10℃,就自动开启加热设备;如果门打开超过 2min,就自动关闭空调;如果光线充足,就自动关闭灯光;如果烟雾过浓,就自动报警;如果空气浑浊,就自动加速风扇旋转;等等。这种中控式系统将各种传感器和现有的智能开关、智能插座通过中控器互相连接,按照用户的要求进行自动检测并自动开启或关闭相应的设备,从而实现真正舒适、智能的家居生活。

2.2 系统方案设计与分析

2.2.1 系统总体框架设计

智能家居系统采用智云物联网项目架构进行设计,下面根据物联网四层架构模型进行说明。

感知层：通过控制类传感器实现,各种传感器设备的数据采集与控制由无线通信节点 CC2530 单片机完成。

传输层：感知层节点同网关之间的无线通信通过 ZigBee 方式实现,网关同智云服务器、上层应用设备间通过计算机网络进行数据传输。

支撑层：支撑层主要是互联网提供的数据存储、交换、分析功能，支撑层提供物联网设备间基于互联网的存储、访问、控制。

应用层：应用层主要是物联网系统的人机交互接口，通过 PC 端、移动端提供界面友好、操作交互性强的应用。

图 2-1 给出了智能家居总体架构。

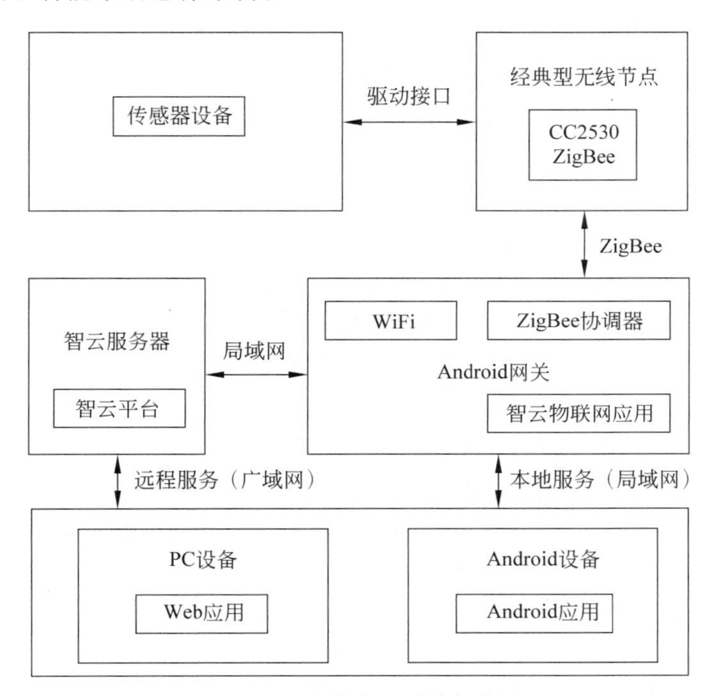

图 2-1 智能家居总体架构

2.2.2 系统功能需求分析

人们在家居生活中常常会有这样或那样的需求，而智能家居系统可以智能地满足人们的部分居家需求，同时为人们提供更加丰富的家居生活和居家体验等服务。所以，了解人们的居家需求是智能家居系统设计的重要环节，通过整合这些需求可以让智能家居系统变得更加智能、更加人性化。

通常人们的居家需求主要有以下 9 类。

1）室内环境的感知需求

通常人们无法正确地感知自己所处的室内环境，从而做出一些错误的操作。例如，当室内的空气湿度较大时人们会感觉到闷热，但是如果这时人们打开空调制冷则容易感冒。因此感知室内的真实的环境信息，如室内的温度、湿度、空气质量、光照强度等信息是人们重要的居家需求之一。

2）室内环境的舒适度调节需求

在人们感受到家居环境并不舒适之后，可以通过控制相应的环境调节设备调节室内的环境状态,从而使人们所处的环境变得舒适。例如,夏天室内温度较高时人们会感觉到炎热,当人们打开空调并将空调配置为制冷,一段时间后室内的温度慢慢降低到人们感觉舒适的水平。但是,对空调的制冷控制的操作通常会给人们带来不便(寻找遥控器)。这种舒适度调节就是重要的居家需求之一。

3）家居设备的自动控制需求

家居设备的自动控制需求是意向性的,这种意向为人们希望家居的一些电器超前地完成一些动作,但通常这些动作无法实现且完成这些超前的动作也会给人们带来不便。例如,人们晚上回家之前希望家里的客厅灯是开着的,但事实情况是在人们开门之后客厅灯需要人为地开启且开启过程需要在无灯光的环境下进行。这种家居设备的自动控制需求就是人们潜在的需求之一。

4）家居防护的安全需求

家居防护的安全需求是每个家庭都存在和必须具备的需求。这种居家安全需求涉及的内容较多,如消防安全、燃气安全、安防安全等。消防安全是要对家居环境下的明火进行实时预警,以防止发生火灾。燃气安全是指家居生活中的天然气用气安全,需要对燃气泄漏进行实时监控。安防安全则是针对家居的财产安全,包括门窗的监控和室内人体红外信号的监控等。

5）家居门禁的安全需求

家居门禁的安全需求是很多家庭迫切需要的一种安全需求,目前家居门禁的安全设计比较脆弱,如大门钥匙容易被仿制,大门的锁芯容易被破坏,造成的财产损失较大。因此,需要一种更先进的门禁系统取代当前传统的门禁。

6）家居的能耗管理需求

能够实时掌握用电量和功率信息,这对人们来说是一种必要的需求。例如,对于很多的家庭来说,用电用到断电时才知道自家的电用完了,需要去电网交电费,但是因为用电时间集中在晚上,晚上断电会给人们的家庭生活造成极大的不便。因此,能耗管理对于家庭来说非常必要。

7）家居的实时监控需求

很多时候人们都希望实时了解家中的小孩或老人的情况,但是通常家居环境中没有途径来获取家中的图像,所以获取家居环境下的实时图像的需求就变得尤为重要。这种实时监控不仅可以实时了解家中小孩和老人的生活情况,还可以对室内进行实时监控,同时配合安防设备(如门禁系统)提高家居的安全水平。

8）家居的特殊场景需求

家居的特殊场景需求是一种动态的家居环境需求。例如,聚会时人们需要一种热闹的环境氛围,会客时需要一种安静放松的环境氛围,在 K 歌时需要环境灯光烘托歌曲的气氛,等等。但是,普通的家居环境是无法做到的,将家居的功能多元化是一种潜在的特殊需求。

9）家居的个性化需求

家居的个性化需求是指依据个人喜好产生的一些家居生活需求,这种个性化需求因人而异,可能是在家居格调上的需求,可能是特殊陈设的需求,也可能是壁纸画报的需求，等等。这种需求也是人们居家生活需求中的重要需求，但这种需求各不相同且涵盖面较广。

在上述总结的几种需求中，室内环境的感知需求、室内环境的舒适度调节需求、家居设备的自动控制需求、家居防护的安全需求、家居门禁的安全需求、家居的能耗管理需求、家居的实时监控需求和家居的特殊场景需求，属于每个家庭都确定存在的需求，因此以上需求均可以参与智能家居系统的服务设计。而家居的个性化需求属于个人的兴趣需求，因人而异、各不相同、涉及面广且有一定的针对性，所以家居的个性化需求不参与智能家居系统的服务设计。

根据上述服务分类，可以将系统拆分为以下 8 种。

1）环境监测系统

环境监测系统提供居家环境中基本的环境数据采集，为用户提供准确的环境信息数据和数据展示服务，满足用户的室内环境的感知需求。该子系统功能对应室内环境感知服务。

2）安全防护系统

安全防护系统提供家居环境中常规的安全检测及预警服务，服务内容涵盖消防安全、燃气安全、安防安全等。该子系统功能对应家居防护安全服务。

3）电器控制系统

电器控制系统提供家居环境中设备的自动和自主控制服务，控制设备包括开关类的设备（如客厅灯、加湿器等）、遥控类设备（如电视机、窗帘、环境灯等）。该子系统功能对应室内环境舒适度调节服务和家居设备自动控制服务。

4）能耗管理系统

能耗管理系统能够主动获取家居的用电信息和功率信息，同时提供用电数据展示和剩余电量预警以及功率超标预警等服务。该子系统功能对应家居能耗管理服务。

5）门禁管理系统

门禁管理系统采用刷卡式的身份识别方式，能够为家居环境系统提供合法 ID 存储、非法 ID 记录和远程电话通知等安全服务。该子系统功能对应家居门禁安全服务。

6）视频监控系统

视频监控系统能够对家居室内的环境和大门进行实时监控，通过配合安全防护系统和门禁管理系统可以优化二者的服务，提高安全效果。该子系统功能对应家居实时监控服务。

7）场景模式系统

场景模式系统能够为家居环境提供不同场景的家居设备的切换和气氛营造服务，同时为用户提供自定义的场景模式设置窗口。该子系统功能对应家居特殊场景服务。

8）功能选项系统

功能选项系统主要是为家居系统提供用户登录服务，用户通过登录智能家居系统可以调用云服务资源并查询历史数据。该子系统功能对应智能家居系统的数据连接服务。

智能家居系统功能框图如图 2-2 所示。

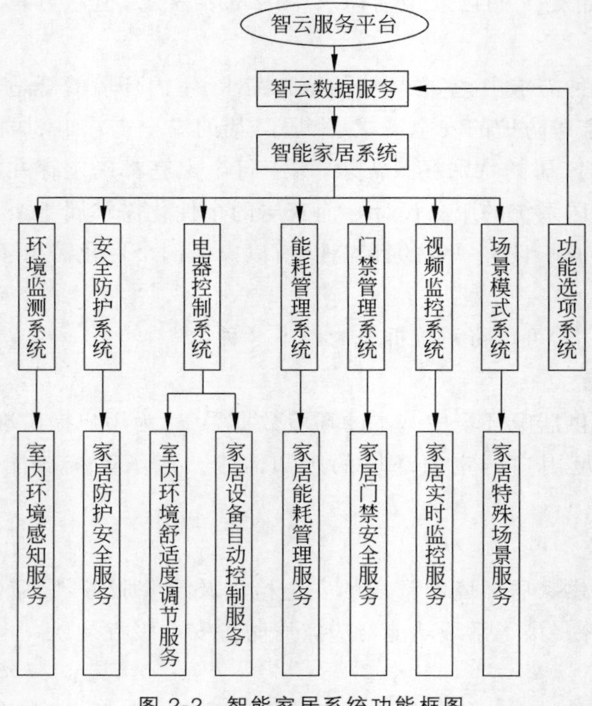

图 2-2 智能家居系统功能框图

2.3 智能家居功能模块分析

2.3.1 环境监测功能模块分析

环境监测功能的提供者是智能家居系统中的环境监测系统，环境监测系统是智能家居系统的重要组成部分，该系统为智能家居系统提供室内环境感知服务。通过采集和汇总环境采集类传感器采集到的环境数据，并将数据以图片或文字可见的方式展示在用户面前，为用户提供实时的室内环境数据参考，为智能家居系统中的联动控制逻辑提供数据支持。环境监测功能界面如图 2-3 所示。

环境监测的功能如下。

(1) 基础功能是对室内的环境进行实时监测，可检测温湿度、光照强度、PM(PM10、PM2.5、PM1.0) 值、CO_2 浓度值等环境参数以及视频监控等。

(2) 发布基础功能检测到的环境参数的动态分布图。

(3) 定时气象播报，播报时间可选。

环境监测系统从传输过程分为三部分：传感节点、网关、客户端(Android、Web)。环境监测功能的数据通信过程具体描述如下。

(1) 搭载了传感器的 ZXBee 无线节点，加入网关的协调器组建的无线网络，并通过无线网络进行通信。

(2) ZXBee 无线节点获取到传感器的数据后，通过 ZigBee 无线网络将传感器数据发送

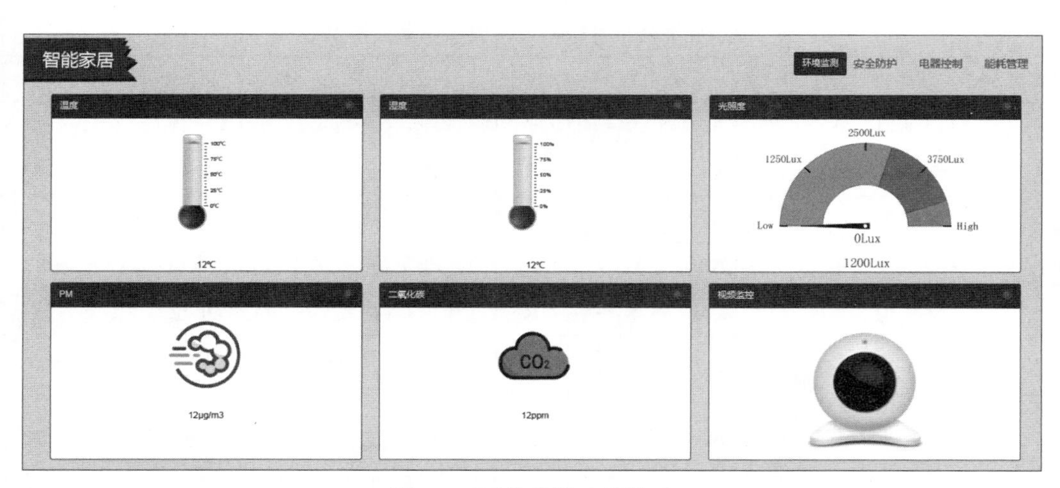

彩图 2-3

图 2-3 环境监测功能界面

给智云网关的 ZigBee 协调器，协调器通过串口将数据发送给网关服务，通过实时数据推送服务将数据推送给网关客户端和智云数据中心。

(3) 客户端(Android、Web)应用通过调用智云数据接口，经数据中心，实现实时数据采集等功能。

环境监测系统的通信流程如图 2-4 所示。

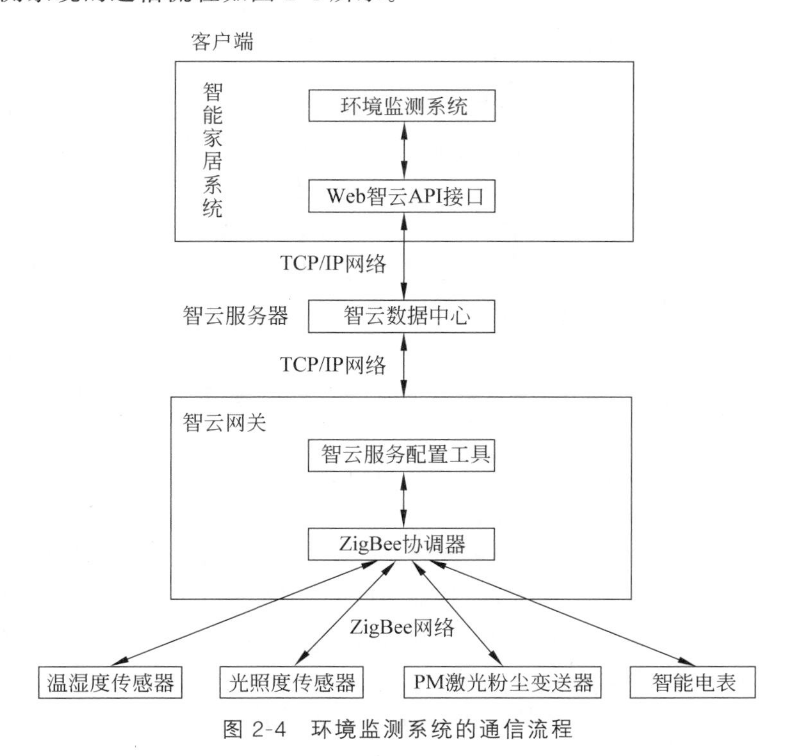

图 2-4 环境监测系统的通信流程

环境采集系统所使用的温湿度传感器、光照度传感器、PM 传感器的通信协议如表 2-1 所示。

表 2-1 环境采集系统所使用的传感器的通信协议

传感器	属 性	参 数	权限	说 明
Sensor-A (601)	温度值	A0	R	温度值,浮点型:0.1 精度,−40.0～105.0℃
	湿度值	A1	R	湿度值,浮点型:0.1 精度,0～100%
	光强值	A2	R	光强值,浮点型:0.1 精度,0～65535Lux
	空气质量值	A3	R	空气质量值,表征空气污染程度
	气压值	A4	R	气压值,浮点型:0.1 精度,单位百帕
	三轴(跌倒状态)	A5	—	三轴:通过计算上报跌倒状态,1 表示跌倒(主动上报)
	距离值	A6	R	距离值,浮点型:0.1 精度,20cm～80cm
	语音识别返回码	A7	—	语音识别码,整型:1～49(主动上报)
	上报状态	D0(OD0/CD0)	RW	D0 的 Bit0～Bit7 分别代表 A0～A7 的上报状态,1 表示允许上报
	继电器	D1(OD1/CD1)	RW	D1 的 Bit6、Bit7 分别代表继电器 K1、K2 的开关状态,0 表示断开,1 表示吸合
	上报间隔	V0	RW	循环上报时间间隔

2.3.2 电器控制功能模块分析

电器控制功能的提供者是智能家居系统中的电器控制系统,电器控制系统是智能家居系统的重要组成部分,该系统为智能家居系统提供家居设备自动控制服务。通过获取受控设备的状态信息了解家居设备的工作状态,通过主动发送控制指令控制受控设备的开关状态,并将获取到的受控状态信息以图片或文字等可见的方式展示在用户面前,为用户提供实时的家居环境下的控制设备状态参考,并为智能家居系统中的环境调节功能提供设备介入调控支持。电器控制功能界面如图 2-5 所示。

电器控制系统的功能如下。

(1) 该系统是远程控制系统,通过远程控制 360°红外遥控发送不同的指令,控制家电的工作模式。

(2) 远程查询客厅灯、空调、窗帘、红外遥控、插排开关状态。

(3) 实时查询家用电器的工作状态。

家居的电器远程控制系统是一个多传感器的控制系统,通过 360°红外遥控控制家居环境下的红外受控设备 RGB 红外智能灯,控制 RGB 红外智能灯亮灭、闪烁及颜色模式。家居的电器远程控制系统,按传输过程分为三部分:传感节点、网关、客户端(Android、Web)。其通信流程具体描述如下。

(1) 搭载了传感器的 ZXBee 无线节点,加入网关的协调器组建的无线网络,并通过无线网络进行通信。

(2) ZXBee 无线节点获取到传感器的数据后,通过 ZigBee 无线网络将传感器数据发送给智云网关的 ZigBee 协调器,协调器通过串口将数据发送给网关服务,通过实时数据推送

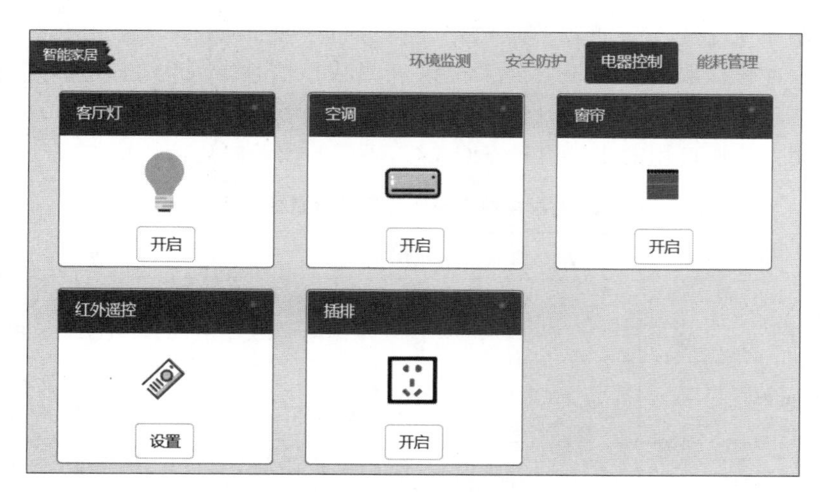

彩图 2-5

图 2-5 电器控制功能界面

服务将数据推送给网关客户端和智云数据中心。

(3) 客户端(Android、Web)应用通过调用智云数据接口,经数据中心,实现实时数据采集等功能。

电器控制系统的通信流程如图 2-6 所示。

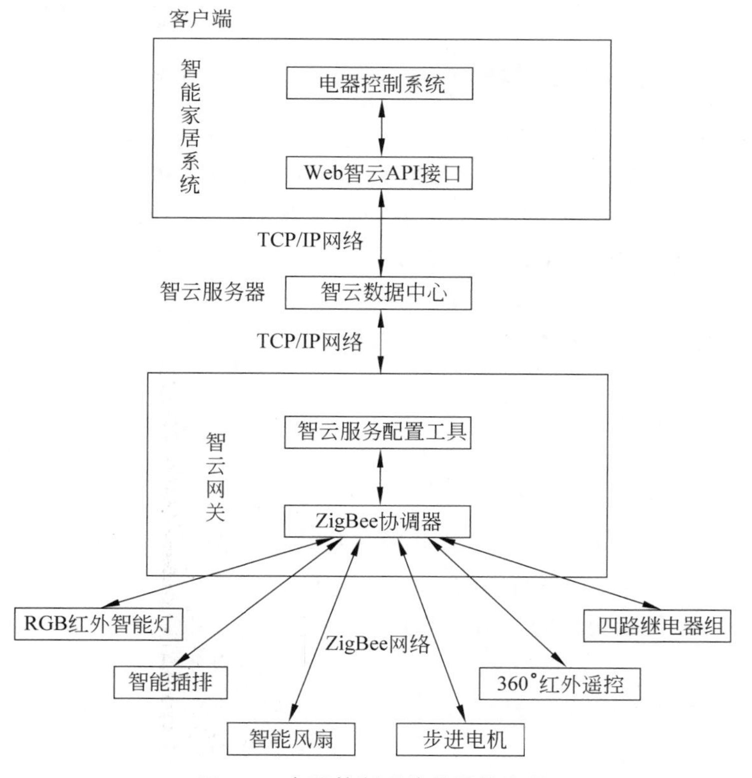

图 2-6 电器控制系统的通信流程

电器控制系统中每个传感器节点数据的发送与接收都遵循 ZXBee 协议，通过 ZXBee 协议用户可以远程获取传感器设备的采集信息和状态信息，还可以实现节点设备的远程控制。

电器控制系统所使用的步进电机、RGB 灯、风扇等设备的通信协议如表 2-2 所示。

表 2-2 电器控制系统所使用的设备的通信协议

传感器	属 性	参 数	权限	说 明
Sensor-B（602）	RGB 灯	D1(OD1/CD1)	RW	D1 的 Bit0、Bit1 代表 RGB 三色灯的颜色状态，RGB：00(关)，01(R)，10(G)，11(B)
	步进电机	D1(OD1/CD1)	RW	D1 的 Bit2 代表电机的正反转动状态，0 表示正转(5s 后停止)，1 表示反转(5s 后反转)
	风扇/蜂鸣器	D1(OD1/CD1)	RW	D1 的 Bit3 代表风扇/蜂鸣器的开关状态，0 表示关闭，1 表示打开
	LED 灯	D1(OD1/CD1)	RW	D1 的 Bit4、Bit5 分别代表 LED1、LED2 的开关状态，0 表示关闭，1 表示打开
	继电器	D1(OD1/CD1)	RW	D1 的 Bit6、Bit7 分别代表继电器 K1、K2 的开关状态，0 表示断开，1 表示吸合
	上报间隔	V0	RW	循环上报时间间隔

2.3.3 安全防护功能模块分析

安全防护功能的提供者是智能家居系统中的安全防护系统，安全防护系统是智能家居系统的重要组成部分，该系统为智能家居系统提供家居安全防护服务。通过采集汇总安全防护类传感器的安防信息，便于用户通过界面对家居环境下的安全防护系统进行查询，并为智能家居系统的危机预警提供信息支持。

安全防护系统的安全防护功能如下。

(1) 实时监测室内安全状态，监测燃气浓度状态是否正常以及是否有火焰，以及是否有人员入侵等。

(2) 监测紧急按钮状态是否正常。

(3) 控制门禁开关。

安全防护功能界面如图 2-7 所示。

家居的安全防护系统是一个多传感器的采集反馈与控制系统，通过燃气传感器、火焰监测传感器、人体红外传感器、智能门禁、紧急按钮，对室内的燃气安全、消防安全、人员入侵安全进行监测，并将监测到的数据上传到智云数据中心，通过客户端可以浏览到这些信息，可以实时监测到家居环境的相关安全参数，判断家居环境是否安全。家居的安防监控系统，按传输过程分为三部分：传感节点、网关、客户端(Android、Web)。其通信流程具体描述如下。

(1) 搭载了传感器的 ZXBee 无线节点，加入网关的协调器组建的无线网络，并通过无线网络进行通信。

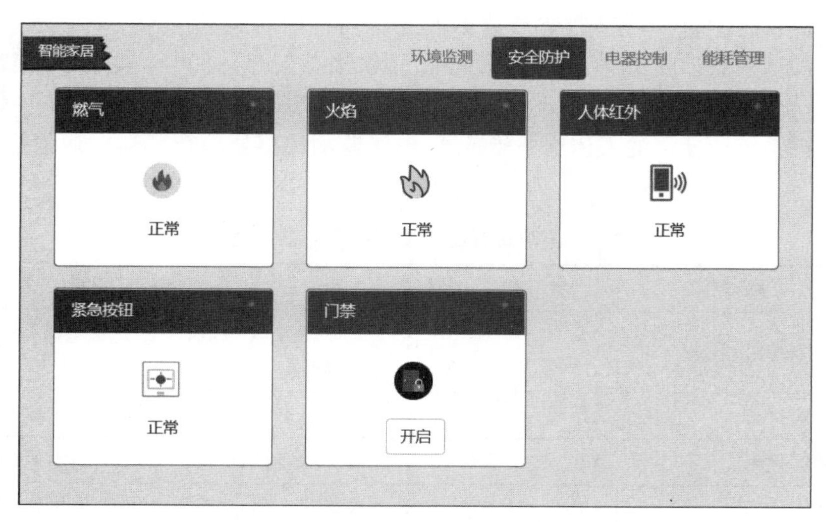

彩图 2-7

图 2-7 安全防护功能界面

(2) ZXBee 无线节点获取到传感器的数据后，通过无线网络 ZigBee 将传感器数据发送给智云网关的 ZigBee 协调器，协调器通过串口将数据发送给网关服务，通过实时数据推送服务将数据推送给网关客户端和智云数据中心。

(3) 客户端(Android、Web)应用通过调用智云数据接口，经数据中心，实现实时数据采集等功能。

安全防护系统的通信流程如图 2-8 所示。

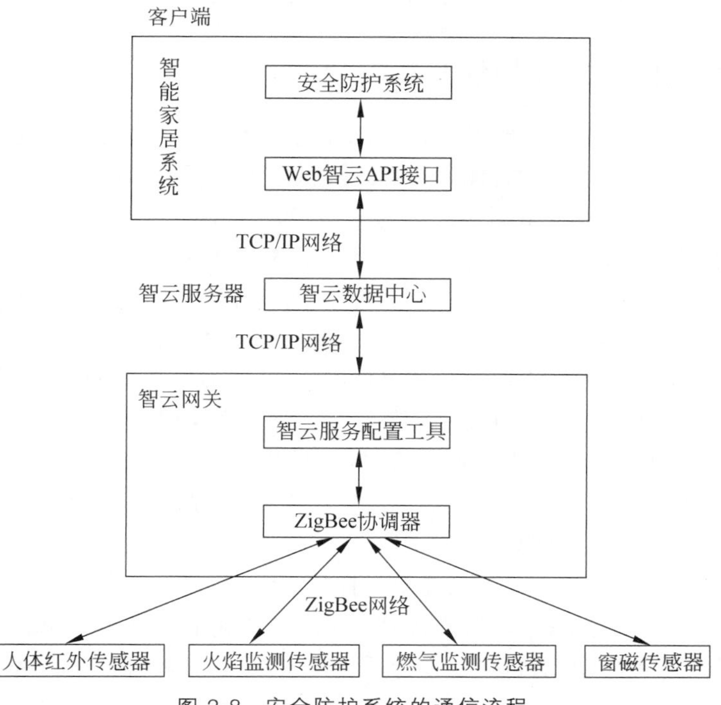

图 2-8 安全防护系统的通信流程

安全防护系统中每个传感器节点数据的发送与接收都遵循 ZXBee 协议，通过 ZXBee 协议用户可以远程获取传感器设备的采集信息和状态信息，还可以实现节点设备的远程控制。

安全防护系统所使用的人体红外传感器、燃气监测传感器等传感器的通信协议如表 2-3 所示。

表 2-3　安全防护系统所使用的传感器的通信协议

传感器	属　性	参　数	权限	说　明
Sensor-C (603)	人体/触摸状态	A0	R	人体红外状态值，0 或 1 变化，1 表示监测到人体/触摸
	振动状态	A1	R	振动状态值，0 或 1 变化，1 表示监测到振动
	霍尔状态	A2	R	霍尔状态值，0 或 1 变化，1 表示监测到磁场
	火焰状态	A3	R	火焰状态值，0 或 1 变化，1 表示监测到明火
	燃气状态	A4	R	燃气泄漏状态值，0 或 1 变化，1 表示燃气泄漏
	光栅（红外对射）状态	A5	R	光栅状态值，0 或 1 变化，1 表示检测到阻挡
	上报状态	D0(OD0/CD0)	RW	D0 的 Bit0～Bit5 分别表示 A0～A5 的上报状态
	继电器	D1(OD1/CD1)	RW	D1 的 Bit6、Bit7 分别代表继电器 K1、K2 的开关状态，0 表示断开，1 表示吸合
	上报间隔	V0	RW	循环上报时间间隔
	语音合成数据	V1	W	文字的 Unicode 编码

2.3.4　智能能耗功能模块分析

智能能耗功能的提供者是智能家居系统中的能耗管理系统，能耗管理系统是智能家居系统的重要组成部分，该系统为智能家居系统提供家电能耗显示服务和家电电量的智能管控调节。能耗管理界面，根据不同功能分为 4 个模块。第一个模块用于用电功率查看，这个模块采用表盘的样式，可以直观地观察用电功率的数值；第二个模块用于电量阈值设置，可以根据家庭用电场景需要合理设置电量使用阈值上限，当用电量超过阈值时强制断电，实现智能管控的效果；第三个模块是模式设置，即手动模式、自动模式。当设置为自动模式时，能耗管理界面能根据阈值设置自动开断电控制；当设置为手动模式时，自动模式的优先级低于手动模式，如果设置为手动模式，那么系统会忽略阈值，手动开关电源，能耗管理更人性化。第四个模块是用电历史数据查看，这个模块方便用户根据需要设置查看时间，直观地观察到每个时间段的用电变化。通过能耗功能模块，能够为智能家居系统的能耗管理提供支持。能耗管理功能界面如图 2-9 所示。

智能能耗管理功能模块的设计功能及目标如下。

(1) 该系统是集智能控制、人工控制为一体的智能化能耗管理系统。可以设置用电阈值，实现自动开关电源的功能；也可以设置手动模式，用户可以自行开关电源。

(2) 用电功率数据显示。

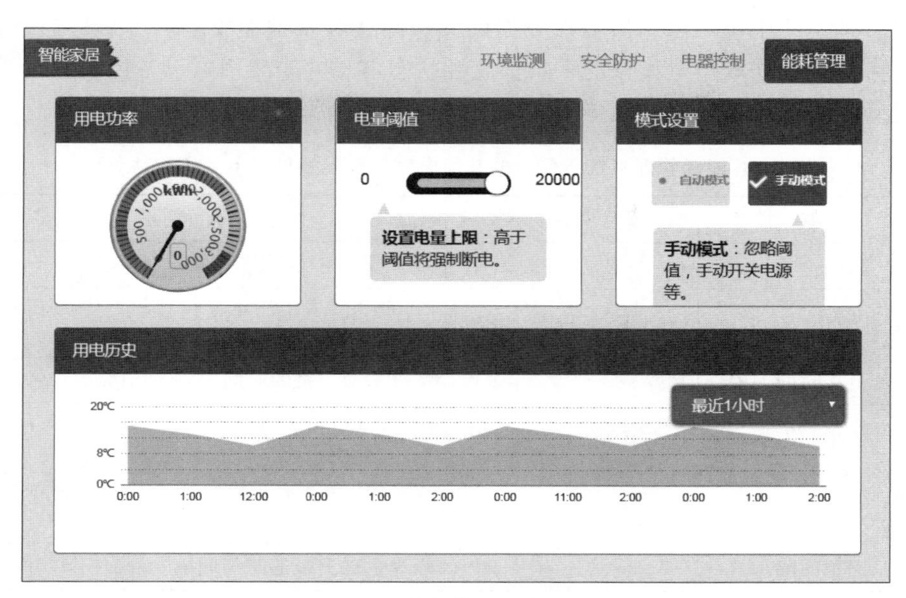

彩图 2-9

图 2-9 能耗管理功能界面

(3) 用电历史数据查询。

智能能耗管理功能模块是一个用电远程查看系统。通过智云数据中心收集家庭用电数据，并通过客户端呈现给用户，可以根据用户需要智能管控家庭用电量，防止用电浪费。

智能耗管理系统按传输过程分为三部分：传感节点、网关、客户端(Android、Web)。

智能能耗管理系统的通信流程如图 2-10 所示。

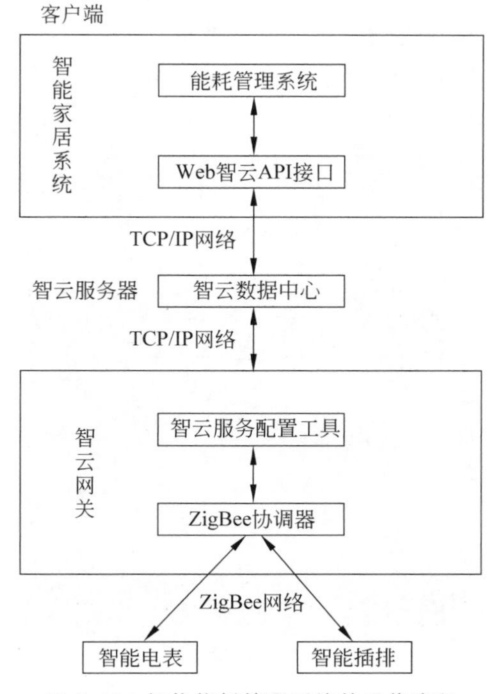

图 2-10 智能能耗管理系统的通信流程

能耗管理系统中每个传感器节点数据的发送与接收都遵循 ZXBee 协议，通过 ZXBee 协议用户可以远程获取用电设备的采集信息和状态信息并实现用电设备控制。

能耗管理系统所使用的智能电表和智能插排设备的通信协议如表 2-4 所示。

表 2-4　能耗管理系统所使用的智能电表和智能插排设备的通信协议

传感器	属　性	参　数	权限	说　　明
智能电表	数值	A0	R	当前当月用电量值
	上报状态	D0(OD0/CD0)	RW	D0 的 Bit0 表示用电量信息的上传状态，1 表示主动上报，0 表示询问上报
	上报时间间隔	V0	RW	修改主动上报的时间间隔
智能插排	插排状态	D1(OD1/CD1)	RW	D1 的 Bit0 表示插排开关的开启与关闭，1 表示开，0 表示关
	上报状态	D0(OD0/CD0)	RW	D0 的 Bit0 表示开关信息的上传状态，1 表示主动上报，0 表示询问上报
	上报间隔	V0	RW	修改主动上报的时间间隔

2.4　系统部署与运行测试

2.4.1　系统软硬件部署

1. 系统硬件部署

智能家居系统硬件环境主要是使用中智讯公司的 XLab 实验箱中的经典型无线节点 ZXBee LiteB 以及采集类、控制类、安防类、识别类传感器和 Android 智能网关。参照实验箱的使用说明书进行设备之间的连接操作，设备连接完成后如图 2-11 所示。

彩图 2-11

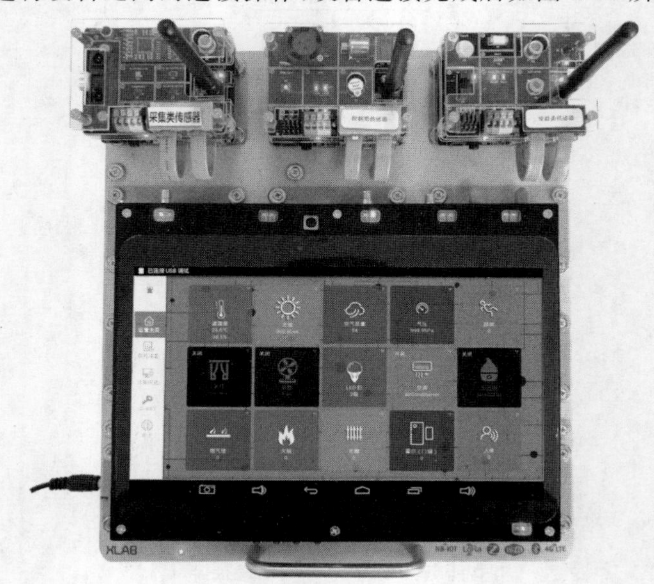

图 2-11　系统硬件连接示意图

2. Web 端应用安装

智能家居控制系统的 Web 端应用无须安装，使用 chrome 浏览器打开 SmartHome 目录下 index.html 文件即可运行显示。

2.4.2 系统操作与测试

智能家居控制系统主界面如图 2-12 所示。

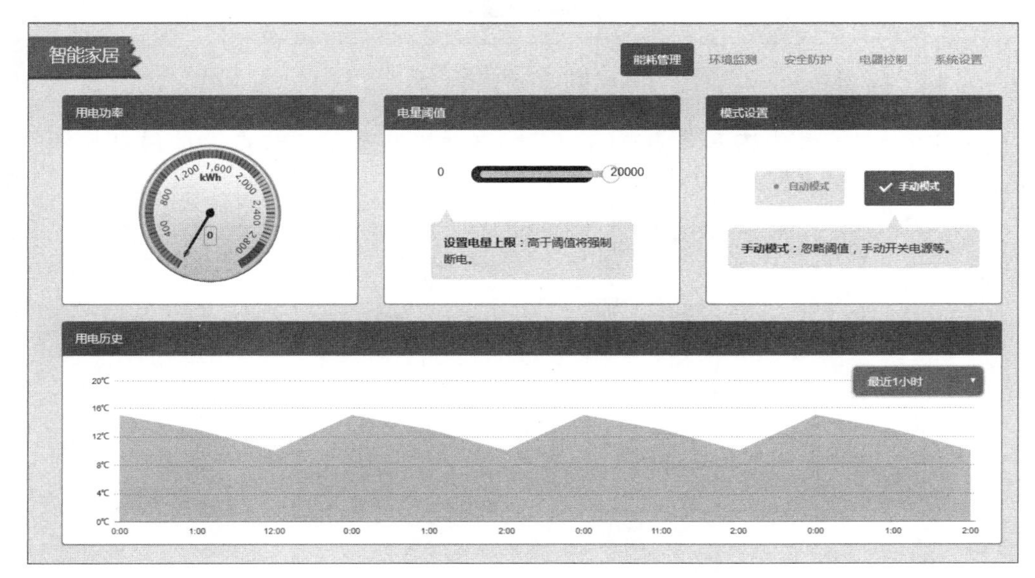

图 2-12 智能家居控制系统主界面

这时系统设备还没有连接到服务器，获取不到传感器的数据，需要通过系统设置界面设置服务器 ID 与 IDkey 连接智云服务器。这里使用智云 ID 与 IDkey 进行连接，要求同智云服务配置工具中的使用配置一致（使用远程服务模式）。

系统设置界面如图 2-13 所示。

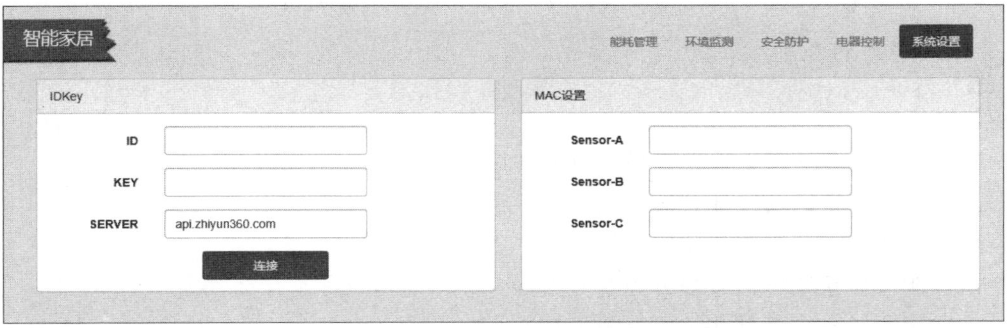

图 2-13 系统设置界面

在 ID 与 KEY 模块输入正确的账号信息，单击“连接”按钮。账号信息界面如图 2-14 所示。

图 2-14　账号信息界面

输入完成后，查看传感器节点 Mac 设置，自动更新显示。节点地址信息如图 2-15 所示。

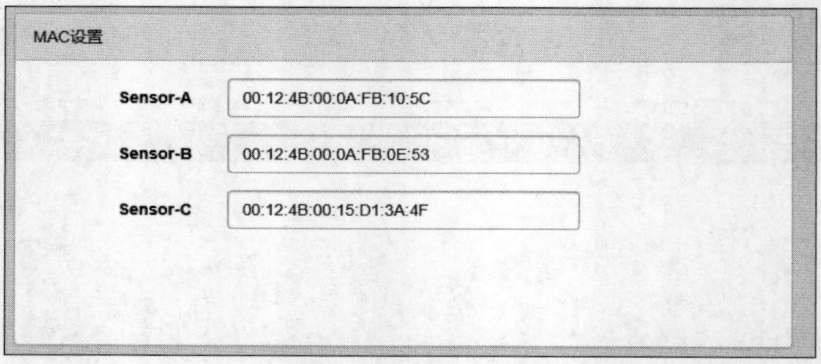

MAC设置
Sensor-A　00:12:4B:00:0A:FB:10:5C
Sensor-B　00:12:4B:00:0A:FB:0E:53
Sensor-C　00:12:4B:00:15:D1:3A:4F

图 2-15　节点地址信息

连接服务器成功后切换到环境监测界面，这时可看到设备状态更新，传感器的数据会在界面上显示。

单击“电器控制”进入电器控制功能界面，单击图标下的按钮可以控制设备。

单击“安全防护”进入安全防护功能界面，在安防功能界面会实时显示传感器的报警状态。

单击“能耗管理”进入能耗管理功能界面，在能耗管理界面可以显示能耗使用信息。

习题

1. 智能家居系统的电器控制模块有哪些组成部分？
2. 智能家居系统的能耗管理模块有哪些组成部分？
3. 描述智能家居系统的 4 层架构模型。
4. 智能家居系统传输过程分为哪几部分？具体通信流程是什么？
5. 智能家居系统有哪些主要界面设计？

第3章 HTML页面设计

3.1 HTML设计概述

3.1.1 HTML简介

HTML(Hyper Text Markup Language,超文本标记语言)是一种用来制作超文本文档的简单标记语言,是网页制作的基本语言。用HTML编写的超文本文档称为HTML文档,它能独立于各种操作系统平台(如UNIX、Windows等)。HTML语言的作用就是对网页的内容、格式及网页中的超链接进行描述,然后由网页浏览器读取网站上的HTML文档,再根据此类文档中的描述组织并显示相应的Web页面。

1. HTML思想

设想这样一种场景:在做实验时,实验器材对应的传感器或接口都会标有名字。有的标签名字写着控制类传感器、采集类传感器、安防类传感器,有的标有K1、D2等字样。当做实验需要明白怎么接线或者获取数据时,里面贴的标签最能简单地描述它的标签。一个红色的LED灯上面标有D11钢印,一行黑色的跳线的钢印上面标有传感器的相关序号等。其他与物联网相关的实验器材也采用类似的做法。编写HTML与这个过程是很相似的。不同的是,编写HTML并非向传感器和接口上贴标签,而是为网页内容打上能够描述它们的标签,无须自己创建标签名称,因为HTML已经完成了这一工作,它有一套预先定义好的元素。p元素用于段落,abbr元素用于缩略词,li元素用于列表项目。后面还会进一步介绍这些元素以及很多其他元素。注意,钢印标签上的用词是D11,而不是“红色的LED灯”。类似地,HTML元素描述的是内容,而非看起来是什么样的。CSS才控制内容的外观(如字体、颜色、阴影等)。因此,不管最后让段落显示为绿色还是橙色,它们都是p元素，这才是 HTML 唯一关心的。在学习本书和创建网页时，应该始终牢记这一思想。下面介绍的基本网页就是这样做的。

2. 基本的 HTML 页面

首先介绍 HTML 文件的基本结构。

HTML 文件是纯文本文件，可以用所有的文本编辑器进行编辑，如记事本等；也可以使用可视化编辑器，如 Frontpage、Dreamweaver 等。

在 HTML 中，由<>和</>括起来的文本称为标签。其中，<>表示开始标签，</>表示结束标签，开始标签和结束标签配对使用，它们之间的部分是该标签的作用域，如<html></html>等。HTML 就是以这些标签来控制内容的显示方式。

例 3-1 HTML 文件结构示例。

```
<!DOCTYPE html>
<html>
<head>
<meta charset="utf-8">
<title>基于 Web 技术的物联网应用开发</title>
</head>
<body>
⋮
</body>
</html>
```

上述所示代码是创建一个 HTML 文件的最基本结构，所有 HTML 文件都要包含这些基本结构部分。其中：

<html></html>表示该文档是 HTML 文档。

<head></head>表明文档的头部信息，一般包括标题和主题信息，该部分信息不会出现在页面正文中。也可以在其中嵌入其他标签，表示诸如文件标题、编码方式等属性。

<title</title>表示该文档的标题，标签间的文本显示在浏览器的标题栏中。

<body></body>是网页的主体信息，可以包括各种字符、表格、图像及各种嵌入对象等信息。

3. HTML 编辑器

HTML 文件可以使用操作系统自带的文本编辑器进行编辑，也可以使用专业的 HTML 编辑器进行编辑。下面推荐几款常用的编辑器。

Notepad++：https://notepad-plus-plus.org/。

Sublime Text：http://www.sublimetext.com/。

VS Code：https://code.visualstudio.com/。

以上软件可以从相应官网中下载对应的软件，按步骤安装即可。

下面演示如何使用 Notepad++ 工具来创建 HTML 文件，其他工具操作步骤类似。

Notepad++ 是 Windows 操作系统下的文本编辑器(软件版权许可证：GPL)，有完整的中文接口并且支持多国语言编写的功能(UTF-8 技术)。

步骤 1：新建 HTML 文件，如图 3-1 所示。

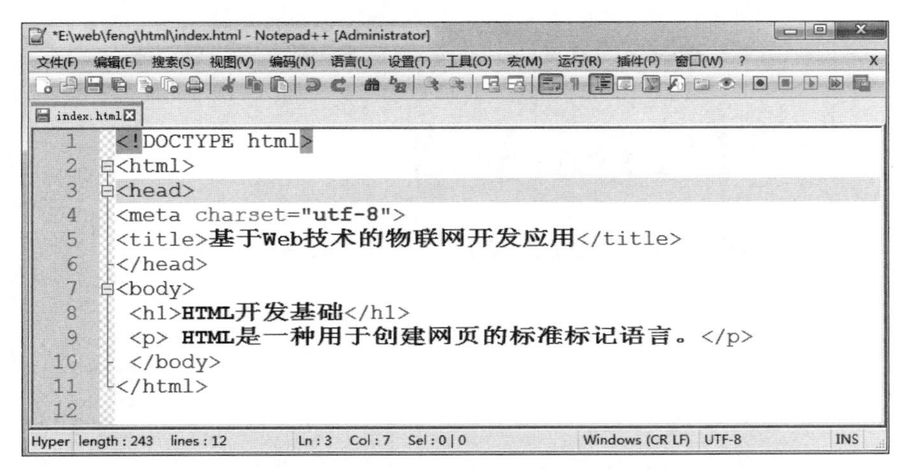

图 3-1 编写 HTML 代码

在 Notepad++ 安装完成后，选择“文件”→“新建”命令，在新建的文件中输入以下代码。

```
<!DOCTYPE html>
<html>
<head>
<meta charset="utf-8">
<title>基于 Web 技术的物联网开发应用</title>
</head>
<body>
<h1>HTML 开发基础</h1>
<p>HTML 是一种用于创建网页的标准标记语言。</p>
</body>
</html>
```

步骤 2：另存为 HTML 文件。

选择“文件”→“另存为”命令，文件名为 html_test.html。当保存 HTML 文件时，既可以使用.htm 为扩展名，也可以使用.html 为扩展名，两者没有区别。

步骤 3：在浏览器中运行这个 HTML 文件。

启动系统的浏览器，然后选择“文件”菜单的“打开文件”命令，或者直接在文件夹中双击创建的 HTML 文件。运行显示结果如图 3-2 所示。

4. HTML 基础

1）标签的组成

标签的组成：元素（element）、属性（attribute）和值（value）。

元素就像描述网页不同部分的小标签一样：这是一个标题，那是一个段落，而那一组链接是一个导航。有的元素有一个或多个属性，属性用来进一步描述元素。HTML 元素

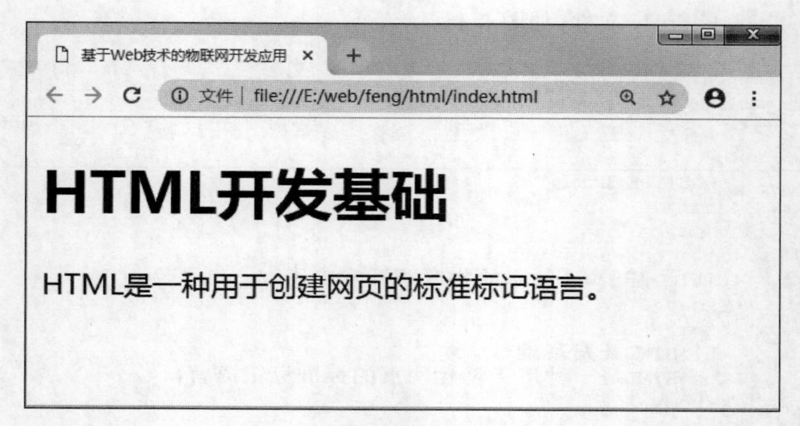

图 3-2　显示效果

指的是从开始标签(start tag)到结束标签(end tag)的所有代码。按照惯例,元素的名称都用小写字母。不过 HTML5 对此未做要求,也可以使用大写字母,只是现在很少有人用大写字母编写代码了,因此,除非无法抗拒,否则不推荐使用大写字母。

(1) <p> 元素:示例如下。

```
<p>段落标签。</p>
```

说明:这个 <p> 元素定义了 HTML 文档中的一个段落。这个元素拥有一个开始标签 <p>和一个结束标签 </p>。元素内容是:段落标签。

(2) <h1>元素:示例如下。

```
<h1>标题一标签</h1>
```

说明:这个 h1 元素定义了 HTML 文档中的标题。这个元素拥有一个开始标签<h1>和一个结束标签</h1>。元素内容是:标题一标签。

(3) <body> 元素:示例如下。

```
<body>
<h1>标题一标签</h1>
<p>段落标签。</p>
</body>
```

说明:<body>元素定义了 HTML 文档的主体。这个元素拥有一个开始标签<body>和一个结束标签 </body>。元素内容是:两个 HTML 元素(h1、p 元素)。

(4) 空元素(empty element 或 void element):既不包含文本也不包含其他元素。空元素看起来像是开始标签和结束标签的结合,由左尖括号开头,然后是元素的名和可能包含的属性,然后是一个可选的空格和一个可选的斜杠,最后是必有的右尖括号。如图 3-3 所示,空元素(如这里显示的 img 元素)并不包含任何文本内容(alt 属性中的文字是元素的一部分,并非显示在网页中的内容)。空元素只有一个标签,同时作为元素的开始标签和结束标签使用。

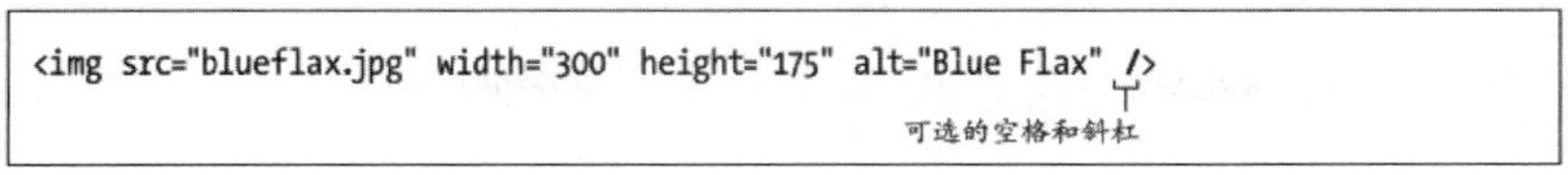

```
<img src="blueflax.jpg" width="300" height="175" alt="Blue Flax" />
```

可选的空格和斜杠

图 3-3 空标签

(5) 父元素和子元素：如果一个元素包含另一个元素，它就是被包含元素的父元素，而被包含元素称为子元素。子元素中包含的任何元素都是外层的父元素的后代。这种类似家谱的结构是 HTML 代码的关键特性，它有助于在元素上添加样式和应用 JavaScript 行为。值得注意的是，当元素中包含其他元素时，每个元素都必须嵌套正确，即子元素必须完全地包含在父元素中。使用结束标签时，前面必须有跟它成对的开始标签。换句话说，先开始元素 1(body 元素)，再开始元素 2(h1 元素)，就要先结束元素 2(h1 元素)，再结束元素 1(body 元素)。例如：

```
<body>
<h1>这是一个基于 Web 技术的物联网应用开发网页</h1>
</body>
```

在上面这段 HTML 代码中，body 元素是 h1 的父元素；反过来，h1 是 body 元素的子元素(也是后代)。

注意：嵌套格式正确。

2) 属性和值

HTML 标签可以拥有属性。属性提供了有关 HTML 元素的更多的信息。它总是以名称/值对的形式出现，如 name="value"，并且总是在 HTML 元素的开始标签中规定。

如图 3-4 所示，这是一个 label 元素(关联文本标签与表单字段)，它有一个简单的属性—值对。属性总是位于元素的开始标签内，属性的值通常放在一对双引号中。

for 是 label 的一个属性

```
<label for="email">Email Address</label>
```

for 属性的值

图 3-4 属性和值

HTML 属性可以相关参考手册。表 3-1 列出了适用于大多数的 HTML 元素的属性。

表 3-1 HTML 元素的属性

序号	属性	描 述
1	class	为 HTML 元素定义一个或多个类名(classname)(类名从样式文件引入)
2	id	定义元素的唯一 id
3	style	规定元素的行内样式(inline style)
4	title	描述了元素的额外信息 (作为工具条使用)

3）HTML 书写规范

在 HTML 中，按照格式标签分为两类：①大部分标签是成对出现的，需要开始标签和结束标签；②有一些标签不需要成对出现，单独出现一次就可以，这类标签通常不控制显示形态，如＜br＞表示换行。

标签是不区分大小写的。

3.1.2 HTML 文本设置

文本是网页中最基本且最重要的元素之一，在网页上输入、缩辑、格式化文本元素是制作网页的基本操作。文本主要作用在于帮助网页浏览者快速地了解网页的内容，是网页内容的基础，是网页中必不可少的元素。常用的文本标签分为标题标签、段落标签、格式标签三类。

1. HTML 文本内容

元素中包含的文本可能是网页上最基本的成分。如果用过文字处理软件，那么就一定输入过文本。但是，HTML 页面中的文本与文字处理软件中通常的文本有一些重要的差异。首先，浏览器呈现 HTML 时，会把文本中的多个空格或制表符压缩成单个空格，把回车符和换行符转换成单个空格，或者将它们一起忽略。例如，以下 HTML 文本。

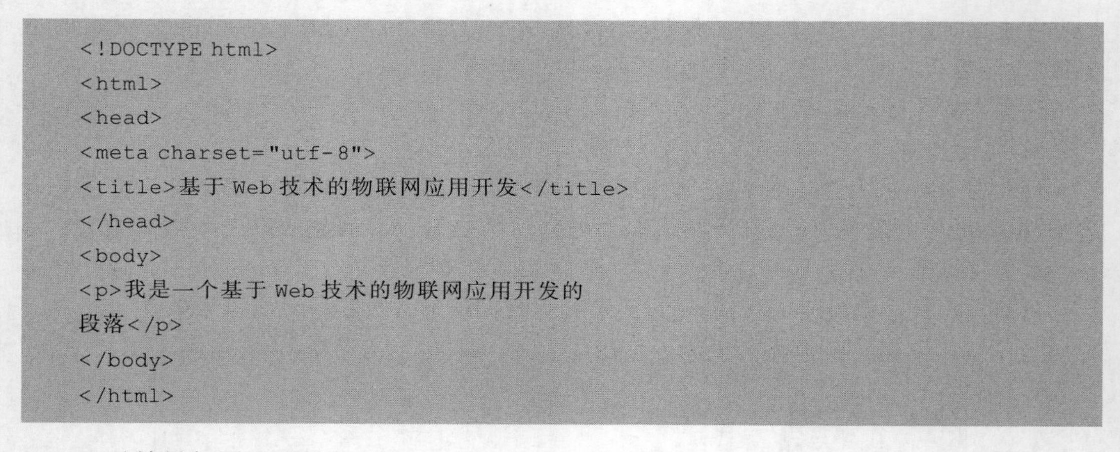

```
<!DOCTYPE html>
<html>
<head>
<meta charset="utf-8">
<title>基于 Web 技术的物联网应用开发</title>
</head>
<body>
<p>我是一个基于 Web 技术的物联网应用开发的
段落</p>
</body>
</html>
```

显示效果如图 3-5 所示。

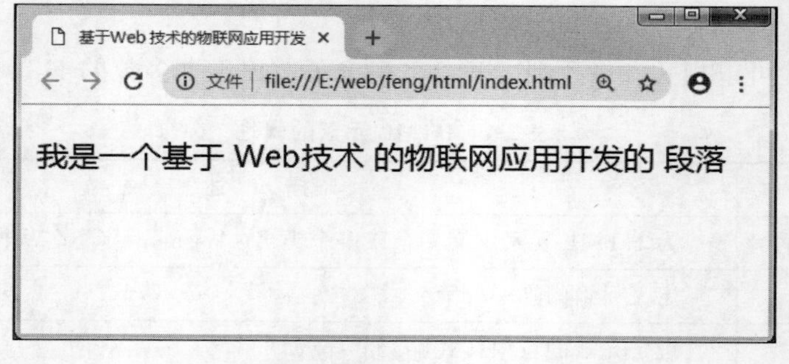

图 3-5　HTML 文本内容

<!DOCTYPE>声明有助于浏览器中正确显示网页。网络上有很多不同的文件，如果能够正确声明 HTML 的版本，浏览器就能正确显示网页内容。DOCTYPE 声明是不区分字母大小写的，以下方式均可。

```
<!DOCTYPE html>
<!DOCTYPE HTML>
<!Doctype Html>
<!doctype html>
```

对于中文编码，目前在大部分浏览器中，直接输出中文会出现中文乱码的情况，这时就需要在文件头部将字符声明为 UTF-8。

```
<meta charset="UTF-8">
```

2. HTML 标题

在 HTML 文档中，标题很重要。通过<hi>…</hi>标签配对使用设置 HTML 网页内容标签。标题标签共分为 6 种，分别表示不同字号的标题，i 可以取值为 1～6。同时，在< hi>中可以使用属性<align>来设置标题对齐方式，如果没有设置<align>属性，默认对齐方式是 left(左对齐)。例如，以下 HMTL 标题标签。

```
<h1>智能家居</h1>
<h2>电器控制功能模块</h2>
<h3>环境监测功能模块</h3>
```

显示效果如图 3-6 所示。

标题标签 hi 描述如表 3-2 所示。

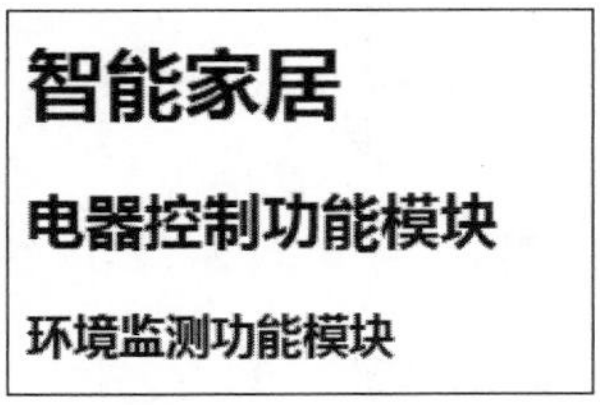

智能家居

电器控制功能模块

环境监测功能模块

图 3-6 标题标签

表 3-2 标题标签 hi 描述

序号	标 题 标 签	描　述
1	<h1 align="对齐方式">…</h1>	表示一级标题
2	<h2></h2>	表示二级标题
3	<h3></h3>	表示三级标题
4	<h4></h4>	表示四级标题
5	<h5></h5>	表示五级标题
6	<h6></h6>	表示六级标题

3. HTML 段落

1) 分段标签<p>

段落是通过 <p> 标签定义的。<p>用来标记段落的开始，用</p>标记段落的结束。例如：

```
<body>
    <p>智能家居。</p>
    <p>电器控制功能模块。</p>
    <p>环境监测功能模块。</p>
</body>
```

显示效果如图 3-7 所示。

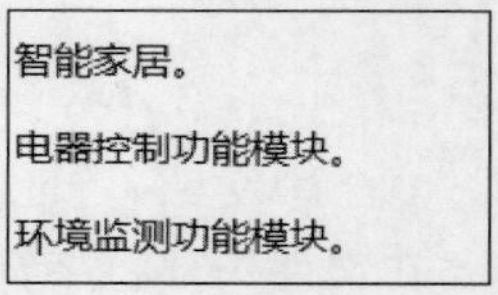

注意：浏览器会自动地在段落的前后添加空行(</p> 是块级元素，后面的章节将会介绍)。

智能家居。

电器控制功能模块。

环境监测功能模块。

图 3-7　段落标签

2）换行标签

如果希望在不产生一个新段落的情况下进行换行(新行)，可以使用
 标签。例如：

```
<p>安全防护功能的提供者是智能家居系统中的安全防护系统<br>安全防护系统是智能家居系统的重要组成部分<br>该系统为智能家居系统提供家居防护安全服务。</p>
```

使用空的段落标记<p></p>插入一个空行是一个坏习惯。可以用
标签代替它，显示效果如图 3-8 所示。

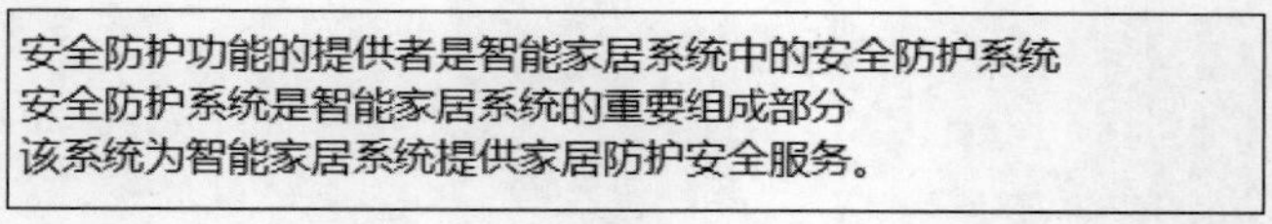

安全防护功能的提供者是智能家居系统中的安全防护系统
安全防护系统是智能家居系统的重要组成部分
该系统为智能家居系统提供家居防护安全服务。

图 3-8　换行标签

3）注释标签

在 HTML 文档中用来表示注释的标签是<!--注释内容-->。

例 3-2　注释标签示例。

```
<!DOCTYPE html>
<html>
<head>
<meta charset="utf-8">
<title>基于 Web 技术的物联网应用开发</title>
</head>
<body>
<!--该行为注释，具有解释性-->
<p>我是一个基于 Web 技术的物联网应用开发的段落</p>
</body>
</html>
```

4）水平分割线标签<hr>

<hr>标签是水平线标签，用于段落和段落之间的分割，使文档结构清晰明了，且文字

的编排更加整齐。加入一个<hr>标签，就加入了一条默认的水平线。例如：

```
<!DOCTYPE html>
<html>
<head>
<meta charset="utf-8">
<title>基于 Web 技术的物联网应用开发</title>
</head>
<body>
<p>我是一个基于 Web 技术的物联网应用开发的段落</p>
<hr>
<p>我是一个基于 Web 技术的物联网应用开发的段落</p>
</body>
</html>
```

显示效果如图 3-9 所示。

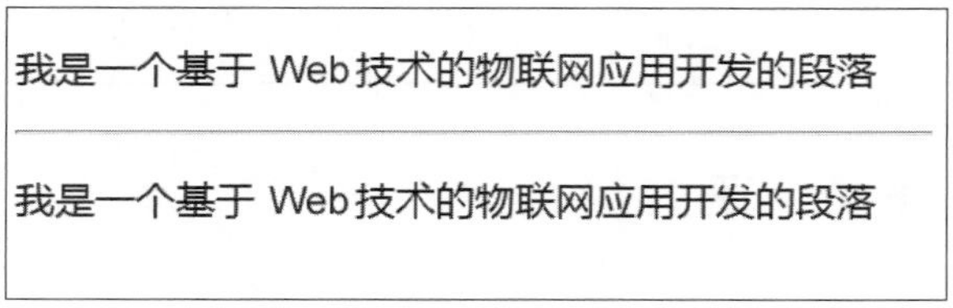

我是一个基于 Web技术的物联网应用开发的段落

我是一个基于 Web技术的物联网应用开发的段落

图 3-9　水平分割线标签

4. 格式标签

1）常用的格式标签

在 HTML 文档中，通常要通过格式标签来设定文本显示格式，常用的格式标签如表 3-3 所示。

表 3-3　常用的格式标签

序　　号	标　　签	描　　述
1	<b>	定义粗体文本
2	<big>	定义大号字
3	<em>	定义着重文字
4	<i>	定义斜体字
5	<small>	定义小号字
6	<strong>	定义加重语气
7	<sub>	定义下标字
8	<sup>	定义上标字
9	<ins>	定义插入字

续表

序号	标签	描述
10	<del>	定义删除字
11	<s>	不赞成使用，可使用<del>代替
12	<strike>	不赞成使用，可使用<del>代替
13	<u>	不赞成使用，可使用样式(style)代替

2）特殊字符标签

特殊字符标签如表 3-4 所示。

表 3-4　特殊字符标签

序号	特殊字符	HTML 标签	序号	特殊字符	HTML 标签
1	"	"	4	>	>
2	&	&	5	空格	
3	<	<			

3.1.3　HTML 图像处理

1. HTML 图像

1）HTML 图像由<img>标签定义

<img>是空标签，意思是说，它只包含属性，并且没有闭合标签。要在页面上显示图像，就需要使用源属性(src)。src 是指 source。源属性的值是图像的 URL 地址。

定义图像语法格式：

```
<img src="url" />
```

例 3-3　定义 HTML 图像。

```
<!DOCTYPE HTML>
<html>
<head>
<meta charset="utf-8">
<title>基于 Web 技术的物联网应用开发</title>
</head>
<body>
    <p>
        一幅开灯图像：
        <img src="light-on.png" width="128" height="128" />
    </p>
    <p>
        一幅关灯图像：
```

```
        <img src="light-off.png" width="50" height="50" />
    </p>
</body>
</html>
```

页面显示效果如图 3-10 所示。

图 3-10　图像标签

这个图像的 URL 只包含文件名，没有路径，因此代表该图像位于与此网页相同的文件夹。此文本中插入了两张图片，文件名分别为 light-on.png 和 light-off.png，同时设置了图片显示的宽度(width)和高度(height)。图 3-10 中的例子显示了最简单的图像路径形式，即只有文件名。不过，在实践中为了保持良好的文件组织结构，通常将图像保存在单独的文件夹中。img 标签的 src 属性中的 URL 也应该反映这一路径。假设图 3-10 中的页面所在的文件夹还包含一个名为 images 的文件夹，且图像位于 images 文件夹中，则显示该图的 HTML 应为＜img src＝" images\ light-off.png"/＞。后面将介绍文件路径问题。

2) 添加 HTML 图像属性(alt)

使用 alt 属性，可以为图像添加一段描述性文本，当图像出于某种原因不显示的时候，就将这段文字显示出来。屏幕阅读器可以朗读这些文本，帮助视障访问者理解图像的内容。一般来说，替代文本是考虑图像未能正常加载的情况下需要呈现的文字。

添加图像属性语法格式：

```
<img src="01.jpg" alt="我是一个灯的图片">
```

例如：

```
<img src="images\light-on.png" alt="我是一个灯的图片">
```

页面显示效果如图 3-11 所示。

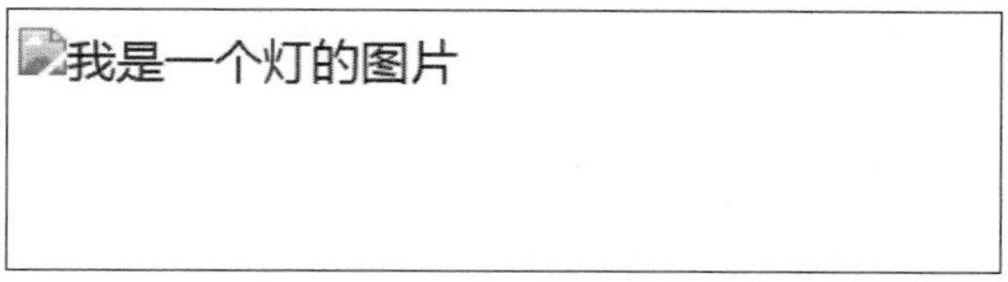

我是一个灯的图片

图 3-11　图像属性

3）设置 HTML 图像的高度(height)和宽度(width)

(1) 设置图像 width 属性。

设置图像宽度，默认情况下修改图像宽度，也会按比例修改图像的高度。这里的宽度单位是像素。其语法格式为：

```
<img src="图像文件地址"width="图像宽度">
```

(2) 设置图像 height 属性。

设置图像高度，默认情况下修改图像高度，也会按比例修改图像的宽度。这里的高度单位是像素。其语法格式为：

```
<img src="图像文件地址"height="图像高度">
```

3.1.4 HTML 颜色设置

1. HTML 颜色

颜色名列表

颜色由红色、绿色、蓝色混合而成。HTML 颜色由一个十六进制符号来定义，这个符号由红色、绿色和蓝色的值组成(RGB)。每种颜色的最小值是 0(十六进制 #00)。最大值是 255(十六进制 #FF)。

表 3-5 给出了由红绿蓝三种颜色混合而成的具体效果。

彩表 3-5

表 3-5 HTML 颜色表

颜　色	十六进制值	HTML RGB 混合颜色表示
	#000000	rgb(0,0,0)
	#FF0000	rgb(255,0,0)
	#00FF00	rgb(0,255,0)
	#0000FF	rgb(0,0,255)
	#FFFF00	rgb(255,255,0)
	#00FFFF	rgb(0,255,255)
	#FF00FF	rgb(255,0,255)
	#C0C0C0	rgb(192,192,192)
	#FFFFFF	rgb(255,255,255)

提示：仅有 16 种基本颜色名被 W3C 的 HTML 4.0 标准支持，它们是 aqua、black、blue、fuchsia、gray、green、lime、maroon、navy、olive、purple、red、silver、teal、white、yellow，如图 3-12 所示。

1）通过指定 RGB 的量构建颜色

可以通过指定红、绿、蓝(这也是 RGB 名称的由来)的量来构建自己的颜色，也可以使用百分数、0～255 的数字来指定这三种颜色的值。例如，如果创建一种深紫色，可以使用

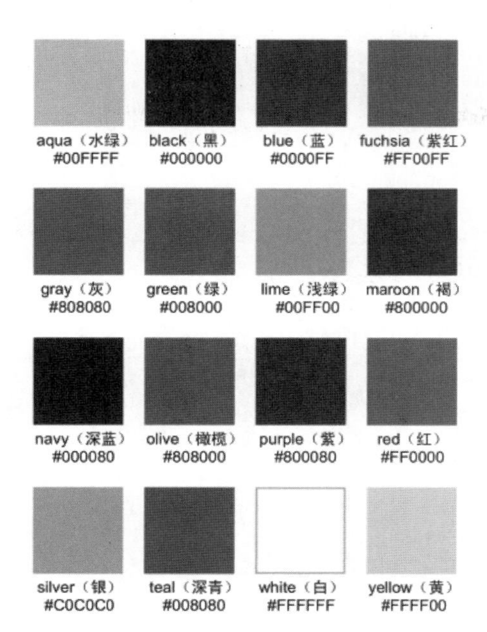

图 3-12　16 种基本颜色关键字

彩图 3-12

89 份红、127 份蓝、0 份绿。这个颜色可以写成 rgb(89,0,127)。

2）用十六进制数表示颜色

十六进制数是颜色设置最常用的方法，如图 3-13 所示。将这些数字转化为十六进制，然后将它们合并到一起，再在前面加一个＃，如＃59007F。

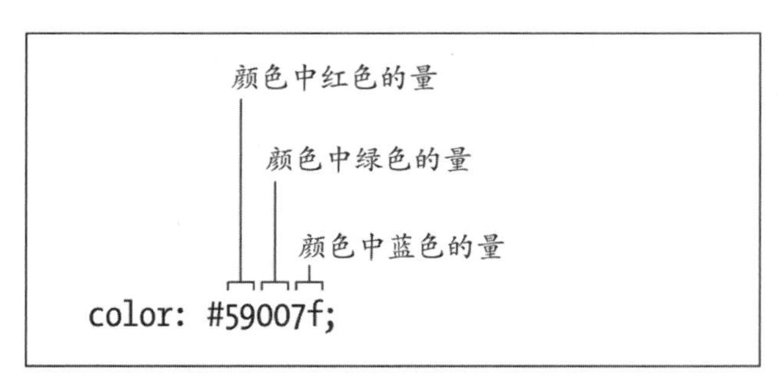

图 3-13　用十六进制数表示颜色

图 3-13 CSS 中定义颜色最常用的方式是用十六进制数指定颜色所包含的红、绿、蓝的量，对于＃59007F，十六进制的 59、00、7F 分别等于十进制的 89、0、127，如图 3-14 所示。7F 和 7f 都是允许的写法。

如果一个十六进制颜色是由三对重复的数字组成的，可以去掉重复数字。例如，＃ff3344，可缩写为＃f34。

表示颜色的另一种方式是用 0～255 的数字指示 RGB 值。首先定义红色，然后定义绿色，最后定义蓝色。此外，也可以将每个值表示为百分数，不过很少用到这种做法，可能因为 Photoshop 等图像编辑器通常用数字表示 RGB 值。如果想使用百分数，可以将图 3-14 颜色写成 rgb(35％,0％,50％)，因为 89 是 255 的 35％，127 是 255 的 50％。

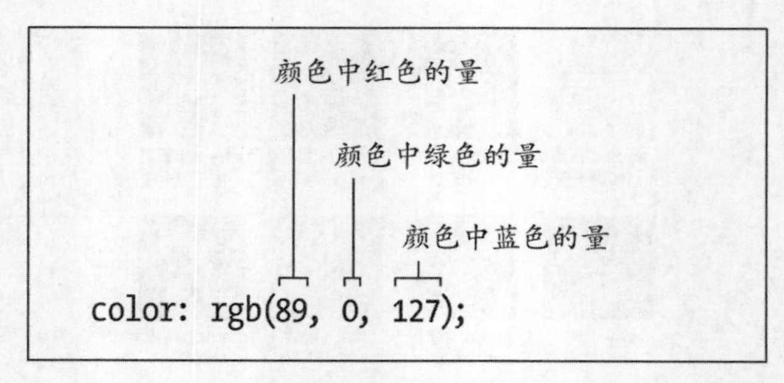

图 3-14　颜色表示

3.2　HTML 列表与框架

3.2.1　HTML 链接

1. HTML 链接

链接是网络的命脉。没有链接，每个页面只能独立存在，同其他所有页面完全地分开。链接是网站中使用比较频繁的 HTML 元素，因为网站的各种页面都是由超级链接连接而成，超级链接（简称超链接或链接）完成了页面之间的跳转。图片也可以进行超级链接。

1）给文字添加链接

超级链接的标签是<a>…</a>，给文字添加超级链接类似于其他修饰标签。添加了链接后的文字有其特殊的样式，以和其他文字区分，当鼠标指针移动到网页中的某个链接时，指针箭头会变成一只小手状。默认情况下，一个未访问过的链接显示为蓝色字体并带有下画线。访问过的链接显示为紫色并带有下画线。单击链接时，链接显示为红色并带有下画线。

超级链接即跳转到另一个页面，<a>…</a>标签有一个 href 属性负责指定新页面的地址。href 指定的地址一般使用相对地址。

例 3-4　超级链接的设置。

```
<!DOCTYPE html>
<html>
<head>
  <title>超级链接的设置</title>
</head>
<body>
<a href="http://www.baidu.com">百度</a></body>
</html>
```

网页显示效果如图 3-15 所示。

单击“百度”链接，跳转后的界面如图 3-16 所示。

从图 3-15 中看到超级链接的默认样式，当单击页面中的链接，页面将跳转到同一目录

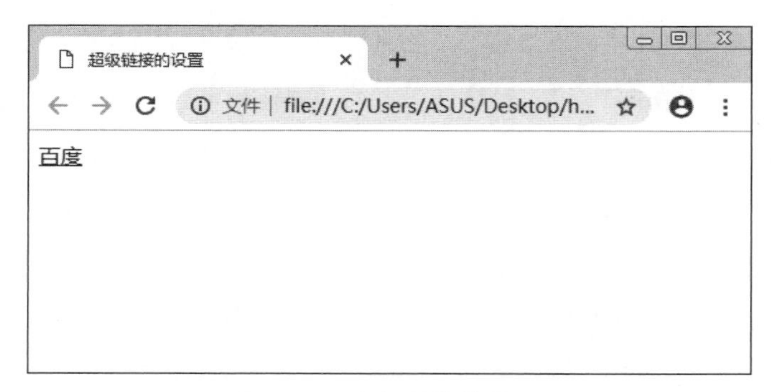

图 3-15 超级链接的设置

图 3-16 链接跳转界面

下的百度界面(http://www.baidu.com)。当单击浏览器的“后退”按钮，回到超级链接HTML页面时，文字链接的颜色变成了紫色，告诉浏览者此链接已经被访问过。

2）修改链接的窗口打开方式

默认情况下，超级链接打开新页面的方式是自我覆盖。根据浏览者的不同需要，可以指定超级链接的其他打开新窗口的方式。超级链接标签提供了 target 属性进行设置。

使用 target 属性可以定义被链接的文档在何处显示，它的常用值如下。

- _blank：在新窗口打开。
- _parent：在上一级窗口打开，常在分帧的框架页面中使用。
- _self：在同一个窗口打开，默认值。
- _top：在浏览器的整个窗口打开，将会忽略所有的框架结构。

3）给链接添加提示文字

很多情况下，超级链接的文字不足以描述所要链接的内容，超级链接标签提供了 title 属性，能方便地为浏览者给出提示。title 属性的值即为提示内容，当浏览者的光标停留在超级链接上时，提示内容才会出现，这样不会影响页面排版的整洁。

例 3-5 给超级链接添加提示文字。

```
<!DOCTYPE html>
<html>
<head>
  <title>超级链接的设置</title>
</head>
<body>
    <a href=""http://www.baidu.com"" target="_blank" title="这是一段页面提示文字,单击本链接将会跳转到百度界面。">进入列表的设置页面</a></body>
</html>
```

网页显示效果如图 3-17 所示。

进入列表的设置页面

这是一段页面提示文字，单击本链接将会跳转到百度界面。

图 3-17　为链接添加提示文字

4）什么是锚

很多网页文章的内容比较多,导致页面很长,浏览者需要不断地拖动浏览器的滚动条才能找到需要的内容。超级链接的锚功能可以解决这个问题,锚(anchor)引自于船上的锚,锚被抛下后,船就不容易飘走、迷路。实际上锚就是用于在单个页面内不同位置的跳转,有的地方也称为书签。

超级链接标签的 name 属性用于定义锚的名称,一个页面可以定义多个锚,通过超级链接的 href 属性值名称跳转到对应的锚。

例 3-6　设置锚的位置。

```
<!DOCTYPE html>
<html>
<head>
    <title>基于 Web 技术的物联网应用开发</title>
</head>
<body>
    <a name="top">回到顶部</a>
    <p>什么是物联网? 介绍物联网相关技术</p>
    <p>什么是物联网? 介绍物联网相关技术</p>
    <p>什么是物联网? 介绍物联网相关技术</p>
    <p>什么是物联网? 介绍物联网相关技术</p>
    <p>什么是物联网? 介绍物联网相关技术</p>
    <p>什么是物联网? 介绍物联网相关技术</p>
    <p>什么是物联网? 介绍物联网相关技术</p>
    <p>什么是物联网? 介绍物联网相关技术</p>
    <p>什么是物联网? 介绍物联网相关技术</p>
```

```
        <p>什么是物联网？介绍物联网相关技术</p>
        <p>什么是物联网？介绍物联网相关技术</p>
        <p>什么是物联网？介绍物联网相关技术</p>
        <p>什么是物联网？介绍物联网相关技术</p>
        <p>什么是物联网？介绍物联网相关技术</p>
        <p>什么是物联网？介绍物联网相关技术</p>
        <p>什么是物联网？介绍物联网相关技术</p>
        <p>什么是物联网？介绍物联网相关技术</p>
        <p>什么是物联网？介绍物联网相关技术</p>
        <p>什么是物联网？介绍物联网相关技术</p>
        <a href="#top">回到顶部</a>
    </body>
    </html>
```

当浏览者单击超级链接时，页面将自动滚动到 href 属性值名称的锚的位置。页面显示效果如图 3-18 所示。

注意：定义锚的标签<a name=""></a>内不一定需要具体内容，只是做一个定位。

什么是物联网？介绍物联网相关技术
什么是物联网？介绍物联网相关技术
什么是物联网？介绍物联网相关技术
什么是物联网？介绍物联网相关技术
什么是物联网？介绍物联网相关技术
什么是物联网？介绍物联网相关技术
什么是物联网？介绍物联网相关技术
什么是物联网？介绍物联网相关技术
什么是物联网？介绍物联网相关技术
回到顶部

图 3-18 设置锚的位置

2. 图像超链接

人们经常会遇到以图片作为超链接的方式，而且有时会在同一张图片上有不同的链接，这种链接区域称为热区。图像的超链接也是通过<a>标签协助完成的，设置链接的图片会出现蓝色边框，这个边框颜色也可以在<body>标签中设定。

给一个图像设置超链接的方法和文本链接类似，其语法格式为：

```
<a href="链接地址" ><img src="图像的地址"></a>
```

例 3-7 图像超链接。

```
<html>
<body>
<p>
将图片作为链接：
<a href="http://www.126.com/">
    <img border="0" src="fire.png" />
</a>
</p>
</body>
</html>
```

显示效果如图 3-19 所示。

图 3-19　图片链接

单击图片后，自动跳转到 http://www.126.com/电子邮箱页面。

3. 文件路径

如果在引用文件时(如加入超链接或者插入图片等)使用了错误的文件路径，那么就会导致引用失效(无法浏览链接文件或者无法显示插入的图片等)。

HTML 有两种路径的写法：相对路径和绝对路径。

1）相对路径

(1) 同一个目录的文件引用。

如果源文件和引用文件在同一个目录里，直接写引用文件名即可。

现在建立一个源文件 info.html，在 info.html 里要引用 index.html 文件作为超链接。

假设 info.html 路径是 C:\1\2\3\4\info.html。

假设 index.html 路径是 C:\1\2\3\4\index.html。

在 info.html 加入 index.html 超链接的代码应该写为：

```
<a href="index.html">相对目录</a>
```

(2) 表示上级目录。

../表示源文件所在目录的上一级目录，..\..\表示源文件所在目录的上上级目录，以此类推。

假设 info.html 路径是 C:\1\2\3\4\info.html。

假设 index.html 路径是 C:\1\2\3\index.html。

在 info.html 加入 index.html 超链接的代码为：

```
<a href="..\index.html">index.html</a>
```

假设 info.html 路径是 C:\1\2\3\4\info.html。

假设 index.html 路径是 C:\1\2\index.html。

在 info.html 加入 index.html 超链接的代码应该写为：

```
<a href="..\..\index.html">index.html</a>
```

假设 info.html 路径是 C:\1\2\3\4\info.html。
假设 index.html 路径是 C:\1\2\3\5\index.html。
在 info.html 加入 index.html 超链接的代码应该写为:

```
<a href="..\5\index.html">index.html</a>
```

(3) 表示下级目录。
引用下级目录的文件,直接写下级目录文件的路径即可。
假设 info.html 路径是 C:\1\2\3\4\info.html。
假设 index.html 路径是 C:\1\2\3\4\5\index.html。
在 info.html 加入 index.html 超链接的代码应该写为:

```
<a href="5\index.html">index.html</a>
```

假设 info.html 路径是 C:\1\2\3\4\info.html。
假设 index.html 路径是 C:\1\2\3\4\5\6\index.html。
在 info.html 加入 index.html 超链接的代码应该写为:

```
<a href="5\6\index.html">index.html</a>
```

2) 绝对路径
HTML 绝对路径(absolute path)指带域名的文件的完整路径。

绝对路径就是主页上的文件或目录在硬盘上的真正路径。使用绝对路径作为链接路径比较清晰,但是也存在一定的缺陷,如果把文件夹改名或者移动以后,那么所有的链接都要失败,这样就必须对所有的 HTML 文件的链接重新编写,这样会带来很多麻烦。

例如,有个页面 index.htm,该页面的绝对路径为 D:\html\index. htm,页面中有一个图片位置为 D:\html\img\buy.ipg,如果在这台计算机上可以很顺利地通过页面访问这个图片,但是如果将这些文件移动到其他位置进行发布,并没有放到 D 盘中,那么就会因为这个路径的指定而找不到该图片。

引用外部.css 或.js 文件的路径问题将在 CSS 以及 JavaScript 中介绍。

3.2.2 HTML 头部信息

<head>与</head>之间的区域就是头部信息。根据前面所讲,HTML 基本结构由顶部、头部和主体(<body>…</body>)组成。帮助浏览器理解页面的信息都包含在<head> 标签中。

例 3-8 设置 HTML 头部信息。

```
<!DOCTYPE html>
<html>
<head>
```

```
<meta charset="utf-8" />
<title>网页标题</title>
</head>
<body>
<!--这里是网页内容 -->
</body>
</html>
```

在这个最简单的例子里,<head>标签里只包含 <meta> 和 <title> 两个标签。其中,<meta> 标签有一个 charset 属性,告诉浏览器这个页面使用的是 UTF-8 编码。而 <title> 标签中的文本会在页面显示时作为整个页面的标题出现在浏览器窗口顶部的标题栏中。上面模板中页面的标题是"网页标题"。

页面显示如图 3-20 所示。

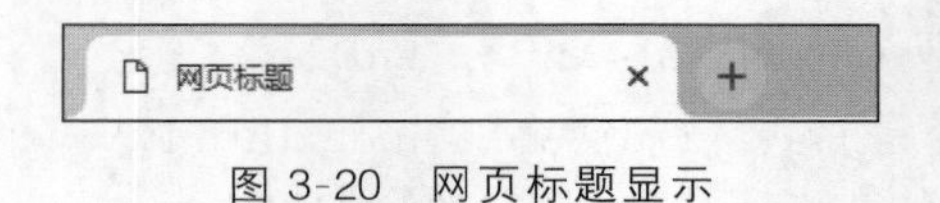

图 3-20　网页标题显示

关于<title>,说明如下。

索引擎会给<title>标签中的文字内容赋予很高的权重,而且这些文字也会作为网页标题出现在搜索结果列表中。为此,千万不要让那些"欢迎光临我的网页!"之类的废话占据你的<title>标签。一定要让这些文字简洁、明确,而且包含目标读者在搜索你的网页内容时会使用的关键词。

<head>标签里面还会包含一些其他属性,具体属性将在后面章节中介绍。

3.2.3　HTML 列表

HTML 包含专门用于创建项目列表的元素。可以创建普通列表、编号列表、符号列表以及描述列表,可以在一个列表中嵌套另外一个或多个列表。所有的列表都是由父元素和子元素构成的。父元素用于指定要创建的列表的类型,子元素用于指定要创建的列表项目类型。下面列出了三种列表类型以及组成它们的元素。

(1) 有序列表: ol 为父元素,li 为列表项。

(2) 无序列表: ul 为父元素,li 为列表项。

(3) 描述列表: dl 为父元素,dt 和 dd 分别代表 dl 中的术语和描述。描述列表在 HTML 5 之前称为定义列表。

在这些类型中,无序列表是网页上最为常见的列表类型。三种列表效果如图 3-21 所示。

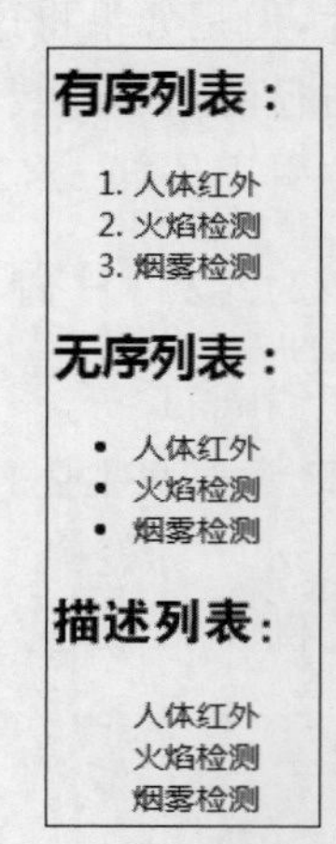

图 3-21　三种列表

1. 有序列表

有序列表(ordered list)每个列表项前都标有数字,表示顺序。排序列表由<ol>开始,每个列表项由<li>开始。如果列表项的顺序对于列表来说非常关键，那么有序列表就是恰当的选择。有序列表适合于提供完成某一任务的分步说明，适用于任何强调顺序的项目列表。例如：

```
<ol>
<li>人体红外</li>
<li>火焰检测</li>
<li>烟雾检测</li>
</ol>
```

2. 无序列表

无序列表(unordered list)恰好相反，且应用更为普遍。如果列表项的顺序不太重要，就要使用无序列表。无序列表通常默认为不用数字标记每个列表项，而采用一个符号标记每个列表项，如圆黑点。不排序列表由<ul>开始，每个列表项由<li>开始。例如：

```
<ul>
<li>人体红外</li>
<li>火焰检测</li>
<li>烟雾检测</li>
</ul>
```

3. 描述列表

描述列表(definition list)由<dl>开始。术语由<dt>开始，英文意为 definition term。术语的解释说明，由<dd>开始，<dd>与</dd>里的文字缩进显示。

例 3-9 描述列表示例。

```
<!DOCTYPE html>
<html>
<body>
<h1>智能家居</h1>
<dl>
<dt>安全防护</dt>
<dd>烟雾检测</dd>
<dt>环境监测</dt>
<dd>温湿度检测</dd>
</dl>
</body>
</html>
```

页面显示效果如图 3-22 所示。

HTML 列表描述如表 3-6 所示。

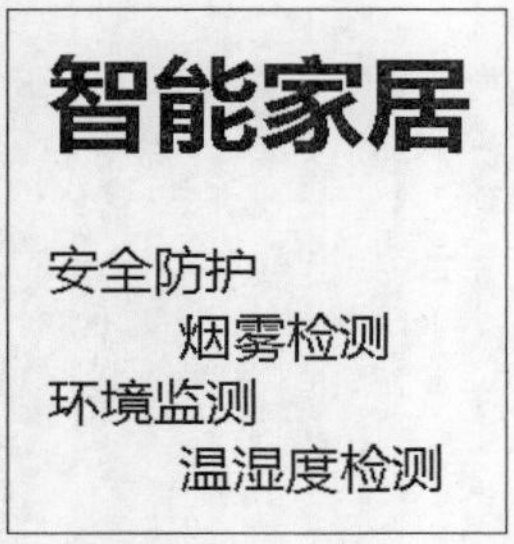

智能家居

安全防护

烟雾检测

环境监测

温湿度检测

图 3-22 描述列表显示效果

表 3-6 HTML 列表描述

序号	标签	描述
1	<ol>	定义有序列表
2	<ul>	定义无序列表
3	<li>	定义列表项
4	<dl>	定义描述列表
5	<dt>	定义描述列表项目
6	<dd>	定义描述列表项的描述

3.2.4 HTML 框架

1. HTML 框架结构

通过使用框架结构,可以在同一个浏览器窗口中显示不止一个页面。每个 HTML 文档称为一个框架,并且每个框架都独立于其他框架。

例 3-10 设置两列框架结构 HTML 文档。

框架结构 HTML 文档:

```
<frameset cols="30%,70%">
  <frame src="frame_a.htm">
  <frame src="frame_b.htm">
</frameset>
```

HTML 文档 frame_a.htm:

```
<!DOCTYPE html>
<html>
<body bgcolor="e9967a">
<h1>我是第一列</h1>
</body>
<html>
```

HTML 文档 frame_b.htm:

```
<!DOCTYPE html>
<html>
<body bgcolor="#00ccff">
<h1>我是第二列</h1>
</body>
</html>
```

1）框架结构标签

（1）框架结构标签（<frameset>）定义如何将窗口分割为框架。

（2）每个 frameset 定义了一系列的行或列。

（3）rows/columns 的值规定了每行或每列占据屏幕的面积。

上面的例子中设置了一个两列的框架集。第一列被设置为占据浏览器窗口的 30%。第二列被设置为占据浏览器窗口的 70%。HTML 文档 frame_a.htm 被置于第一列中，而 HTML 文档 frame_b.htm 被置于第二列中，显示效果图如图 3-23 所示。

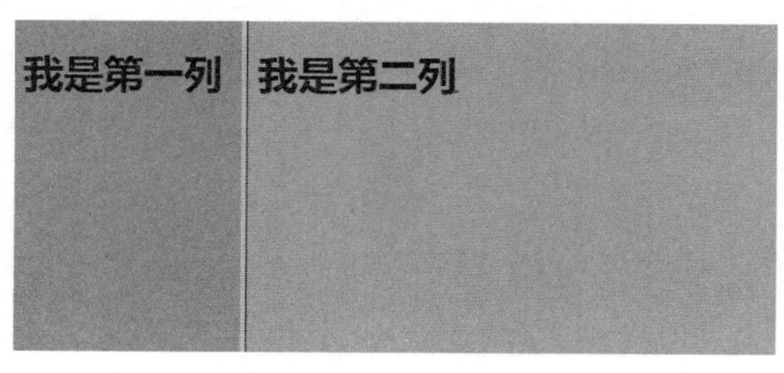

图 3-23 竖向框架

2）水平框架

例 3-11 设置水平框架。

```
<frameset rows="20%,40%,40%">
   <frame src="frame_a.htm">
   <frame src="frame_b.htm">
   <frame src="frame_c.htm">
</frameset>
```

页面显示效果如图 3-24 所示。

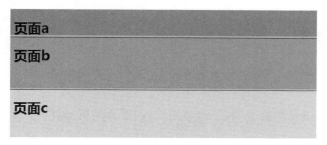

图 3-24 水平框架

3）混合框架

例 3-12 设置混合框架。

```
<frameset rows="20%,80%">
   <frame src="frame_a.htm">
    <frameset cols="25%,75%">
```

```
        <frame src="frame_b.htm">
        <frame src="frame_c.htm">
    </frameset>
</frameset>
```

页面显示效果如图 3-25 所示。

图 3-25 混合框架

2. 框架标签的其他属性

假如一个框架有可见边框，用户可以拖动边框来改变它的大小。为了避免这种情况发生，可以在 <frame> 标签中加入 noresize="noresize"。

例 3-13 设置框架边框的属性不能改变。

```
<frameset rows="20%,80%" noresize="noresize">
  <frame src="frame_a.htm">
   <frameset cols="25%,75%"  noresize="noresize">
     <frame src="frame_b.htm">
     <frame src="frame_c.htm">
   </frameset>
</frameset>
</frameset>
```

将鼠标放置在边框上，不能改变边框的大小。

1）内嵌框架

内嵌框架(iframe)又称画中画，使用灵活，可以嵌在网页的任何一个位置。

内嵌框架格式：

```
<iframe src="URL"></iframe>
```

说明：URL 指向隔离页面的位置。

例 3-14 设置内嵌框架。

```
<!DOCTYPE>
<html>
```

```
<head>
<meta charset=UTF-8">
<title>内嵌框架</title>
</head>
<body>
    <!--iframe: 内嵌框架-->
    <iframe name="topFrame" scrolling="auto" border="1" src="http://www.
baidu.com" height="300px" width="100%">
        如果你看到该文字,说明该浏览器不支持 iframe
    </iframe>
    <!--设置当单击链接时, 在内嵌框架中打开页面-->
    <p><a href="http://www.incloudlab.com/" target="topFrame">智学云</a>
   
    <a href="http://www.baidu.com" target="topFrame">百度</a>
</body>
</html>
```

页面显示效果如图 3-26 所示。

图 3-26 内嵌框架显示效果

HTML iframe 标签属性如表 3-7 所示。

表 3-7 HTML iframe 标签属性

属　性	值	描　述
frameborder	0,1	定义是否显示框架周围的边框
name	frame_name	定义 iframe 的名称
scrolling	Yes,no,auto	定义是否在 iframe 中显示滚动条
src	URL	定义在 iframe 中显示文档的 URL
width	pixels 或%	定义 iframe 的宽度
height	pixels 或%	定义 iframe 的高度

3.3 HTML 布局元素

3.3.1 HTML 表格

1. 结构化表格

表格(table)元素是由行组成的，行(tr)又是由单元格组成的。每个行都包含标题单元格(th)或数据单元格(td)，或者同时包含这两种单元格。数据单元格可以包含文本、图片、列表、段落、表单、水平线和表格等。

例 3-15 设置表格。

```
<body>
<table>
<tr>
<th scope="col">安全防护</th>
<th scope="col">环境监测</th>
<th scope="col">能耗控制</th>
</tr>
<tr>
<td>人体检测</td>
<td>温湿度检测</td>
<td>LED 状态检测</td>
</tr>
<tr>
<td>火焰检测</td>
<td>空气质量</td>
<td>门禁状态</td>
</tr>
<tr>
<td>烟雾检测</td>
<td>光照强度</td>
<td>开关状态</td>
</tr>
<tr>
</tr>
</table>
</body>
```

显示效果如图 3-27 所示。

2. 表格边框属性

由图 3-27 可以看到，如果不定义边框属性，默认表格将不显示边框。表格边框属性为 border。例如：

安全防护	环境监测	能耗控制
人体检测	温湿度检测	LED状态检测
火焰检测	空气质量	门禁状态
烟雾检测	光照强度	开关状态

图 3-27 表格显示效果

```
<table border="1">
    <tr>
        <td>这是第一行第一列</td>
        <td>这是第一行第二列</td>
    </tr>
</table>
```

显示效果如图 3-28 所示。

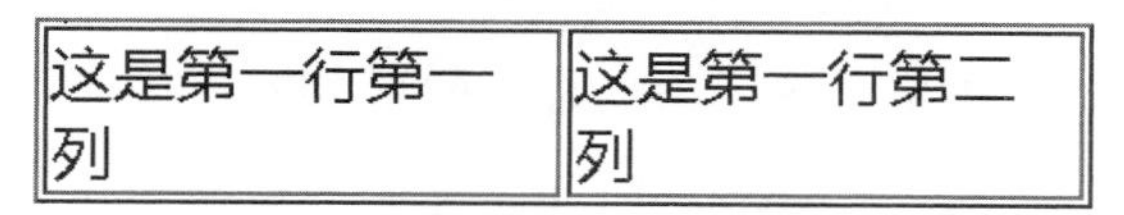

这是第一行第一列	这是第一行第二列

图 3-28 显示表格边框

3. 定义表格的其他元素

定义表格的其他元素包括 thead、tbody 和 tfoot。thead 元素可以显式地将一行或多行标题标记为表格的头部。tbody 元素用于包围所有的数据行。tfoot 元素可以显式地将一行或多行标记为表格的尾部。可以使用 tfoot 包围对列的计算值，也可以在长表格中使用 tfoot 重复 thead 中的内容（如果表格在打印时超过一页，有的浏览器会在每页都打印 tfoot 和 thead 元素的内容）。常见的 HTML 表格标签如表 3-8 所示。

表 3-8 常见的 HTML 表格标签

序号	标 签	描 述	序号	标 签	描 述
1	<table>	定义表格	6	<colgroup>	定义表格列的组
2	<th>	定义表格的表头	7	<col>	定义表格列的属性
3	<tr>	定义表格的行	8	<thead>	定义表格的页眉
4	<td>	定义表格单元	9	<tbody>	定义表格的主体
5	<caption>	定义表格标题	10	<tfoot>	定义表格的页脚

thead、tfoot 和 tbody 元素不会影响表格的布局，也不是必需的（不过推荐使用它们）。如果包含了 thead 或 tfoot，则必须同时包含 tbody。此外，还可以对它们添加样式。

4. 常用表格设置

可以通过 colspan(列)和 rowspan(行)属性让 th 或 td 跨越一个以上的列或行。对该属性指定数值表示的是跨越的单元格的数量。

1) 单元格跨列设置

例如,单元格的跨两列设置如下。

```
<table border="1">
<tr>
  <th>安全防护</th>
  <th colspan="2">状态</th>
</tr>
<tr>
  <td>人体检测</td>
  <td>开</td>
  <td>关</td>
</tr>
</table>
```

说明:colspan="n"中的 n 是单元格要跨越的列数。同时,还要补充单元格<td>的个数。

显示效果如图 3-29 所示。

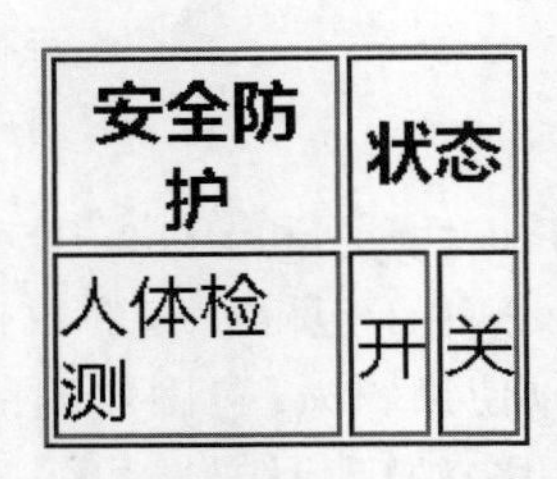

图 3-29　单元格跨两列

2) 单元格跨行设置

例如,单元格的跨两行设置如下。

```
<table border="1">
<tr>
  <th>安全防护</th>
  <td>人体检测</td>
</tr>
<tr>
  <th rowspan="2">状态</th>
  <td>开</td>
</tr>
<tr>
```

```
  <td>关</td>
</tr>
</table>
```

说明：rowspan＝"n"中的 n 是单元格要跨越的行数。

显示效果如图 3-30 所示。

安全防护	人体检测
状态	开
	关

图 3-30　单元格跨两行

3.3.2　HTML 区块

大多数 HTML 区块元素为块级元素或内联元素。

(1) 块级元素：通常在浏览器显示时会以新行开始和结束。

(2) 内联元素：在显示时不会以新的一行开始，可以作为文本的容器。

下面介绍常用的 HTML 区块元素。

1) div 元素

HTML 的 div 元素是块级元素，可用于组合其他 HTML 元素的容器。

div 元素没有特定的含义。由于它属于块级元素，浏览器会在其前后显示折行；如果和 CSS 一同使用，div 元素可用于对大的内容块设置样式属性。

div 元素的另一个常见的用途是文档布局。它取代了使用表格定义布局的方法。例如：

```
<h3>这是标题 3</h3>
  <p>这是段落</p>
<div style="color:#00FF00">
  <h3>这是标题三</h3>
  <p>这是段落</p>
</div>
```

显示效果如图 3-31 所示。

这是标题3

这是段落

这是标题三

这是段落

图 3-31　块级元素显示效果

2）span 元素

span 属于内联元素，内联元素在显示时通常不会以新行开始。span 可以作为文本的容器，与 CSS 一同使用时可作为部分文本设置样式属性。

例 3-16 内联元素<span>设置。

```
<!DOCTYPE html>
<html>
<head>
<title>span 内联元素</title>
</head>
<body>
<p>基于 Web 技术的物联网应用与开发 <span style="color:blue;font-weight:bold">智云平台</span><span style="color:red;font-weight:bold">硬件设备</span>线上资源</p>
</body>
</html>
```

显示效果如图 3-32 所示。

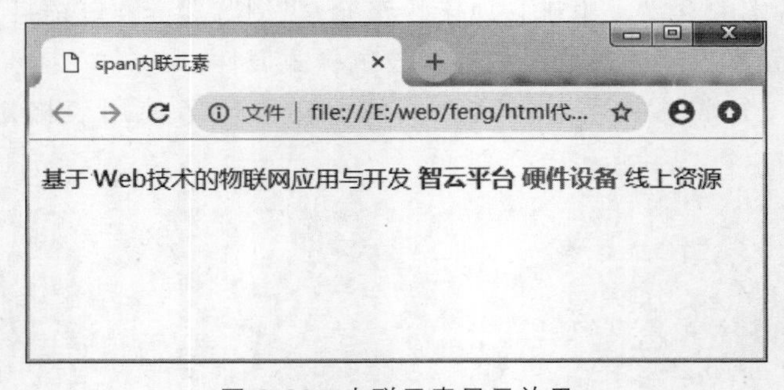

图 3-32　内联元素显示效果

3.3.3　HTML 布局

通常网页都是用<div>和<table>来进行布局的，CSS 渲染整个布局的样式，使页面美观。

1. 布局方式

HTML 主要有三种布局方式。

(1) 流动布局：块级元素都会自上而下按顺序垂直延伸分布，默认状态下块级元素的宽默认为 100%，内联元素都会从左到右水平延伸。

(2) 浮动布局：在默认布局下，如果想让两个块级元素并排显示，那么可以通过 float 浮动实现。使用后必须清除浮动。

(3) 层模型：通过设置定位(position)可实现绝对定位(absolute)、相对定位(relative)、固定定位(fixed)等。

下面将结合 CSS 样式讲解。

1）HTML 布局——采用 div 元素

例 3-17 采用 5 个 div 元素将页面分为 4 个模块。

```
<!DOCTYPE html>
<html>
<head>
</head>
<body>
<div id="container" style="width:500px">
    <div id="header" style="background-color:#FFAAAA">
      <h1 style="margin-bottom:0" align="center">物联网技术平台</h1>
    </div>
    <div id="menu" style="background-color:#FFF000;height:200px;width:100px;
float:left;">
        <b>物联网</b>  <br/>
        智学云平台<br/>
        硬件设备<br/>
        线上资源
    </div>
    <div id="content" style="background-color:#8899FF;height:200px;width:
400px;float:left;">
    </div>
    <div id="footer" style="background-color:#FFAAAA;clear:both;text-align:
center;">
         <i>http://www.incloudlab.com/</i>
    </div>
</div>
</body>
</html>
```

显示效果如图 3-33 所示。

图 3-33 HTML 布局——采用 div 元素显示效果

2）HTML 布局——采用 table 元素

例 3-18 采用 table 元素对页面布局。

```
<!DOCTYPE html>
<html>
<body>
<table width="900px" border="0" align="center">
    <tr>
    <td colspan="3" >
        <h3>物联网平台</h3>
        </td>
    </tr>
    <tr>
        <td colspan="3" style="background-color:#11AA55;text-align:center">
           <h1>基于 Web 技术的物联网应用开发</h1>
        </td>
    </tr>
    <tr>
        <td style="background-color:#FFD700;width:100px;;height:400px;">
             <b>物联网相关资源</b><br>
                 智学云<br>
                 硬件设备<br>
                 课程资源
        </td>
        <td style="background-color:#EEEEEE;width:700px;height:400px;">
              课程资源
        </td>
        <td style="background-color:#00AAAA;width:100px;height:400px;">
              智学云平台
        </td>
    </tr>
  <tr>
      <td colspan="3" style="background-color:#FFA500;text-align:center;">
           http://www.incloudlab.com/</td>
  </tr>
</table>
</body>
</html>
```

显示效果如图 3-34 所示。

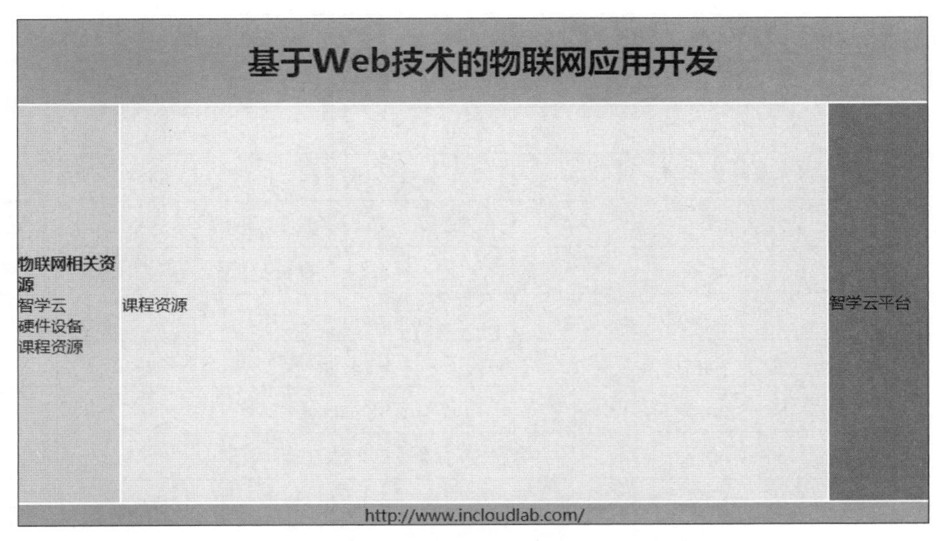

图 3-34 HTML 布局——采用 table 元素显示效果

3.3.4 HTML 表单

1. HTML 表单

HTML 表单用于搜集不同类型的用户输入。

表单有两个基本组成部分：一是访问者在页面上可以看见并填写的控件、标签和按钮的集合；二是用于获取信息并将其转化为可以读取或计算格式的处理脚本。下面主要对第一部分进行介绍。所有表单的标记都包含在一个 form 元素中。

例 3-19 HTML 表单。

```
<form action="process_form.php" method="post">
<!--这里是表单标记 -->
</form>
```

form 元素有两个必要的属性：action 和 method。action 属性用于指定服务器上用来处理表单数据的文件的 URL。method 属性(值是 post 或 get)用于指定如何将数据发送到服务器。

2. 常用的表单元素

表单元素是允许用户在表单中的输入内容，例如，文本域(textarea)、下拉列表(select)、单选按钮(radio-buttons)、复选框(checkboxes)等。常见的表单标签如表 3-9 所示。

1) 文本输入框

文本输入框通过<input type="text"> 标签来设定，当用户要在表单中输入字母、数字等内容时就会用到文本域。

表 3-9　常见的表单标签

序　号	标　签	描　述
1	<form>	定义供用户输入的表单
2	<input>	定义输入域
3	<textarea>	定义文本域（一个多行的输入控件）
4	<label>	定义 <input> 元素的标签，一般为输入标题
5	<fieldset>	定义一组相关的表单元素，并使用外框包起来
6	<legend>	定义 <fieldset> 元素的标题
7	<select>	定义下拉选项列表
8	<optgroup>	定义选项组
9	<option>	定义下拉列表中的选项
10	<button>	定义一个按钮
11	<datalist>	指定一个预先定义的输入控件选项列表
12	<keygen>	定义表单的密钥对生成器字段
13	<output>	定义一个计算结果

例 3-20　文本输入框。

```
<form>
用户名: <input type="text" name="name"><br>
</form>
```

页面显示效果如图 3-35 所示。

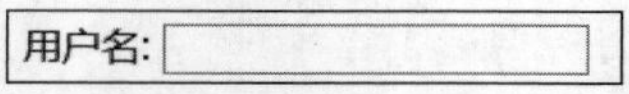

图 3-35　文本输入框

2）文本域

例 3-21　文本域。

```
<!DOCTYPE html>
<html>
<body>
<form>
文本域输入框: <br>
<textarea name="备注" cols="40" rows="5"></textarea>
</form>
</body>
</html>
```

说明：cols 表示文本域(textarea)的宽度，rows 表示文本域(textarea)的高度。

文本域页面显示效果如图 3-36 所示。

3）下拉列表

选择框非常适合向访问者提供一组选项，从而允许访问者从中选取。下拉列表框可以单选，也可以复选。单选下拉列表框示例如下，其中 name 属性后面的值 dev 用于在收集的数据发送至服务器时对数据进行识别。

```
<select name="dev">
    <option value=" sensor ">采集类传感器</option>
    <option value=" sensor ">控制类传感器</option>
    <option value=" sensor ">安防类传感器</option>
</select></select>
```

页面显示效果如图 3-37 所示。

文本域输入框：

物联网有两层意思：第一，物联网的核心和基础仍然是互联网，是在互联网基础上延伸和扩展的网络；第二，其用户端可延伸和扩展到任何物体，物与物之间可进行信息交换和通信。因此，物联网是指运用传感器、射频识别、智能

图 3-36　文本域显示效果

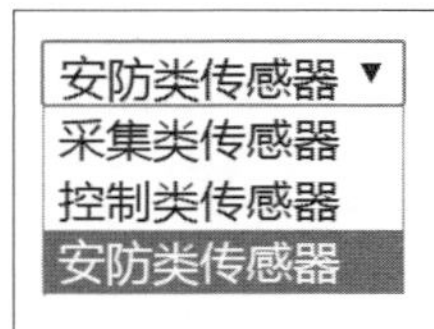

图 3-37　单选下拉列表框

通过添加 selected 属性来定义预定义选项。例如：

```
<select name="dev">
<option value=" sensor " >采集类传感器</option>
<option value=" sensor " selected >控制类传感器</option>
<option value=" sensor ">安防类传感器</option>
</select>
```

如果要变成复选框，加上 multiple，再通过 Ctrl 键实现多选。

```
<select name="dev" multiple>
<option value=" sensor ">采集类传感器</option>
<option value=" sensor ">控制类传感器</option>
<option value=" sensor ">安防类传感器</option>
</select>
```

复选下拉列表框页面效果如图 3-38 所示。

如果需要可以输入 size="n"，其中 n 代表选择框的高度(以行为单位)。

```
<select name="dev" size="1" >
```

4）密码字段

密码字段通过标签＜input type＝"password"＞ 来定义。例如：

```
<form>
    密码: <input type="password" name="123456789">
</form>
```

页面显示效果如图 3-39 所示。输入密码时，框内显示小黑点。

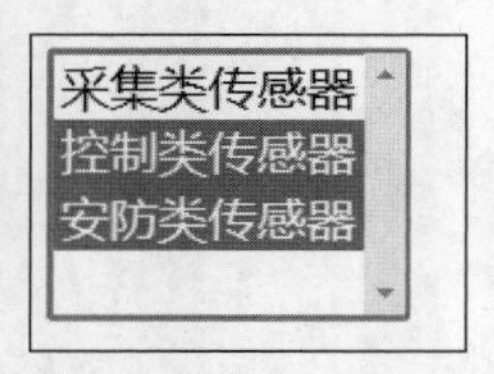

图 3-38　复选下拉列表框

图 3-39　密码字段

5）单选按钮

还记得老式汽车收音机上那些大大的黑色按钮吗？按下其中的一个按钮可以收听 WFCR；按下另一个按钮可以收听 WRNX。不过，不可以同时按下两个按钮。单选按钮也遵循同样的工作方式。对 input 元素设置 type＝"radio"即可创建单选按钮。

例 3-22　创建单选按钮。

```
<form>
<input type="radio" name="dev" value="sensor">采集类传感器<br>
<input type="radio" name="dev" value="sensor">控制类传感器<br>
<input type="radio" name="dev" value="sensor">安防类传感器
</form>
```

页面显示效果如图 3-40 所示。

图 3-40　单选按钮

6）复选框

在一组单选按钮中只允许选择一个答案，但是在一组复选按钮中，就可以选择任意数量的答案。同单选按钮一样，复选框也与 name 属性的值联系在一起。

＜input type＝"checkbox"＞定义了复选框，用户需要从若干给定的选择中选取一个或若干个选项。

例 3-23　创建复选框。

```
<form>
<input type="checkbox" name="dev" value="sensor">采集类传感器<br>
```

```
<input type="checkbox" name="dev" value="sensor">控制类传感器 <br>
<input type="checkbox" name="dev" value="sensor">控制类传感器
</form>
```

页面显示效果如图 3-41 所示,可以对选项进行复选。

☑采集类传感器
☑控制类传感器
☐安防类传感器

图 3-41 复选框

7）提交按钮

访问者输入的信息如果不发送到服务器,那么就没什么用。应该为表单创建提交按钮,让访问者可以提交信息给服务器。提交按钮可能呈现为文本,可能是图像,也可能是两者的结合。

<input type="submit">定义了提交按钮。

例 3-24 创建提交按钮。

```
<!DOCTYPE html>
<html>
<head>
<meta charset="utf-8">
<title>基于 Web 技术的物联网应用开发</title>
</head>
<body>
<form name="input" action="html_form_action.php" method="get">
用户名: <input type="text" name="user">
<input type="submit" value="提交">
</body>
</html>
```

页面显示效果如图 3-42 所示。

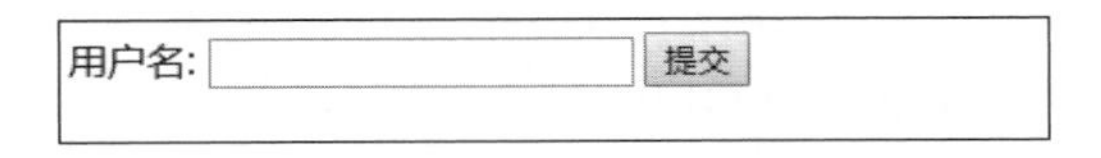

图 3-42 提交按钮

8）输入域的选项列表

<datalist>属性规定 form 或 input 域应该拥有自动完成功能。当用户在自动完成域中开始输入时,浏览器应该在该域中显示填写的选项。

使用<input>元素的列表属性可以与<datalist>元素绑定。例如:

```
<input list="browsers">
<datalist id="browsers">
  <option value="环境监测">
  <option value="安全防护">
  <option value="电器控制">
  <option value="能耗管理">
</datalist>
```

界面显示效果如图 3-43 所示。

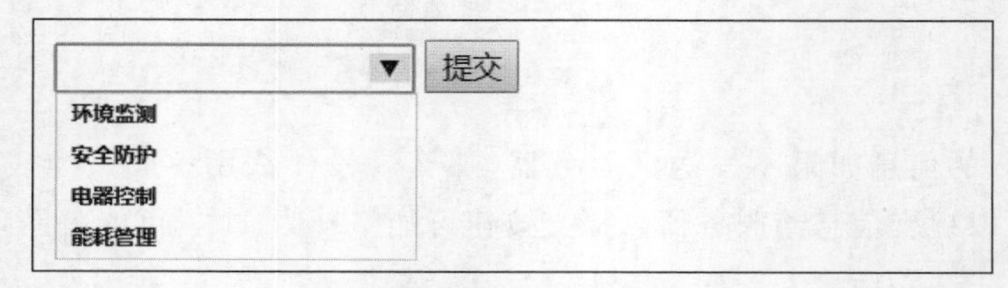

图 3-43　输入域的选项列表

3.4　项目案例

3.4.1　项目目标

掌握 HTML 页面相关设计，了解 HTML 作用，掌握 HTML 文本设置、图像处理、列表、链接等标签的使用，掌握 HTML 基于 div 布局设计，实现智能家居环境监测功能模块界面。

3.4.2　案例描述

项目界面要求通过 HTML 图片、HTML 布局，完成温度、湿度、光照度、PM、二氧化碳以及视频监控 6 个模块的设计。

3.4.3　案例要点

本项目首先重点掌握 HTML 基于 div 布局设计，完成温度、湿度、光照度、PM、二氧化碳、视频监控 6 个模块布局设计；其次使用 HTML 文本、字体、格式化、图像等其他 HTML 基本标签，设计智能家居环境监测功能模块界面的雏形。

3.4.4　案例实施

1. 创建基本的 HTML 页面

创建基本的 HTML 页面代码如下。

```
<!doctype html>
<html lang="en">
```

```
<head>
    <meta charset="UTF-8">
    <title>模块一 环境监测界面设计</title>
</head>
<body>
</body>
</html>
```

2. 基于 div 布局设计，完成 6 个模块布局设计

基于 div 布局设计，将温度、湿度、光照度、PM、二氧化碳、视频监控等分为 6 个模块代码，并使用 HTML 基本标签为界面添加语义，通过<img>标签设置引入图片。

```
<div class="main container-fluid">
    <div class="row">
        <div class="col-xs-6 col-md-4">
            <div class="panel panel-primary">
                <div class="panel-heading query-btn">温度<span class=
                    "online"></span></div>
                <div class="panel-body text-center">
                    <div class="chartDiv" id="temChart"></div>
                    <br/>
                    <p>12℃</p>
                </div>
            </div>
        </div>
        <div class="col-xs-6 col-md-4">
            <div class="panel panel-primary">
                <div class="panel-heading query-btn">湿度<span class=
                    "online"></span></div>
                <div class="panel-body text-center">
                    <div class="chartDiv"  id="humiChart"></div>
                    <br/>
                    <p>12℃</p>
                </div>
            </div>
        </div>
        <div class="col-xs-6 col-md-4">
            <div class="panel panel-primary">
                <div class="panel-heading query-btn">光照度<span class=
                    "online"></span></div>
                <div class="panel-body text-center">
                    <div class="chartDiv"  id="illumChart"></div>
```

```
                    <br/>
                    <p>1200LUX</p>
                </div>
            </div>
        </div>
        <div class="col-xs-6 col-md-4">
            <div class="panel panel-primary">
                <div class="panel-heading query-btn">PM<span class=
                    "online"></span></div>
                <div class="panel-body text-center">
                    <img src="img/PM2.5-2.png" alt=""/>
                    <br/>
                    <p>12μg/m3</p>
                </div>
            </div>
        </div>
        <div class="col-xs-6 col-md-4">
            <div class="panel panel-primary">
                <div class="panel-heading query-btn">二氧化碳<span class=
                    "online"></span></div>
                <div class="panel-body text-center">
                    <img class="new_img" src="img/CO2.png" alt=""/>
                    <br/>
                    <p>12ppm</p>
                </div>
            </div>
        </div>
        <div class="col-xs-6 col-md-4">
            <div class="panel panel-primary">
                <div class="panel-heading">视频监控<span class="online">
                    </span></div>
                <div class="panel-body text-center">
                    <img src="img/camera.jpg" alt="" class="camera-img
                        cameraBlock2"  id="homeCameraImg"/>
                </div>
            </div>
        </div>
    </div>
</div>
```

界面显示效果如图 3-44 所示。

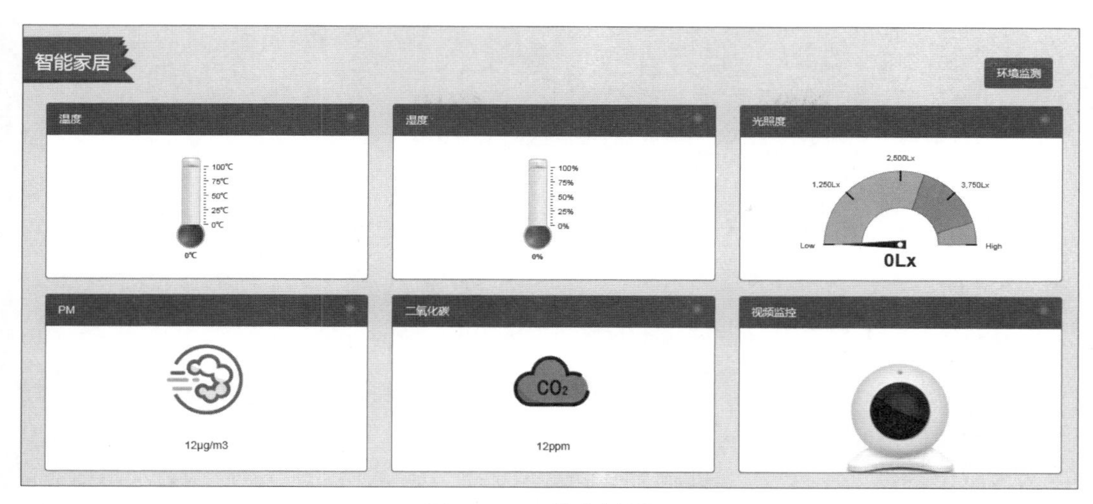

图 3-44　环境监测界面

习题

1. 简述 HTML 页面文档基本结构组成，各自的作用是什么？
2. 简述块级元素与内联元素的区别。
3. HTML 表格中数据单元格中可以包含哪些元素？
4. 什么是 HTML 框架结构？有什么特点？
5. HTML 表单的两个基本组成部分分别是什么？

第4章 CSS样式表设计

第3章介绍了通过HTML来创建文档结构。本章介绍CSS规则怎样为HTML添加样式，并介绍层叠的工作机制，即当元素的同一个样式属性有多种样式值时，CSS靠层叠机制来决定最终应用哪种样式。

每个HTML元素都有一组样式属性，可以通过CSS来设定。这些属性涉及元素在屏幕上显示时的不同方面。例如，在屏幕上的位置，边框的宽度，文本内容的字体、字号和颜色，等等。CSS是一种先选择HTML元素，然后再设定选中元素属性的机制。CSS选择符和要应用的样式构成了一条CSS规则。

4.1 CSS设计概述

4.1.1 CSS概述和基本用法

在日常编写文档时通常会希望具有一定的格式，例如，章节标题的字体、大小、颜色等要一致，图片和表格的安排要按照某种规则，等等。如果对每个元素分别去设定其格式，对于篇幅较长的文档工作量会相当大，并且当修改某个规则时，所有元素都要重新编排，很多文本编辑器为了减少工作量就采用了类似模板的功能，事先将各个元素的属性设定好，这样只要是同样类型的元素就会自动具有相同的格式。

在网页设计中也存在同样的问题，HTML文件也是由内容和格式组成的，但需要一种能够设定统一规则的样式表，CSS就是来实现这个功能的。CSS是Cascading Style Sheets的英文简写，即层叠样式表。这里的样式就是指格式，是各种网页元素所呈现的形态，如网页中字体的大小、颜色、图片的安排等。层叠的意思是用于增强控制网页样式，并允许将信息与网页内容分离。CSS提供比HTML标签属性更多的特性让用户设置，应用起来相对灵活。有了 CSS 样式表后，许多 HTML 无法实现的功能可以实现，并且简洁且容量减少。

使用 CSS 不仅能使页面的字体变得更漂亮、更容易编排，而且还能使设计者轻松地控制页面的布局。如果想将许多网页的风格格式同时更新，而不用再一页一页地更新，可以将站点上的网页风格设置用一个 CSS 文件来控制，只要修改这个控制文件中的相应部分就可以改变所有页面的风格。

采用 CSS+div 进行网页重构，比使用表格对网页布局具有以下优势。

（1）格式和内容相分离。

（2）提高了页面浏览速度。

（3）易于维护。

CSS 的主要特点是控制着页面中的每一个元素，能精确定位。能对 HTML 语言处理样式做更好的补充。能把内容和格式处理相分离，大大减少了工作量。

1. CSS 规则命名格式

CSS 规则由两个主要部分组成：①选择器；②一条或多条声明。其格式为：

```
选择器 {声明 1; 声明 2; …; 声明 N}
```

选择器通常是需要改变样式的 HTML 元素。每条声明由一个属性和一个值组成。属性（property）是指要设置哪些方面的样式属性（style attribute）。每个属性有一个值，值是属性的一个新状态。属性和值用冒号分开，如图 4-1 所示。

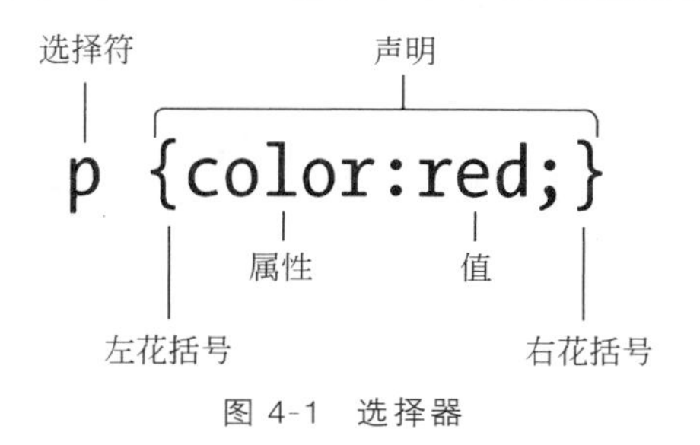

图 4-1 选择器

1）多个声明包含在一条规则里面

例如：

```
h1 {color:red; font-size:12px; font-weight:bold;}
```

的作用是将 h1 元素内的文字颜色定义为红色，同时将字体大小设置为 12 像素、粗体。在这个例子中，h1 是选择器，color、font-size 和 font-weight 是属性，red、12px 和 bold 是值。

提示：如果要定义不止一个声明，则需要用分号将每个声明分开。下面的例子展示出如何定义一个绿色文字的标题。最后一条规则是不需要加分号的，因为分号在英语中是一个分隔符号，不是结束符号。然而，大多数有经验的设计师会在每条声明的末尾都加上分号，好处是当从现有的规则中增减声明时会尽可能地减少出错的可能性。例如：

```
h1 {color:green; font-size:14px;}
```

2）多个选择符组合在一起

下面代码使 h1、h2 和 h3 的文本都变成绿色、粗体。

```
h1 {color:green; font-weight:bold;}
h2 {color:green; font-weight:bold;}
h3 {color:green; font-weight:bold;}
```

3）多条规则应用给一个选择符

如果想在原先样式的基础上再添加其他样式，可以后面为其追加一些样式，如下给 h3 添加斜体的样式。

```
h1, h2, h3 {color:green; font-weight:bold;}
h3 {font-style:italic;}
```

注意：每个选择符之间需要用逗号隔开，选择符之间的空格可加可不加。

4）记得写引号

如果值为若干单词，则要给值加引号。例如：

```
p {font-family: "sans serif";}
```

5）样式表每行只描述一个属性

样式表应该在每行只描述一个属性，这样可以增强样式定义的可读性。例如：

```
p {
  text-align: center;
  color: black;
  font-family: 微软雅黑;
}
```

6）空格和大小写

大多数样式表包含不止一条规则，而大多数规则包含不止一个声明。多重声明和空格的使用使得样式表更容易被编辑。例如：

```
body {
  color: #000;
  background: #fff;
  margin: 0;
  padding: 0;
  font-family: Times New Roman, Arial, serif;
  }
```

是否包含空格不会影响 CSS 在浏览器的工作效果。与 XHTML 不同，CSS 对大小写不敏感。但如果涉及与 HTML 文档一起，class 和 id 名称对大小写是敏感的。

7）CSS 注释

注释是用来解释代码的，可以随意编辑，浏览器会忽略它。CSS 注释主要功能如下。

（1）解释代码。

(2) 很有用的调试工具,可以对可能引起问题的地方进行解释,再在浏览器中刷新页面来查看问题是不是解决了。

CSS 注释以/ * 开始,以 * /结束。例如:

```
/* 注释 1* /
p
{
text-align:center;
/* 注释 2* /
color:black;
font-family:微软雅黑;
}
```

4.1.2 CSS 创建

CSS 可以通过以下方式添加到 HTML 中。

(1) 内联样式中在 HTML 元素中使用 style 属性。

(2) 内部样式表中在 HTML 文档头部<head>区域使用<style>元素来包含 CSS 样式表。

(3) 外部引用中使用外部 CSS 文件。

最好的方式是通过外部引用 CSS 文件。

当读到一个样式表时,浏览器会根据该样式表来格式化 HTML 文档。选择的样式表主要有以下几种。

1) 外部样式表

当样式需要应用于很多页面时,外部样式表将是理想的选择。在使用外部样式表的情况下,可以通过改变一个文件来改变整个网页的外观。每个页面使用<link>标签链接到样式表。在每个希望使用样式表的 HTML 页面的 head 部分,输入<link rel=" stylesheet" href=" url. css "/>,其中 url.css 是 CSS 样式表的位置和名称。例如:

```
<head>
<link rel="stylesheet" type="text/css" href="mystyle.css" />
</head>
```

浏览器会从文件 mystyle.css 中读到样式声明,并根据它来格式化文档。

外部样式表可以在任何文本编辑器中进行编辑。文件不能包含任何的 HTML 标签。样式表应该以.css 扩展名进行保存。例如:

```
hr {color: sienna;}
p {margin-left: 30px;}
body {background-image: url("images/text.png");}
```

不要在属性值与单位之间留有空格。假如使用 margin-left:30px 而不是 margin-left:

30px，则它仅在浏览器 Internet Explorer 6.0 中有效，但是在浏览器 Mozilla/Firefox 或 Netscape 中将无法正常工作。

2）嵌入样式表

当单个文档需要特殊样式时，就应该使用嵌入样式表。可以使用<style>标签在文档头部定义嵌入样式表。例如：

```
<head>
<style type="text/css">
  hr {color: sienna;}
  p {margin-left: 20px;}
  body {background-image: url("images/text.png");}
</style>
</head>
```

3）内联样式

由于要先将表和内容混杂在一起，内联样式会损失样式表的许多优势，需慎用这种方法。例如，当样式仅需要在一个元素上应用一次时，或者想快速测试某种样式以便随后将它从 HTML 中搬到更易于长期维护的外部样式表中（假如测试结果满意）时，内联样式就能派上用场。

要使用内联样式，则需要在相关的标签内使用样式（style）属性。

Style 属性可以包含任何 CSS 属性。下面例子展示如何改变段落的颜色和左外边距。

```
<p style="color:green; margin-left: 20px">
绿色字体的段落左外边距是 20px。
</p>
```

页面显示效果如图 4-2 所示。

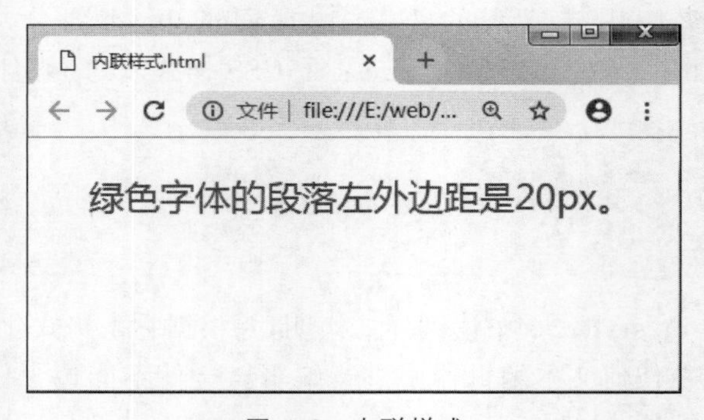

图 4-2 内联样式

4）多重样式

如果某些属性在不同的样式表中被同样的选择器定义，那么属性值将从更具体的样式表中被继承过来。

例如，外部样式表拥有针对 h2 选择器的如下三个属性：

```
h2 {
  color: red;
  text-align: left;
  font-size: 8pt;
  }
```

而内部样式表拥有针对 h2 选择器的如下两个属性：

```
h2{
  text-align: right;
  font-size: 20pt;
  }
```

假如拥有内部样式表的这个页面同时与外部样式表链接，那么 h3 得到的样式是：

```
color: red;
text-align: right;
font-size: 20pt;
```

即颜色(color)属性将被继承于外部样式表，而文字排列(text-alignment)和字体尺寸(font-size)属性会被内部样式表中的规则取代。

4.1.3 CSS 选择器

选择器决定样式规则应用于哪些元素。最简单的选择器可以对给定类型的所有元素(如所有的 h2 标题)进行格式化，有的选择器允许根据元素的类、上下文、状态等来应用格式化规则。

选择器可以定义以下 5 个不同的标准来选择要进行格式化的元素。

(1) 元素的类型或名称。

(2) 元素所在的上下文。

(3) 元素的类或 id。

(4) 元素的伪类或伪元素。

(5) 元素是否有某些属性和值。

1. 元素选择器

最常见的 CSS 选择器是元素选择器。换句话说，文档的元素就是最基本的选择器。如果设置 HTML 的样式，选择器通常是某个 HTML 元素，如 p、h1、em、a，甚至可以是 HTML 本身。例如：

```
h1 {color:blue;}
h2 {color:silver;}
```

显示效果如图 4-3 所示。

图 4-3 元素选择器

2. 派生选择器

在 CSS 中，可以根据元素的祖先、父元素或同胞元素来定位它们。派生选择器允许根据文档的上下文关系来确定某个标签的样式。通过合理地使用派生选择器，可以使 HTML 代码变得更加整洁。

例如，希望列表中的 strong 元素变为斜体字，而不是通常的粗体字，可以如下定义一个派生选择器。

例 4-1 定义一个派生选择器。

```
<!doctype html>
<html>
<head>
<meta charset="utf-8">
<title>基于 Web 技术的物联网应用开发</title>
<style type="text/css">
    li strong {
        font-style: italic;
        font-weight: normal;
      }
</style>
</head>
<body>
    <p><strong>我是粗体字,不是斜体字,因为我不在列表当中,所以这个规则对我不起作用
</strong></p>
    <ol>
    <li><strong>我是斜体字。这是因为 strong 元素位于 li 元素内。</strong></li>
    <li>我是正常的字体。</li>
    </ol>
</body>
</html>
```

页面显示效果如图 4-4 所示。

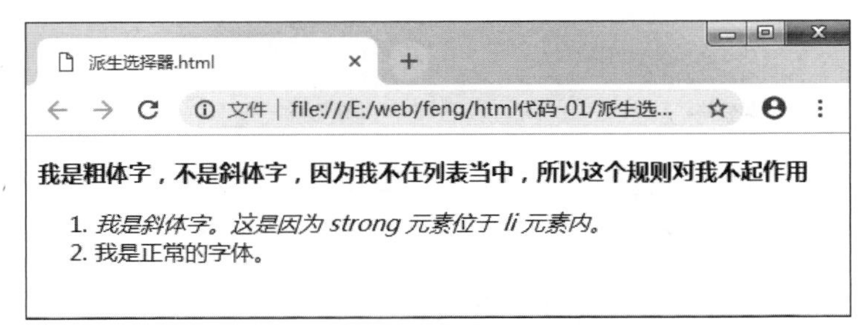

图 4-4 派生选择器

派生类选择器的格式为：

```
标签 1 标签 2 {声明}
```

说明：标签 2 就是想要选择的目标，而且只有在标签 1 是其祖先元素（不一定是父元素）的情况下才会被选中。

派生类选择器，严格来讲（也就是按 CSS 规范）应称为后代组合式选择符（descendantcombinator selector），就是一组以空格分隔的标签名。用于选择作为指定祖先元素后代的标签。

3. id 选择器

并非所有的选择器都需要指定元素的名称。如果对某一类的元素进行格式化，而不管属于这个类的元素的类型，就可以从选择器中去掉元素名称。id 选择器可以为标有特定 id 的 HTML 元素指定特定的样式。

1）id 选择器定义

id 选择器以#来定义，不加空格。下面的两个 id 选择器，第一个可以定义包含 id="red"属性的元素颜色为红色，第二个定义包含 id="green"属性的元素颜色为绿色。

```
#red {color:red;}
#green {color:green;}
```

下面的 HTML 代码中，id 属性为 red 的 p 元素显示为红色，而 id 属性为 green 的 p 元素显示为绿色。

```
<p id="red">智能家居</p>
<p id="green">安全防护功能界面</p>
```

页面显示效果如图 4-5 所示。

注意：id 属性只能在每个 HTML 文档中出现一次。请参阅 XHTML：网站重构。

2）id 选择器和派生选择器

在现代布局中，id 选择器常常用于建立派生选择器。例如：

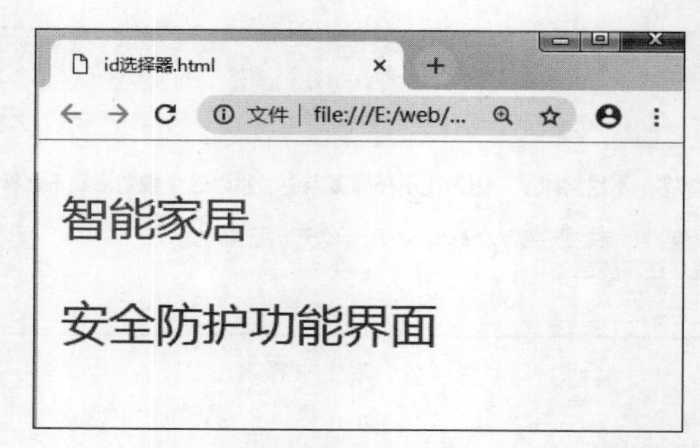

图 4-5 id 选择器

```
#sidebar p {
  font-style: italic;
  text-align: right;
  margin-top: 0.5em;
  }
```

上面的样式只会应用于出现在 id 是 sidebar 的元素内的段落。这个元素很可能是 div 或表格单元，也可能是一个表格或其他块级元素。它甚至可能是一个内联元素，如<em></em>或<span></span>，但这种用法是非法的，因为不可以在内联元素<span>中嵌入<p>。

3）一个选择器，多种用法

即使被标注为 sidebar 的元素只能在文档中出现一次，这个 id 选择器作为派生选择器也可以被使用很多次。例如：

```
#sidebar p {
  font-style: italic;
  text-align: right;
  margin-top: 0.5em;
  }
#sidebar h2 {
  font-size: 1em;
  font-weight: normal;
  font-style: italic;
  margin: 0;
  line-height: 1.5;
  text-align: right;
  }
```

说明：与页面中的其他 p 元素明显不同的是，sidebar 内的 p 元素得到了特殊处理；与页面中其他所有 h2 元素明显不同的是，sidebar 中的 h2 元素也得到了不同的特殊处理。

4）单独的选择器

id 选择器即使不被用来创建派生选择器，它也可以独立发挥作用。例如：

```
#sidebar {
  border: 1px dotted #000;
  padding: 10px;
  }
```

说明：根据这条规则，id 为 sidebar 的元素将拥有一个像素宽的黑色点状边框，同时其周围会有 10 个像素宽的内边距（padding，内部空白）。老版本的 Windows/IE 浏览器会忽略这条规则，除非特别地如下定义这个选择器所属的元素。

```
div#sidebar {
  border: 1px dotted #000;
  padding: 10px;
  }
```

4. class 选择器

1）类选择器

类（class）选择器格式为：

```
.类名
```

例如：

```
.center {text-align: center}
```

说明：所有拥有 center 类的 HTML 元素均为居中。

在下面的 HTML 代码中，h1 和 p 元素都有 center 类。这意味着两者都将遵守 center 选择器中的规则。

```
<h1 class="center">标题一将会居中显示。</h1>
<p class="center">段落将会居中显示。</p>
```

注意：类名的第一个字符不能使用数字，数字无法在 Mozilla 或 Firefox 中起作用。且类选择符前面是句点（.）紧跟着类名，两者之间没有空格。

和 id 一样，class 也可被用作派生选择器。例如：

```
.fancy td {
    color: #f60;
    background: #666;
    }
```

说明：类名为 fancy 的更大的元素内部的表格单元都会以灰色背景显示橙色文字。名为 fancy 的更大的元素可能是一个表格或者一个 div。

元素也可以基于它们的类而被选择。例如：

```
td.fancy {
    color: #f60;
    background: #666;
    }
```

说明：类名为 fancy 的表格单元将是带有灰色背景的橙色。

```
<td class="fancy">
```

说明：可以将类 fancy 分配给任何一个表格元素任意多的次数。那些以 fancy 标注的单元格都会是带有灰色背景的橙色。那些没有被分配名为 fancy 的类的单元格不会受这条规则的影响。还有一点值得注意，class 为 fancy 的段落也不会是带有灰色背景的橙色，当然任何其他被标注为 fancy 的元素也不会受这条规则的影响。这都是由于我们书写这条规则的方式，这个效果被限制于被标注为 fancy 的表格单元（即使用 td 元素来选择fancy 类）。

2）选择类选择器还是 id 选择器

要在 class 选择器和 id 选择器之间做出选择时，建议尽可能地使用 class 选择器，因为 class 选择器可以复用，id 选择器会带来下面两个问题。

（1）在一个页面中，一个 id 只能出现在一个元素上。这会导致在其他元素上重复样式，而不是通过 class 共享样式。

（2）id 选择器的特殊性比 class 选择器要多。这意味着如果要覆盖使用 id 选择器定义的样式，就要编写特殊性更多的 CSS 规则。如果数量不多，可能还不难管理。如果处理规模较大的网站，其 CSS 的规则就会变得比实际所需的更长、更复杂。

5. 属性选择器

可以为拥有指定属性的 HTML 元素设置样式，而不仅限于 class 和 id 属性。

注意：只有在规定了 DOCTYPE 时，浏览器 IE7 和 IE8 才支持属性选择器，在 IE6 及更低的版本中不支持属性选择。

1）为属性选择器设置样式

例 4-2 为带有 title 属性（不要与 title 元素弄混淆）的所有元素设置样式。

```
<!doctype html>
<html>
<head>
    <style type="text/css">
    [title]
    {
    color:green;
    }
    </style>
</head>
```

```
<body>
    <h1>属性选择器应用</h1>
    <p title="智能家居">智能家居</p>
</body>
</html>
```

页面显示效果如图 4-6 所示。

图 4-6 属性选择器

2）属性和值选择器

下面的例子为 title="智能家居"的所有元素设置样式。

```
[title=智能家居]
{
border:5px solid green;
}
```

显示效果如图 4-7 所示。

图 4-7 属性和值选择器

3）属性和值选择器有多个值

下面的例子为包含指定值的 title 属性的所有元素设置样式，适用于由空格分隔的属性值。

```
[title~=hello] { color:red; }
```

下面的例子为带有包含指定值的 lang 属性的所有元素设置样式，适用于由连字符分隔的属性值。

```
[lang|=en] { color:red; }
```

4）设置表单的样式

属性选择器在为不带有 class 或 id 的表单设置样式时特别有用。

例 4-3 属性选择器设置表单的样式。

```
input[type="text"]
{
  width:150px;
  display:block;
  margin-bottom:10px;
  background-color:yellow;
  font-family: Verdana, Arial;
}
input[type="button"]
{
  width:120px;
  margin-left:35px;
  display:block;
  font-family: Verdana, Arial;
}
```

页面显示效果如图 4-8 所示。

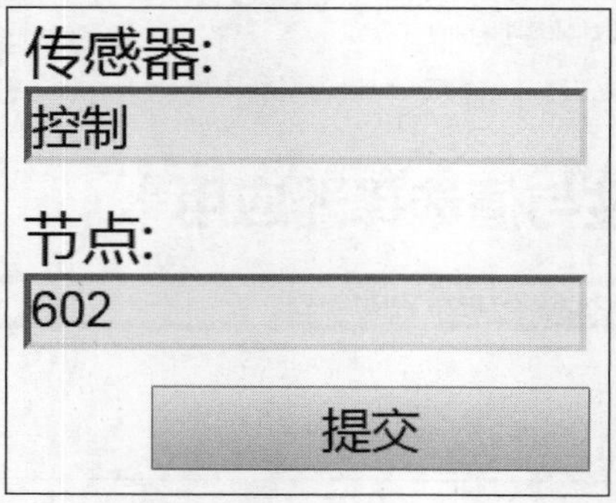

图 4-8 属性选择器设置表单样式

属性选择器属性值如表 4-1 所示。

表 4-1 属性选择器及其属性值

序　　号	选　择　器	属　性　值
1	[attribute]	匹配指定属性，不论具体值是什么
2	[attribute=value]	完全匹配指定属性值
3	[attribute~=value]	属性只是以空格分隔的多个单词，其中有一个完全匹配指定值
4	[attribute|=value]	属性值以 value-开头
5	[attribute^=value]	属性值以 value 开头，value 为完整的单词或单词的一部分
6	[attribute$=value]	属性值以 value 结尾，value 为完整的单词或单词的一部分
7	[attribute*=value]	属性值为指定值的子字符串

6. 伪类选择器

CSS 伪类(Pseudo-classes)选择器用于向某些选择器添加特殊的效果。CSS 常用的伪类选择器如表 4-2 所示。

表 4-2 CSS 常用的伪类选择器

序　　号	属　　性	描　　述
1	:first-letter	向文本的第一个字母添加特殊样式，只能用于块级元素
2	:first-line	向文本的首行添加特殊样式，只能用于块级元素
3	:before	在元素之前添加内容
4	:after	在元素之后添加内容

伪类元素语法：

```
selector:pseudo-element {property:value;}
```

例 4-4 伪类选择器。

```
<!DOCTYPE html>
<html>
<head>
    <style type="text/css">
        h1:before {content:url(light-on.png)}
    </style>
</head>
<body>
    <h1>这是一个标题</h1>
    <p>: before 伪元素在元素之前插入内容</p>
    <h1>这是一个标题</h1>
</body>
</html>
```

页面显示效果如图 4-9 所示。

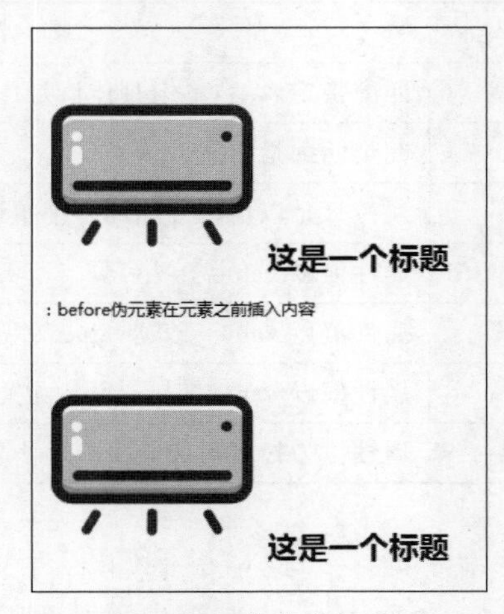

图 4-9 伪类选择器

4.2 CSS 样式与定位

4.2.1 CSS 样式

1. CSS 背景

CSS 背景属性用于定义 HTML 元素的背景。

CSS 规定的背景相关属性有：

- background-color(背景颜色)。
- background-image(背景图像)。
- background-repeat(背景图像重复)。
- background-attachment(背景图像水平或垂直平铺)。
- background-position(背景图像设置定位)。
- background-size(背景图像大小)。

1) 背景颜色

background-color 属性定义了元素的背景颜色，根据设定的颜色填充背景图层页面的背景颜色，使用在 body 的选择器中。例如：

```
body {background-color: #caebff;}
```

在 CSS 中，颜色值通常用以下方式定义。

(1) 十六进制：如＃ffff00。

(2) RGB：如 rgb(255,255,0)。

(3) 颜色名称：如 red。

以下实例中，h1、p 和 div 元素拥有不同的背景颜色。

```
h1 {background-color:#6495ed;}
p {background-color:#e0ffff;}
div {background-color:#b0c4de;}
```

2）背景图像

background-image 属性描述了元素的背景图像。默认情况下，背景图像进行平铺重复显示，以覆盖整个元素实体。例如：

```
body {background-image:url(' fire.png');}
```

页面显示效果如图 4-10 所示。比元素小的背景图片会在水平和垂直方向上重复出现，直至填满整个背景空间。

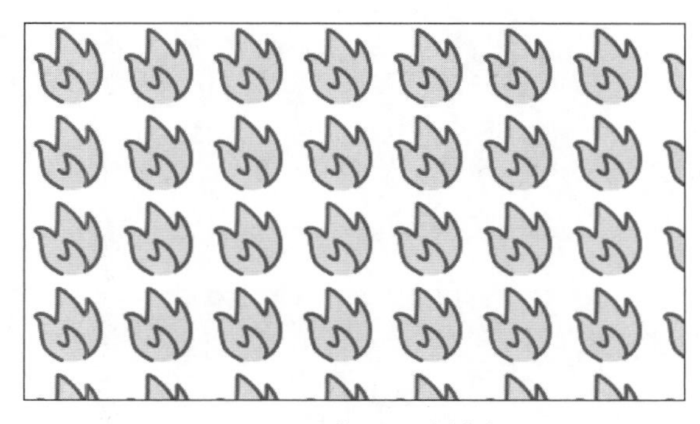

图 4-10 背景图片样式

3）背景图像重复

控制背景重复方式的 background-repeat 属性有 4 个值：①默认值就是 repeat，效果就是图 4-10 所示的水平和垂直方向都重复，直至填满元素的背景区域为止；②只在水平方向重复的 repeat-x；③只在垂直方向上重复的 repeat-y；④在任何方向上都不重复(只让背景图片显示一次)的 no-repeat。

4）背景图像水平或垂直平铺

在默认情况下，background-image 属性会在页面的水平或垂直方向平铺。一些图像如果在水平方向与垂直方向平铺，例如，如下设置背景属性显示效果看起来很不协调，如图 4-11 所示。

```
body
{
background-image:url('img.png');
}
```

如果如下设置背景属性，图像只在水平方向平铺(repeat-x)，页面背景会更好看些，显示效果如图 4-12 所示。

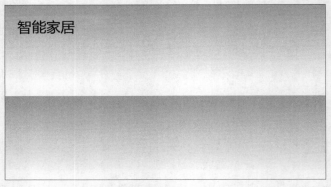

图 4-11　图像在水平与垂直方向平铺

```
body
{
background-image:url('img.png');
background-repeat:repeat-x;
}
```

图 4-12　图像只在水平方向平铺

5）背景图像设置定位(background-position)与不平铺

remark 让背景图像不影响文本的排版，如果不想让图像平铺，则可以使用 background-repeat 属性。例如，如下设置背景属性，则页面显示效果如图 4-13 所示。

```
body {background-image:url('fire.png');
background-repeat:no-repeat;
}
```

以上例子中，背景图像与文本显示在同一个位置，为了让页面排版更加合理，不影响文本的阅读，可以改变图像的位置。

可以利用 background-position 属性改变图像在背景中的位置。例如，如下设置背景属性，显示效果如图 4-14 所示。

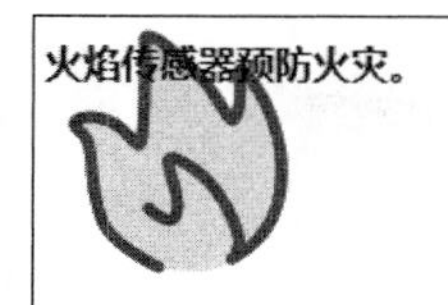

图 4-13 背景图片与文字

```
body
{
  background-image:url('fire.png');
  background-repeat:no-repeat;
  background-position:right top ;
}
```

图 4-14 图像定位

6）背景图像固定

背景图像可以采用 background-attachment 属性，它有三个值。

（1）fixed：背景图像会附着在浏览器窗口上。也就是说，即使访问者滚动页面，图像仍会继续显示。

（2）scroll：访问者滚动页面时背景图像会移动。

（3）local：只有访问者滚动背景图像所在的元素（而不是整个页面）时，背景图像才会移动。

例如：

```
body
    {
    background-image:url('fire.png');
    background-repeat:no-repeat;
    background-attachment:fixed;
    }
```

7）背景简写属性

在以上的例子中可以看到，页面的背景颜色可以通过很多的属性来控制。为了简化这些属性的代码，可以将这些属性合并在同一个属性中。

背景颜色的简写属性为 background。例如：

```
body {background:#ffffff url(' camera.png') no-repeat right top;}
```

当使用简写属性时，属性值的顺序为：

① background-color；

② background-image；

③ background-repeat；

④ background-attachment；

⑤ background-position。

以上属性无须全部使用，可以按照页面的实际需要使用。背景属性描述如表 4-3 所示。

表 4-3　背景属性描述

序　号	Property	描　述
1	background	简写属性，将背景属性设置在一个声明中
2	background-attachment	设置背景图像是否固定或者随着页面的其余部分滚动
3	background-color	设置元素的背景颜色
4	background-image	把图像设置为背景
5	background-position	设置背景图像的起始位置
6	background-repeat	设置背景图像是否重复以及如何重复

2. CSS 文本

CSS 文本属性可以定义文本的外观。通过文本属性，可以改变文本的颜色、字符间距、对齐文本、装饰文本以及对文本进行缩进等。

1）文本颜色

颜色属性被用来设置文字的颜色。

颜色是通过 CSS 指定格式指定的。

一个网页的背景颜色是指在主体内的选择。例如：

```
body {color:red;}
h1 {color:#00ff00;}
h2 {color:rgb(255,0,0);}
```

2）文本的对齐方式

文本排列属性(text-align)是用来设置文本的水平对齐方式。根据需要，可以让文本左对齐、右对齐、居中对齐或两端对齐。例如，如下设置文本的对齐方式，显示效果如图 4-15 所示。

```
h1 {text-align:center}
h2 {text-align:left}
h3 {text-align:right}
```

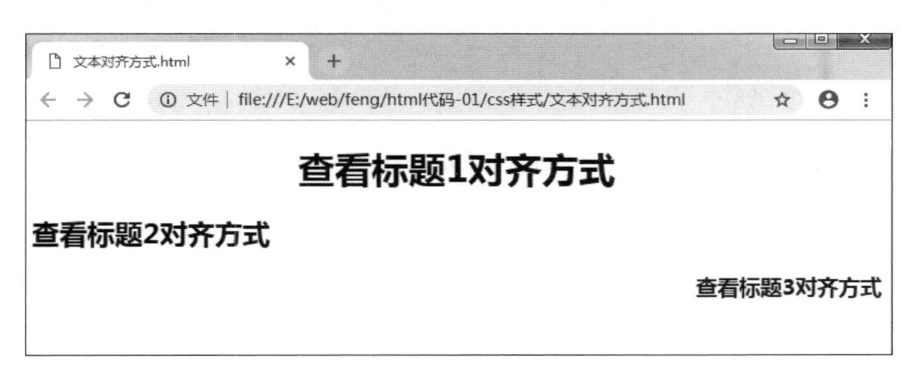

图 4-15 文本对齐样式

文本对齐属性的常用值如表 4-4 所示。

表 4-4 文本对齐属性的常用值

序 号	值	描 述
1	left	把文本排列到左边，默认值由浏览器决定
2	right	把文本排列到右边
3	center	把文本排列到中间
4	justify	实现两端对齐的文本效果
5	inherit	规定应该从父元素继承 text-align 属性的值

3）文本修饰

文本修饰属性 text-decoration 有以下 5 个值。

（1）none：关闭应用到一个元素上的所有装饰。

（2）underline：对元素加下画线。

（3）overline：在文本的顶端画一个上画线。

（4）line-through：在文本中间画一个贯穿线，等价于 HTML 中的 S 和 strike 元素。

（5）blink：让文本闪烁。

text-decoration 属性用来设置或删除文本的装饰。none 值会关闭原文本应用到一个元素上的所有装饰。通常无装饰的文本是默认外观。但是对于超链接，text-decoration 属性主要是用来删除其下画线。例如：

```
a {text-decoration:none;}
```

4）文本转大小写换

文本转换属性是用来指定在一个文本中的大写字母和小写字母。可用于将所有字句变成大写字母或小写字母，或者将每个单词的首字母大写。例如：

```
p.uppercase {text-transform:uppercase;}
p.lowercase {text-transform:lowercase;}
p.capitalize {text-transform:capitalize;}
```

页面显示效果如图 4-16 所示。

INTERNET OF THINGS.

internet of things.

Internet Of Things.

图 4-16　文本转换样式

5）文本缩进

通过使用 text-indent 属性，所有元素的第一行都可以缩进一个给定的长度，该长度可以是负值。

这个属性最常见的用途是将段落的首行缩进，下面的规则会使所有段落的首行缩进 5em。

```
p {text-indent: 5em;}
```

注意：一般来说，可以为所有块级元素应用 text-indent 属性，但无法将该属性应用于行内元素，图像类的替换元素上也无法应用 text-indent 属性。不过，如果一个块级元素（如段落）的首行中有一个图像，它会随该行的其余文本移动。

提示：如果想把一个行内元素的第一行“缩进”，可以用左内边距或外边距创造这种效果。

3. CSS 字体

CSS 字体属性定义文本的字体系列、大小、加粗、风格（如斜体）和变形（如小型大写字母）。

1）字体系列

在 CSS 中，有以下两种不同类型的字体系列名称。

（1）通用字体系列：拥有相似外观的字体系统组合。

（2）特定字体系列：具体的字体系列。

除了各种特定的字体系列外，CSS 还定义了以下 5 种通用字体系列。

（1）Serif 字体。

（2）Sans-serif 字体。

（3）Monospace 字体。

（4）Cursive 字体。

（5）Fantasy 字体。

font-family 属性设置文本的字体系列。应该设置几个字体名称作为一种后备机制，如果浏览器不支持第一种字体，它将尝试下一种字体。

注意：如果字体系列的名称超过一个字，它必须用引号，如 Font Family 为"宋体"。

多个字体系列是用一个英文逗号分隔指明。例如：

```
p.serif{font-family:"Times New Roman",Times,serif;}
```

2）字体样式

字体样式主要是用于指定斜体文字的字体样式属性，该属性有以下三个值。

（1）normal：正常显示文本。

（2）italic：以斜体字显示的文字。

（3）oblique：文字向一边倾斜（和斜体非常类似，但一般不支持）。

例如：

```
p.normal {font-style:normal;}
p.italic {font-style:italic;}
p.oblique {font-style:oblique;}
```

3）字体大小

font-size 属性设置文本的大小。能否管理文字的大小，在网页设计中是非常重要的。但是，不能通过调整字体大小使段落看上去像标题，或者使标题看上去像段落。请务必使用正确的 HTML 标签，<h1>～<h6>表示标题，<p>表示段落。字体大小的值可以是绝对值，也可以是相对值。

（1）绝对值：

- 将文本设置为指定的大小。
- 不允许用户在所有浏览器中改变文本大小（不利于可用性）。
- 绝对大小在确定了输出的物理尺寸时很有用。

（2）相对值：

- 相对于周围的元素来设置大小。
- 允许用户在浏览器改变文本大小。

注意：如果不指定一个字体的大小，默认大小和普通文本段落一样，是 16 像素（16px=1em）。

例如，如下设置文字的大小与像素，完全控制文字大小，显示效果如图 4-17 所示。

```
h1 {font-size:35px;}
h2 {font-size:28px;}
p {font-size:18px;}
```

上面的例子可以在 Internet Explorer 9、Firefox、Chrome、Opera 和 Safari 中，通过缩放浏览器调整文本大小。虽然可以通过浏览器的缩放工具调整文本大小，但是这种调整是整个页面，而不仅仅是文本。

基于Web技术的物联网应用开发

安全防护功能界面

安全防护功能的提供者是智能家居系统中的安全防护子系统，安全防护子系统是智能家居系统的重要组成部分，该系统为智能家居系统提供家居防护安全服务。通过采集汇总安全防护类传感器的安防信息，便于用户通过界面对家居环境下的安全防护系统进行查询。

图 4-17　字体大小样式

用 em 这样的相对单位来设置字体大小可以有更大的灵活性，而且对定义页面中特定的设计部件(如空白、边距等)的尺寸很有帮助。在各种尺寸的设备(如智能手机、平板电脑等)不断涌现的今天，使用相对单位有助于建立在各种设备都能显示良好的页面(这就是响应式 Web 设计涉及的内容)。因此，许多开发者使用 em 单位代替像素。

1em 与当前字体大小相等。在浏览器中默认的文字大小是 16px。因此，1em 的默认大小是 16px。可以通过公式：px/16＝em，将像素转换为 em，代码实现如下。

```
h1 {font-size:2.1875em;}          /* 35px/16=2.1875em */
h2 {font-size:1.75em;}            /* 28px/16=1.75em */
p {font-size:1.125em;}            /* 18px/16=1.125em */
```

说明：em 的文字大小是与前面的例子中的像素一样。但如果使用 em 单位，则可以在所有浏览器中调整文本大小。

使用 IE 浏览器在调整文本的大小时，会比正常的尺寸更大或更小，可以使用百分比和 em 组合解决，body 里的 font-size 设为 100％，这为 em 字体大小设置了参考的基准。

```
body {font-size:100%;}
h1 {font-size:2..1875em;}
h2 {font-size:1.75em;}
p {font-size:1.125em;}
```

CSS 字体属性如表 4-5 所示。

表 4-5　CSS 字体属性

序　号	属　性	描　述
1	font	在一个声明中设置所有的字体属性
2	font-family	指定文本的字体系列
3	font-size	指定文本的字体大小
4	font-style	指定文本的字体样式
5	font-variant	以小型大写字体或者正常字体显示文本
6	font-weight	指定字体的粗细

4. CSS 链接

能够设置链接样式的 CSS 属性有很多种，如 color、font-family、background 等。链接的特殊性在于能够根据它们所处的状态来设置它们的样式。

链接有以下 4 种状态。

(1) a:link：普通的、未被访问的链接。

(2) a:visited：用户已访问的链接。

(3) a:hover：鼠标指针位于链接的上方。

(4) a:active：链接被单击的时刻。

```
a:link {color:#000000;}              /* 未被访问的链接是黑色 */
a:visited {color:#00FF00;}           /* 已被访问的链接是绿色 */
a:hover {color:#FF00FF;}             /* 鼠标移动到链接上是粉红色 */
a:active {color:#0000FF;}            /* 鼠标单击时是蓝色 */
```

样式显示效果如图 4-18 所示。

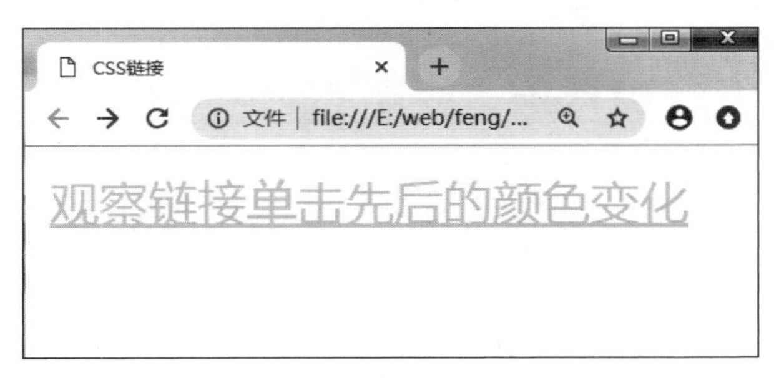

图 4-18　CSS 链接样式

当设置为若干链路状态的样式，有以下顺序规则。

(1) a:hover 必须跟在 a:link 和 a:visited 后面。

(2) a:active 必须跟在 a:hover 后面。

上述链接的颜色变化的例子，也可以通过其他常见方式转换链接的样式。

1) 文本修饰

text-decoration 属性主要用于删除链接中的下画线。例如：

```
a:link {text-decoration:none;}
a:visited {text-decoration:none;}
a:hover {text-decoration:underline;}
a:active {text-decoration:underline;}
```

样式效果如图 4-19 所示。

2) 背景颜色

背景颜色属性(background-color)指定链接背景色。例如：

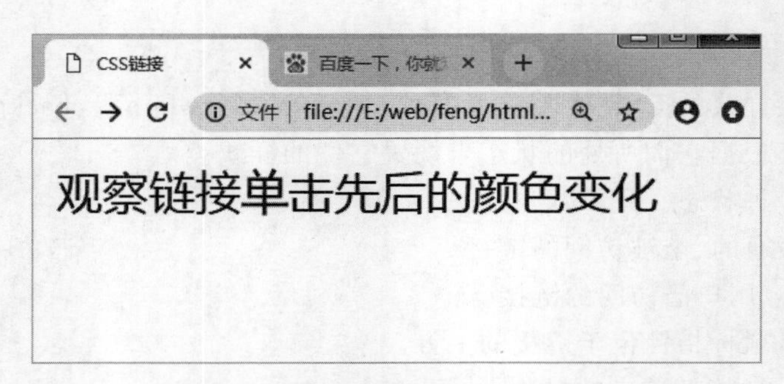

图 4-19　CSS 文本修饰链接样式

```
a:link {background-color:#00ff00;}
a:visited {background-color:#ff0000;}
a:hover {background-color:#0000ff;}
a:active {background-color:#ffff00;}
```

鼠标单击时的颜色背景样式效果如图 4-20 所示。

观察链接单击先后的颜色变化

图 4-20　CSS 文本修饰链接样式

5. CSS 表格

CSS 表格属性可以帮助改善表格的外观。常用的表格样式属性如表 4-6 所示。

表 4-6　常用的表格样式属性

序　号	属　性	描　述
1	border-collapse	设置是否把表格边框合并为单一的边框
2	border-spacing	设置分隔单元格边框的距离
3	caption-side	设置表格标题的位置
4	empty-cells	设置是否显示表格中的空单元格
5	table-layout	设置显示单元、行和列的算法

1）表格边框

如果需要在 CSS 中设置表格边框，可使用 border 属性。下面的例子为 table、th 及 td 设置了红色边框。

```
table, th, td { border: 1px solid red;}
```

页面显示效果如图 4-21 所示。

注意：图 4-21 中的表格具有双线条边框。这是由于 table、th 及 td 元素都有独立的边框。如果需要把表格显示为单线条边框，可以使用 border-collapse 属性去掉。

2）去掉边框

border-collapse 属性设置是否将 table 表格边框折叠为单一边框。例如，如下例子将表格边框折叠为单一边框，显示效果如图 4-22 所示。

```
table{border-collapse:collapse;}
table,th, td{border: 1px solid red;}
```

传感器类型	传感器名称
采集类传感器	控制类传感
三轴传感器	步进电机

图 4-21　表格边框

传感器类型	传感器名称
采集类传感器	控制类传感
三轴传感器	步进电机

图 4-22　表格折叠边框样式

3）CSS 设置表格宽度和高度

通过 width 和 height 属性定义表格的宽度和高度。

下面的例子将表格宽度设置为 100%，同时将 th 元素的高度设置为 50px。

```
table{width:100%;}
th{height:50px;}
```

表格标题变化如图 4-23 所示。

传感器类型	传感器名称
采集类传感器	控制类传感
三轴传感器	步进电机

图 4-23　设置表格宽度和高度

4）表格文本对齐

text-align 和 vertical-align 属性设置表格中文本的对齐方式。

（1）text-align 属性设置表格中文本水平对齐方式，如左对齐、右对齐或者居中。例如：

```
<!-td单元格内文本右对齐-->
td{text-align:right;}
```

页面显示效果如图 4-24 所示。

（2）vertical-align 属性设置垂直对齐方式，如顶部对齐、底部对齐或居中对齐。例如：

传感器类型	传感器名称
采集类传感器	控制类传感
三轴传感器	步进电机

图 4-24　表格文本右对齐

```
<!-td 单元格高度 50px,文本底部对齐-->
td{height:50px;vertical-align:bottom; }
```

页面显示效果如图 4-25 所示。

传感器类型	传感器名称
采集类传感器	控制类传感
三轴传感器	步进电机

图 4-25　表格文本左对齐

5）表格颜色

下面的例子设置边框的颜色以及 th 元素的文本和背景颜色，页面显示效果如图 4-26 所示。

```
<!-设置表格边框粗细为 1px,颜色为蓝色,同时设置表头背景色为蓝色,文本颜色为白色-->
table, td, th{ border:1px solid green;}
th{
  background-color:green;
  color:white;
}
```

传感器类型	传感器名称
采集类传感器	控制类传感
三轴传感器	步进电机

图 4-26　表格颜色样式

4.2.2　CSS 框模型

1. 框模型概述

所谓框模型(Box Model)，就是浏览器为页面中的每个 HTML 元素生成的矩形框架。这些矩形框架都要按照可见版式模型(visual formatting model)在页面上排布。

CSS 框模型规定了元素框处理的元素内容、内边距、边框和外边距等的方式，如图 4-27 所示。

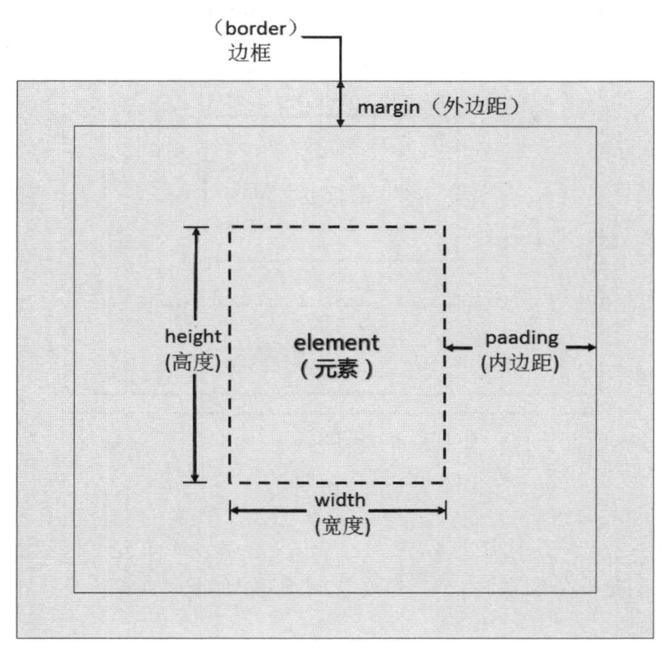

图 4-27　CSS 框模型

1）相关术语

（1）element：元素。

（2）padding：内边距。也有资料将其翻译为填充。

（3）border：边框。

（4）margin：外边距。也有资料将其翻译为空白或空白边。

外边距默认是透明的，因此不会遮挡其后的任何元素。设置颜色背景通常应用于由内容和内边距、边框组成的区域。

内边距、边框和外边距都是可选的，默认值是 0，即元素文本紧挨着元素的边框。许多元素需要由用户设置外边距和内边距。可以通过将元素的 margin 和 padding 设置为 0 来覆盖这些浏览器样式。可以使用通用选择器对所有元素进行设置。例如：

```
* {
  margin: 0;
  padding: 0;
}
```

在 CSS 中，width 和 height 指的是内容区域的宽度和高度。增加内边距、边框和外边距不会影响内容区域的尺寸，但是会增加元素框的总尺寸。

假设框的每个边上有 10 像素的外边距和 5 像素的内边距。如果希望这个元素框达到 100 像素，就需要将内容的宽度设置为 70 像素，如图 4-28 所示。

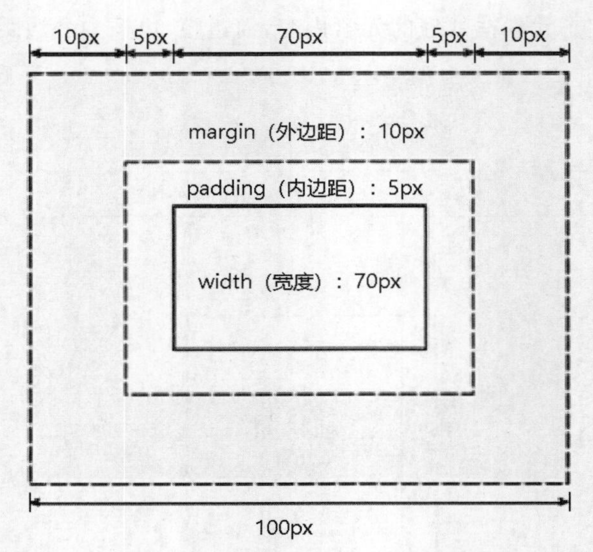

图 4-28 CSS 内边距、外边距示意

注意：内边距、边框和外边距可以应用于一个元素的所有边，也可以应用于单独的边。外边距可以是负值，而且在很多情况下都要使用负值的外边距。

2）浏览器兼容性

一旦为页面设置了恰当的 DTD，大多数浏览器都会按照上面的图示来呈现内容。根据 W3C 的规范，元素内容占据的空间是由 width 属性设置的，而内容周围的 padding 和 border 值是另外计算的。但 IE 5.X 和 IE 6 却使用自己的非标准模型，这些浏览器的 width 属性不是内容的宽度，而是内容、内边距和边框的宽度的总和。虽然有方法解决这个问题，但一般是回避这个问题，也就是不要给元素添加具有指定宽度的内边距，而是尝试将内边距或外边距添加到元素的父元素和子元素。

2. CSS 内边距

元素的内边距在边框和内容区之间。控制该区域最简单的属性是 padding 属性。CSS padding 属性定义元素边框与元素内容之间的空白区域，即内边距。

1）CSS padding 属性

CSS padding 属性定义元素的内边距。padding 属性接受长度值或百分比值，但不允许使用负值。

例如，如果希望所有 h1 元素的各边都有 20 像素的内边距，则只要进行如下设置。

```
h1 {padding: 20px;}
```

还可以按照上、右、下、左的顺序分别设置各边的内边距，各边均可以使用不同的单位或百分比值。例如：

```
h1 {padding: 10px 0.25em 2ex 20%;}
```

通过使用下面 4 个单独的属性，可以分别设置上、右、下、左内边距。

（1）padding-top。

（2）padding-right。

（3）padding-bottom。

（4）padding-left。

下面的规则实现的效果与上面的简写规则是完全相同的。

```
h1 {
  padding-top: 10px;
  padding-right: 0.25em;
  padding-bottom: 2ex;
  padding-left: 20%;
  }
```

2）内边距的百分比数值

前面提到过，可以为元素的内边距设置百分数值。百分数值是相对于其父元素的width计算的，这一点与外边距一样。所以，如果父元素的width改变，它们也会改变。

下面这条规则把段落的内边距设置为父元素width的10%。

```
p {padding: 10%;}
```

例如，如果一个段落的父元素是div元素，那么它的内边距要根据div的width计算。

```
<div style="width: 200px;">
<p>这个段落包括一个 200px 的 div.</p>
</div>
```

注意：上下内边距与左右内边距一致。即上下内边距的百分数会相对于父元素宽度设置，而不是相对于高度。

3. CSS 外边距

围绕在元素边框的空白区域是外边距。设置外边距会在元素外创建额外的“空白”。设置外边距的最简单的方法就是使用margin属性，这个属性接受任何长度单位、百分数值甚至负值。

1）CSS margin属性

设置外边距的最简单的方法就是使用margin属性。margin属性接受任何长度单位，可以是像素(px)、英寸(in)、毫米(mm)或em。margin可以设置为auto。更常见的做法是为外边距设置长度值。下面的声明在h1元素的各个边上设置了1/4英寸宽的空白。

```
h1 {margin : 0.25in;}
```

下面的例子为h1元素的4条边分别定义了不同的外边距，所使用的长度单位是像素(px)。

```
h1 {margin : 10px 0px 15px 5px;}
```

与内边距的设置相同，这些值的顺序是从上外边距(top)开始围着元素顺时针旋转的。

```
margin: top right bottom left
```

另外，还可以为 margin 设置一个百分比数值。

```
p {margin : 10%; }
```

百分数是相对于父元素的 width 计算的。上面这个例子为 p 元素设置的外边距是其父元素 width 的 10%。

margin 的默认值是 0，所以如果没有为 margin 声明一个值，就不会出现外边距。但是，在实际应用中，浏览器对许多元素已经提供了预定的样式，外边距也不例外。例如，在支持 CSS 的浏览器中，外边距会在每个段落元素的上面和下面生成"空行"。因此，如果没有为 p 元素声明外边距，浏览器可能会自己应用一个外边距。当然，只要特别声明就会覆盖默认样式。

2) 值复制

有时，会输入一些重复的值，例如：

```
p {margin: 0.5em 1em 0.5em 1em; }
```

通过值复制，可以不必重复地输入这对数字。上面的规则与下面的规则是等价的。

```
p {margin: 0.5em 1em; }
```

这两个值可以取代前面 4 个值。这是如何做到的呢？CSS 定义了一些规则，允许为外边距指定少于 4 个值。其规则如下。

(1) 如果缺少左外边距的值，则使用右外边距的值。

(2) 如果缺少下外边距的值，则使用上外边距的值。

(3) 如果缺少右外边距的值，则使用左外边距的值。

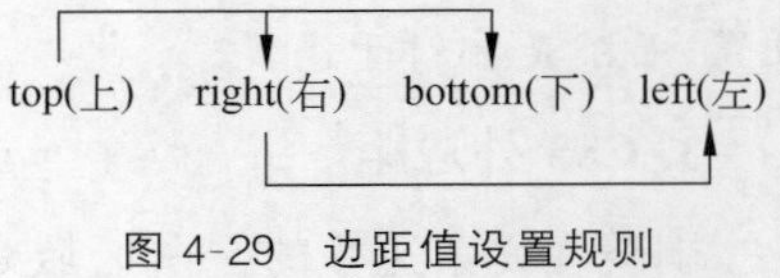

top(上)　right(右)　bottom(下)　left(左)

图 4-29　边距值设置规则

图 4-29 提供了更直观的方法来了解这些规则。

换句话说，如果为外边距指定了三个值，则第四个值(即左外边距)会从第二个值(右外边距)复制得到。如果给定了两个值，第四个值会从第二个值复制得到，第三个值(下外边距)会从第一个值(上外边距)复制得到。最后一个情况，如果只给定一个值，那么其他三个外边距都由这个值(上外边距)复制得到。

利用这个简单的机制，只需指定必要的值，而不必指定全部 4 个值。

```
h1 {margin: 0.25em 1em 0.5em; }        /* 等价于 0.25em 1em 0.5em 1em */
h2 {margin: 0.5em 1em; }               /* 等价于 0.5em 1em 0.5em 1em */
p {margin: 1px; }                      /* 等价于 1px 1px 1px 1px */
```

4. CSS 边框

在 HTML 中使用表格来创建文本周围的边框，但是通过使用 CSS 边框属性可以创建出效果出色的边框，并且可以应用于任何元素。

元素外边距内是元素的边框。元素的边框就是围绕元素内容和内边距的一条或多条线。边框有 6 个相关属性，如表 4-7 所示。后三个(圆角边框、边框阴影、边框图像)是新的边框属性。

表 4-7　边框属性

序　号	属　性	描　述
1	border-style	用于设置元素所有边框的样式，或者单独地为各边设置边框样式
2	border-width	简写属性，用于为元素的所有边框设置宽度，或者单独地为各边边框设置宽度
3	border-color	简写属性，设置元素的所有边框中可见部分的颜色，或者为 4 条边分别设置颜色
4	border-image	设置所有 border-image-*(边框图像)属性的简写属性
5	border-radius	设置所有 border-*-radius(圆角边框)属性的简写属性
6	box-shadow	向方框添加一个或多个阴影

1) 边框样式(border-style)

样式是边框最重要的一个方面，这不是因为样式控制着边框的显示，而是因为如果没有样式将根本没有边框。

例如，可以把段落的边框定义为 outset，使之看上去像是“凸起按钮”。

```
p.outset {border-style:outset;}
```

页面显示效果如图 4-30 所示。

外凸边框。

图 4-30　边框样式

2) 定义多种样式

可以为一个边框定义多个样式。例如：

```
p.aside {border-style: solid dotted dashed double;}
```

说明：这条规则为类名为 aside 的段落定义了 4 种边框样式，即实线上边框、点线右边框、虚线下边框和一个双线左边框。

这里的值采用了 top-right-bottom-left 的顺序，讨论用多个值设置不同内边距时也见过这个顺序。

3) 单边样式

如果希望为元素框的某一个边设置边框样式，而不是设置所有 4 条边的边框样式，可以使用下面的单边边框样式属性。

```
p {border-style: solid solid solid none;}
p {border-style: solid; border-left-style: none;}
```

上面的事例中,上下两个方法是等价的。

注意:如果要使用第二种方法,必须把单边属性放在简写属性之后。因为如果把单边属性放在 border-style 之前,简写属性的值就会覆盖单边值 none。

4) 边框的宽度(border-width)

为边框指定宽度有两种方法:可以指定长度值,如 2px 或 0.1em;也可以使用三个关键字之一,即 thin、medium(默认值)和 thick。

说明:CSS 没有定义三个关键字的具体宽度,所以一个用户代理可能把 thin、medium 和 thick 分别设置为等于 5px、3px 和 2px,而另一个用户代理则分别设置为 3px、2px 和 1px。

```
p {border-style: solid; border-width: 5px;}
```

5) 单边宽度定义

可以按照 top-right-bottom-left 的顺序设置元素的各边边框。例如:

```
p {border-style: solid; border-width: 15px 5px 15px 5px;}
```

上面的例子也可以简写如下(这样的写法称为值复制)。

```
p {border-style: solid; border-width: 15px 5px;}
```

6) 没有边框

如果希望显示某种边框,就必须设置边框样式。例如:

```
p {border-style: none; border-width: 50px;}
```

边框显示效果如图 4-31 所示。

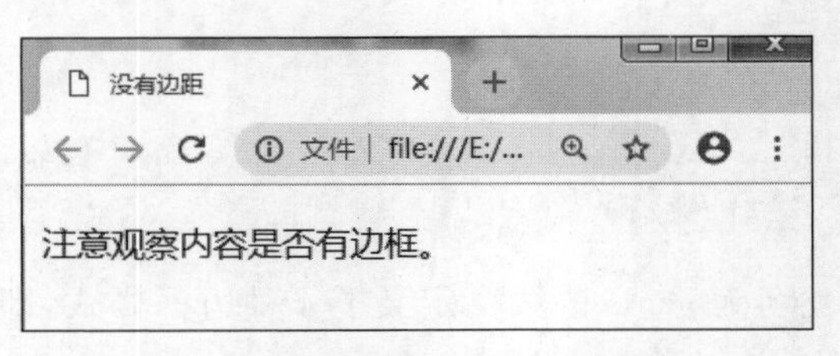

图 4-31 不添加样式效果图

注意:如果边框样式为 none,即边框根本不存在,那么边框就不可能有宽度,因此边框宽度自动设置为 0,而不管原先定义的是什么。

7) 边框颜色(border-color)

边框可以使用任何类型的颜色值,可以是命名颜色,也可以是十六进制和 RGB 值。例如:

```
p {
  border-style: solid;
  border-color: blue rgb(25%,35%,45%) #909090 red;
  }
```

说明：默认的边框颜色是元素本身的前景色。如果没有为边框声明颜色，它将与元素的文本颜色相同。另一方面，如果元素没有任何文本，假设它是一个表格，其中只包含图像，那么该表格的边框颜色就是其父元素的文本颜色（因为 color 可以继承）。这个父元素很可能是 body、div 或另一个 table。

8）圆角边框

在 CSS3 中，border-radius 属性用于创建圆角。

例 4-5　设置边框的四角都是半径为 25 像素的圆角。

```
<!DOCTYPE html>
<html>
<head>
    <style>
        div
        {
        text-align:center;
        border:2px solid #a1a1a1;
        padding:10px 40px;
        background:#dddddd;
        width:350px;
        border-radius:25px;
        -webkit-border-radius:25px; /*老的 chrome*/
        }
    </style>
</head>
<body>
<div>border-radius 属性修改元素边框圆角样式。</div>
</body>
</html>
```

页面显示效果如图 4-32 所示。

border-radius 属性修改元素边框圆角样式。

图 4-32　圆角边距样式

如果要单独设定每个角的半径，也可以在上面的简写属性中按顺序依次指定。只不过，现在指定的是角而不是边，所以上、右、下、左的顺序就不适用了，而是要改用左上、右上、右下、左下。另外，也可以像下面这样分别设定水平和垂直半径。

```
border-radius:10px/20px;
```

页面显示如图 4-33 所示。

border-radius 属性修改元素边框圆角样式。

图 4-33　水平垂直半径边框样式

4.2.3　CSS 定位

1. CSS 定位概述

CSS 布局的核心是 position 属性，对元素框应用这个属性，可以相对于它在常规文档流中的位置重新定位。该属性是不可以继承的。

1）CSS 定位和浮动

CSS 为定位和浮动提供了一些属性，利用这些属性可以建立列式布局，将布局的一部分与另一部分重叠，过去这些任务需要使用多个表格才能完成。

定位的基本思想很简单，它允许定义元素框相对于其正常位置应出现的位置，或者相对于父元素、另一个元素甚至浏览器窗口本身的位置。显然，这个功能非常强大。

另一方面，CSS1 中首次提出了浮动，它以 Netscape 在 Web 发展初期增加的一个功能为基础。浮动不完全是定位，也不是正常流布局，在后面的章节中将明确浮动的含义。

2）一切皆为框

常常将 div、h1 或 p 元素称为块级元素，这意味着这些元素显示为一块内容，即"块框"。而将 span 和 strong 等元素称为行内元素，这是因为它们的内容显示在行中，即"行内框"。

将块级元素变成行内元素，可以使用 display 属性改变生成的框的类型。这意味着，通过将 display 属性设置为 block，可以让行内元素（如＜a＞元素）表现得像块级元素一样。还可以通过把 display 设置为 none，让生成的元素根本没有框，这样，该框及其所有内容就不再显示，不占用文档中的空间。

但是有一种情况即使没有进行显式定义也会创建块级元素，这种情况发生在把一些文本添加到一个块级元素（如 div）的开头。即使没有把这些文本定义为段落，它也会被当作段落对待。例如：

```
<div>
文本添加到 div 块级元素。
<p>p 段落文本。</p>
</div>>
```

页面显示效果如图 4-34 所示。

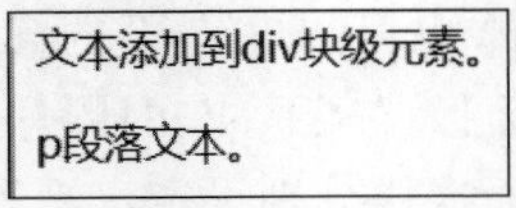

文本添加到div块级元素。

p段落文本。

图 4-34　块级元素被定义为段落效果

在这种情况下，这个框称为无名块框，因为它不与专门定义的元素相关联。

块级元素的文本行也会发生类似的情况。假设有一个包含三行文本的段落，每行文本形成一个无名框，无法直接对无名块或行框应用样式，因为没有可以应用样式的地方（注意，行框和行内框是两个概念），但这有助于理解在屏幕上看到的所有元素都形成了某种框。

3）CSS定位机制

CSS有文档流、浮动和定位三种基本的定位机制，这里只介绍文件流。

从直观上理解文档流（正常流）指的是元素按照其在HTML中的位置顺序决定排布的过程，一般是按照自上而下、一行接一行以及每行从左到右的顺序排列页面。框之间的垂直距离是由框的垂直外边距计算出来的。行内框在一行中水平布置。可以使用水平内边距、边框和外边距来调整它们的间距。但是，垂直内边距、边框和外边距不影响行内框的高度。由一行形成的水平框称为行框（Line Box），行框的高度总是足以容纳它包含的所有行内框，设置行框高度可以增加这个框的高度。

导致元素脱离文档流有两种情况：浮动（float）和绝对定位。

不脱离文档流的情况主要有：块级、行内、相对定位以及设置 position：static 可以取消继承，还原默认的元素定位。

4）CSS position 属性

通过使用 position 属性，可以选择4种不同类型的定位，这会影响元素框生成的方式。

（1）static（静态定位，默认的）：元素框正常生成。块级元素生成一个矩形框作为文档流的一部分，行内元素则会创建一个或多个行框，置于其父元素中。

（2）relative（相对定位）：不脱离标准文档流。元素框偏移某个距离，元素仍保持其未定位前的形状，它原本所占的空间仍保留。

（3）absolute（绝对定位）：脱离标准文档流，元素框从文档流完全删除，并相对于其包含块定位。包含块可能是文档中的另一个元素或者是初始包含块。元素原先在正常文档流中所占的空间将关闭，就好像元素原来不存在一样。元素定位后生成一个块级框，而不论原来它在正常流中生成何种类型的框。

（4）fixed（固定定位）：元素框的表现类似于将 position 设置为 absolute，不过其包含块是视窗本身。

2. 相对定位

相对定位是一个非常容易理解的概念。如果对一个元素进行相对定位，它先出现在它所在的位置上，然后可以通过设置垂直或水平位置，让这个元素“相对于”它的起点进行移动。

下面例子将 position 属性设置为 relative。

```
.div{
background-color: red;
  width: 200px;
  height: 200px;
  top: 100px;
```

```
  left: 100px;
}
.div1{
background-color: green;
position: relative;
width: 200px;
height: 200px;
top: 100px;
left: 100px;
}
.div2{
background-color: blue;
width: 200px;
height: 200px;
}
```

页面显示效果如图 4-35 所示。

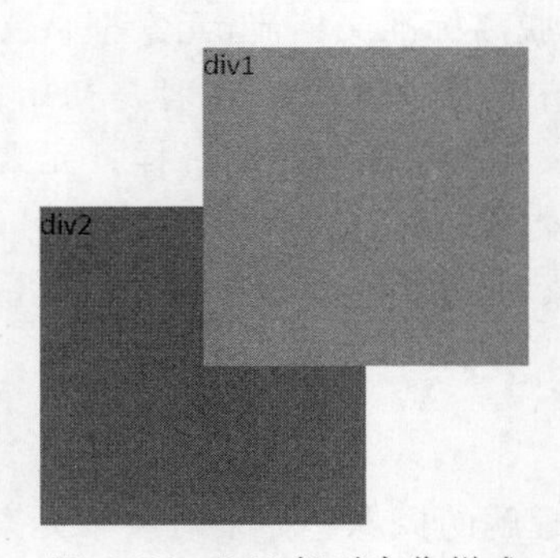

图 4-35 CSS 相对定位样式

注意：在使用相对定位时，无论是否进行移动，元素仍然占据原来的空间。因此，移动元素会导致它覆盖其他框。

3. 绝对定位

绝对定位脱离文档流，使元素的位置与文档流无关，因此不占据空间。这一点与相对定位不同，相对定位实际上被看作是普通流定位模型的一部分，因为元素的位置是相对于它在普通流中的位置。普通流中其他元素的布局就像绝对定位的元素不存在一样。

下面就相对定位的例子,把 relative 改成 absolute,使其成绝对定位。

```
.div1{
background-color: green;
position: absolute;
width: 200px;
height: 200px;
top: 100px;
left: 100px;
}
```

页面显示效果如图 4-36 所示。

4.2.4 CSS 浮动

CSS 设计 float 属性的主要目的是为了实现文本绕排图片的效果。然而,这个属性居然也成了创建多栏布局最简单的方式。浮动的框可以向左或向右移动,直到它的外边缘碰到包含框或者碰到另一个浮动框的边框为止。由于浮动框不在文档的普通流中,所以文档的普通流中的块框表现得就像浮动框不存在一样。

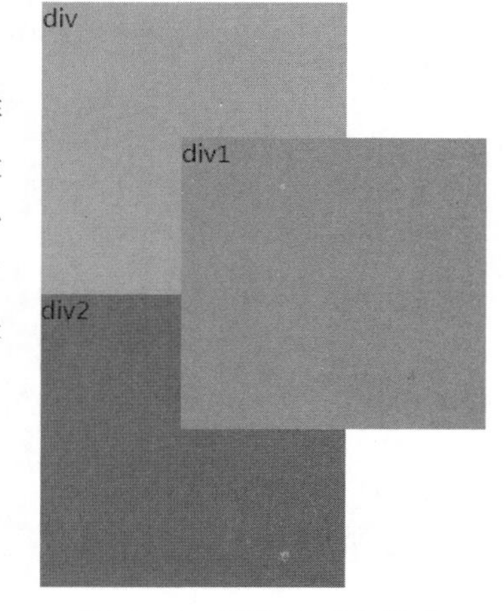

图 4-36 CSS 绝对定样式

1. CSS 浮动

1) 浮动特性

(1) 浮动的元素框脱离标准流,不会占原来的位置。

(2) 浮动只有左右浮动。

(3) 浮动的元素框一般会与标准流的父元素框搭配使用,有一个子元素框浮动了,一般其他子元素框也需要浮动才能在父元素框里一行显示。

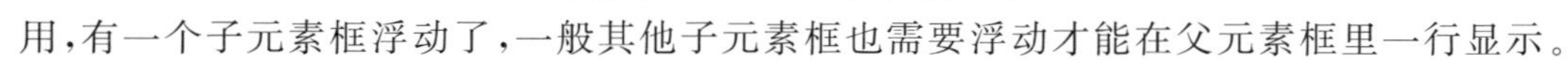

(4) 浮动可以让元素模式变成行内块特性。

如下设置元素框右浮动。

```
.div{
background-color: red;
  width: 200px;
  height: 200px;
}
.div1{
background-color: green;
float:right;
width: 200px;
height: 200px;
}
.div2{
```

```
background-color: blue;
width: 200px;
height: 200px;
}
```

浮动页面显示效果如图 4-37 所示。div1 脱离文档流相对于以前的第二行，浮动到页面右边边缘，div2 上移。

如下设置元素框左浮动。

```
.div{
background-color: red;
float:left;
width: 200px;
height: 200px;
}
.div1{
background-color: green;
width: 100px;
height: 100px;
}
.div2{
background-color: blue;
width: 200px;
height: 200px;
}
```

页面显示效果如图 4-38 所示。当框 div1 向左浮动时，它脱离文档流并且向左移动，直到它的左边缘碰到包含框的左边缘。因为它不再处于文档流中，所以不占据空间，实际上覆盖住了框 2，使框 2 从视图中消失。

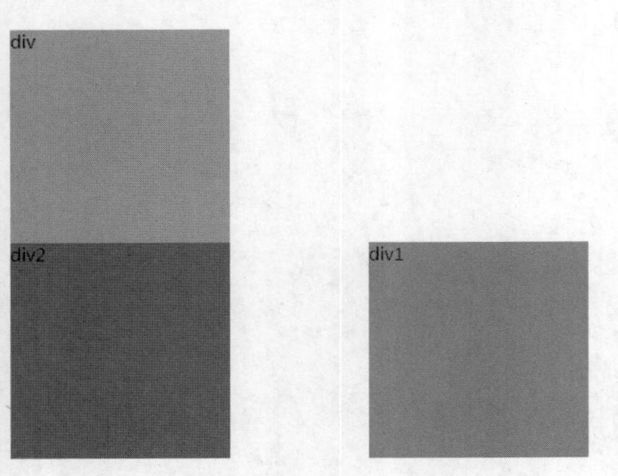

图 4-37　元素框右浮动效果

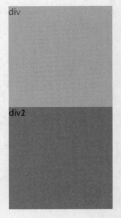

图 4-38　元素框左浮动效果

如下设置 div、div1、div2 全部左浮动。

```
.div{
background-color: red;
float:left;
width: 200px;
 height: 200px;
}
.div1{
background-color: green;
float:left;
width: 200px;
height: 200px;

}
.div2{
float:left;
background-color: blue;
width: 200px;
height: 200px;
}
```

页面效果如图 4-39 所示。把所有三个框都向左移动,那么元素框 div 向左浮动直到碰到包含框,另外两个框向左浮动直到碰到前一个浮动框。

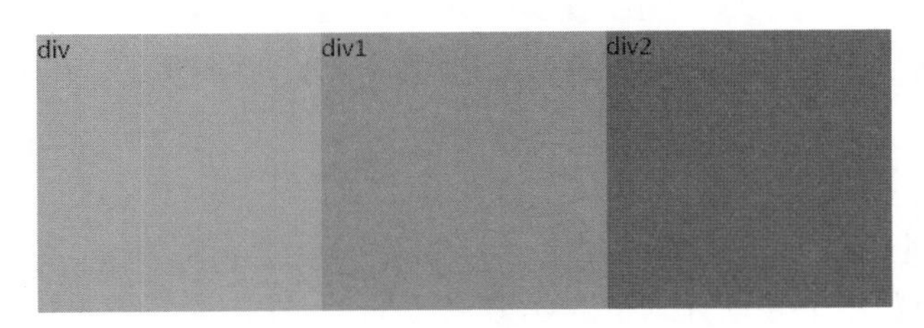

图 4-39　元素框 div、div1、div2 左浮动效果

如果包含框太窄不能容纳浮动框,则进行如下处理。

```
.div{
background-color: red;
width: 200px;
 height: 100px;

}
.div1{
background-color: green;
float:left;
width: 200px;
height: 200px;
```

```
}
.div2{
float:left;
background-color: blue;
width: 200px;
height: 200px;
}
```

页面显示效果如图 4-40 所示。包含框 div 的 height 属性的值为 100px，div1 的 height 属性的值为 200px，无法容纳水平排列的两个浮动元素，那么其他浮动块向下移动，直到有足够的空间。如果浮动元素的高度不同，那么当它们向下移动时可能被其他浮动元素"卡住"。

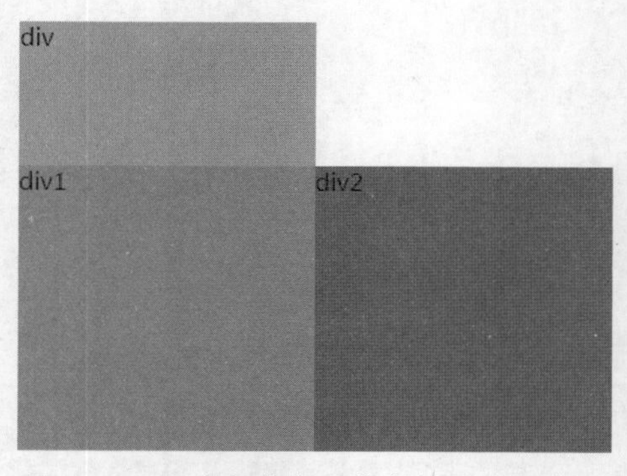

图 4-40　元素框太窄不能容纳浮动框效果

2. 清除浮动

1）清除浮动属性

由于在一些浏览器上浮动元素的显示效果不同，所以在现实需求中有时需要清除这些浮动属性。清除浮动属性即 clear 属性，其语法格式为：

```
clear:属性值
```

属性值可取值为 none、left、right 和 both。其中，none 表示允许两边都有浮动属性，left 表示不允许左边有浮动属性，right 表示不允许右边有浮动属性，both 表示两边都不允许有浮动属性。

浮动属性的清除只对与其相邻的浮动元素起作用，如果相邻的元素不是浮动属性而是其他内联元素等，则不会起作用。以下例子清除浮动。

```
<!DOCTYPE html>
<html>
<head>
<meta charset="utf-8">
```

```
<title>清除浮动</title>
<style>
.thumbnail
{
    float:left;
    width:120px;
    height:80px;
    margin:5px;
}
.text_line
{
    clear:both;
    margin-bottom:2px;
}
</style>
</head>
<body>

<p>试着调整窗口,看看当图片没有足够的空间会发生什么。</p>
<img class="thumbnail" src="fire.png" width="107" height="90">
<img class="thumbnail" src="gas.png" width="107" height="80">
<img class="thumbnail" src="AirController-on.png" width="116" height="90">
<img class="thumbnail" src="camera.jpg" width="120" height="90">
<h3 class="text_line">第二行</h3>
<img class="thumbnail" src="fire.png" width="107" height="90">
<img class="thumbnail" src="gas.png" width="107" height="80">
<img class="thumbnail" src="AirController-on.png" width="116" height="90">
<img class="thumbnail" src="camera.jpg" width="120" height="90">
</body>
</html>
```

页面显示效果如图 4-41 所示。

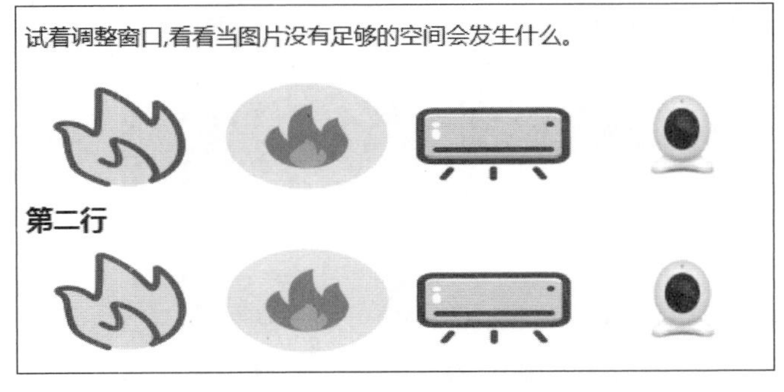

图 4-41　清除浮动界面

4.2.5 CSS 动画

CSS 可以创建动画，可以取代许多网页动画图像、Flash 动画和 JavaScripts。

1）CSS3 @keyframes 规则

要创建 CSS3 动画，需了解@keyframes 规则。@keyframes 规则可创建动画，@keyframes规则内指定一个 CSS 样式和动画，并将其逐步从目前的样式更改为新的样式。

2）浏览器支持

表格中的数字表示支持该属性的第一个浏览器版本号。紧跟在 -webkit-、-ms-或-moz-前的数字为支持该前缀属性的第一个浏览器版本号，如图 4-42 所示。

属性	Chrome	Edge	Firefox	Safari	Opera
@keyframes	43.0 4.0 -webkit-	10.0	16.0 5.0 -moz-	9.0 4.0 -webkit-	30.0 15.0 -webkit- 12.0 -o-
animation	43.0 4.0 -webkit-	10.0	16.0 5.0 -moz-	9.0 4.0 -webkit-	30.0 15.0 -webkit- 12.0 -o-

图 4-42 浏览器支持

3）CSS 动画

动画是使元素从一种样式逐渐变化为另一种样式的效果。可以改变任意多的样式、任意多的次数。

用百分比来规定变化发生的时间，或者用关键词 from 和 to，等同于 0%和 100%。0%是动画的开始，100%是动画的完成。为了得到最佳的浏览器支持，应该始终定义 0%和100%选择器。

注意：当在 @keyframes 创建动画，把它绑定到一个选择器，否则动画不会有任何效果。

至少指定以下两个 CSS3 的动画属性绑定到一个选择器。

(1) 规定动画的名称。

(2) 规定动画的时长。

例如，把 myfirst 动画捆绑到 div 元素，时长为 5s。

```
div
{
    animation: myfirst 5s;
    -webkit-animation: myfirst 5s; /* Safari 与 Chrome */
}
```

4）transition 属性

例 4-6 将鼠标指针悬停在一个 div 元素上，逐步从 100px 到 300px 改变表格的宽度。

```
<!DOCTYPE html>
<html>
<head>
```

```
<meta charset="utf-8">
<title>智能家居</title>
<style>
div
{
width:100px;
height:100px;
background:red;
transition:width 2s;
-webkit-transition:width 2s; /* Safari */
}
div:hover
{
width:300px;
}
</style>
</head>
<body>
<div></div>
<p>鼠标指针移动到 div 元素上,查看过渡效果。</p>
<p><b>注意:</b>该实例无法在 Internet Explorer 9 及更早的 Internet Explorer 版本上工作。</p>
</body>
</html>
```

页面显示效果如图 4-43 所示。

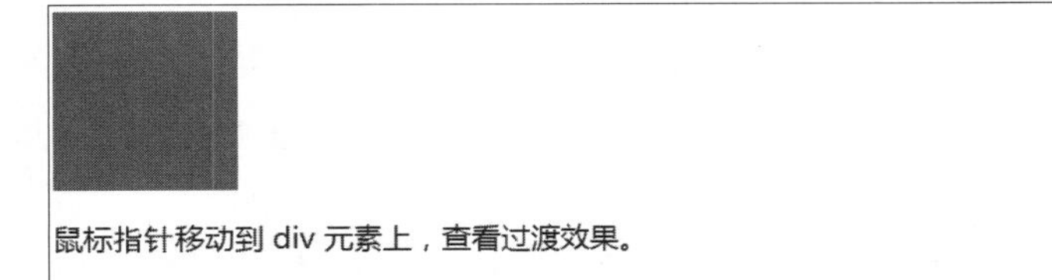

图 4-43　transition

将鼠标指针放置 div 元素上,页面显示效果如图 4-44 所示。

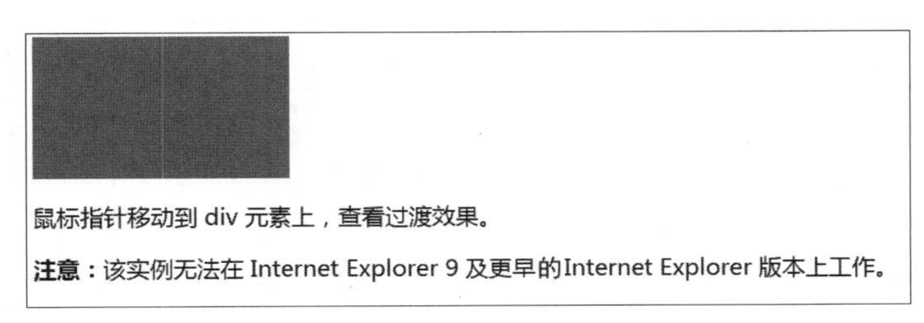

图 4-44　过渡效果

4.3 CSS响应式设计

4.3.1 CSS响应式设计概述

网页布局必须能根据它自己所处的不同环境作出响应。大屏幕上的最佳体验和手机中的最佳体验有着天壤之别。在大屏幕上,可能使用多栏布局效果好,但多栏布局到了手机上,每一栏都会窄得没法看。网站的建设者需要让访问者能够通过移动电话、智能手机、平板电脑、笔记本电脑、台式计算机、游戏机、电视机以及未来任何可以上网的设备获取信息,用户希望通过手机里的相关应用软件控制硬件设备以达到家居智能化效果。响应式Web设计就是为此诞生的。

实际上,使用一项称为媒体查询的CSS功能,很容易检测出用户设备的屏幕大小。然后,据此提供替代或额外的CSS,可针对相应屏幕的大小实现更加优化的体验。使用这种方式创建对设备有感知力的网站的过程称为响应式设计。图4-45是按照检测出的用户的不同的显示设备横竖屏的显示效果。

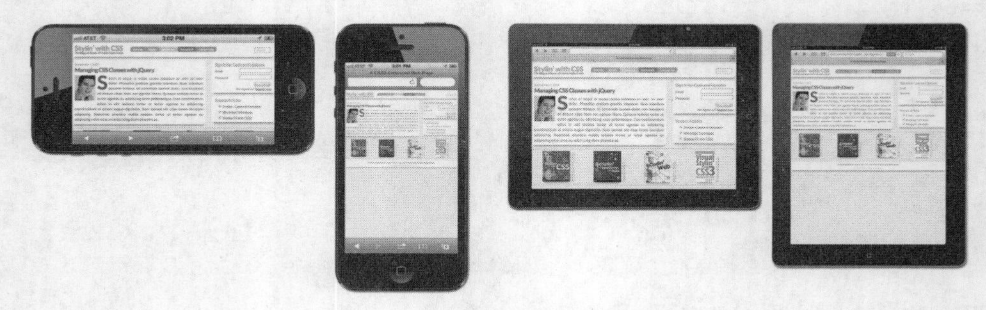

图4-45　不同显示设备横竖屏效果

响应式设计方法植根于以下三点。

(1) 灵活的图像和媒体。图像和媒体资源的尺寸是用百分数定义的,从而可以根据环境进行缩放。

(2) 灵活的、基于网格的布局,也就是流式布局。对于响应式网站,所有的width属性都用百分数设定,因此所有的布局成分都是相对的。其他水平属性通常也会使用相对单位(em、百分数和rem等)。

(3) 媒体查询。使用这项技术,可以根据媒体特征(如浏览器可视页面区域的宽度)对设计进行调整。

4.3.2 网格视图

很多网页都是基于网格设计的,这说明网页是按列来布局的,如图4-46所示。

网格视图布局如图4-47所示,有助于我们设计网页,向网页添加元素变得更简单。

响应式网格视图通常是12列,宽度为100%,在浏览器窗口大小调整时会自动伸缩。

下面创建一个响应式网格视图。确保所有的HTML元素都有box-sizing属性且设置为border-box,确保边距和边框包含在元素的宽度和高度内。

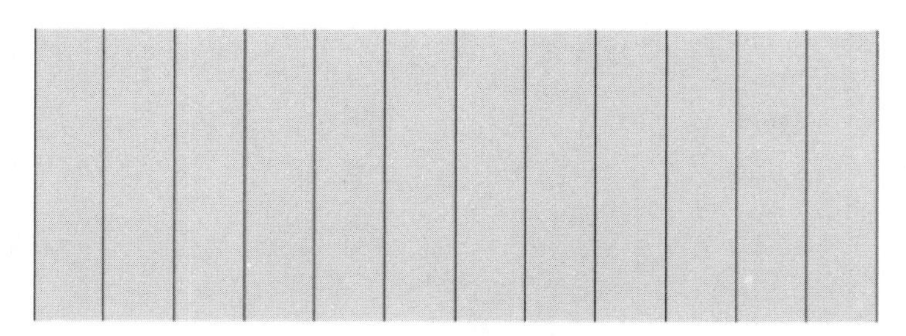

图 4-46　网格视图列布局

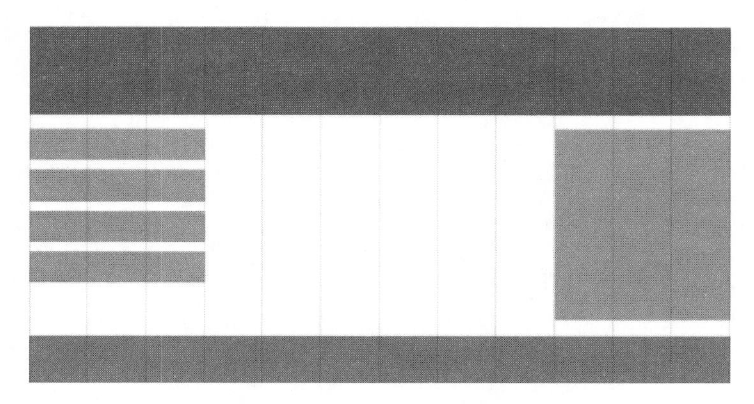

图 4-47　网格视图布局示意

添加如下代码。

```
* {
    box-sizing: border-box;
}
```

以下示例创建了一个简单的响应式网页,包含两列。

```
.menu {
    width: 30%;
    float: left;
}
.main {
    width: 70%;
    float: left;
}
```

12 列的网格系统可以更好地控制响应式网页。

首先计算出每列的百分比：100％÷12 列＝8.33％。在每列中指定 class,class＝"col-"用于定义每列有几个 span。

```
.col-1 {width: 8.33%;}
.col-2 {width: 16.66%;}
.col-3 {width: 25%;}
.col-4 {width: 33.33%;}
.col-5 {width: 41.66%;}
.col-6 {width: 50%;}
.col-7 {width: 58.33%;}
.col-8 {width: 66.66%;}
.col-9 {width: 75%;}
.col-10 {width: 83.33%;}
.col-11 {width: 91.66%;}
.col-12 {width: 100%;}
```

所有的列向左浮动,间距(padding)为 15px。

```
[class*="col-"] {
    float: left;
    padding: 15px;
    border: 1px solid red;
}
```

每一行使用<div>包裹。所有列数加起来应为 12。

```
<div class="row">
  <div class="col-3">…</div>
  <div class="col-9">…</div>
</div>
```

列中行为左浮动,并添加清除浮动。

```
.row:after {
    content: "";
    clear: both;
    display: block;
}
```

可以添加一些样式和颜色,使其更好看。

例 4-7 创建响应式屏幕显示网页。

```
html {
    font-family: "Lucida Sans", sans-serif;
}
.header {
    background-color: #9933cc;
    color: #ffffff;
    padding: 15px;
}
```

```
.menu ul {
    list-style-type: none;
    margin: 0;
    padding: 0;
}
.menu li {
    padding: 8px;
    margin-bottom: 7px;
    background-color :#33b5e5;
    color: #ffffff;
    box-shadow: 0 1px 3px rgba(0,0,0,0.12), 0 1px 2px rgba(0,0,0,0.24);
}
.menu li:hover {
    background-color: #0099cc;
}
```

响应式宽屏显示效果如图 4-48 所示，响应式窄屏显示效果如图 4-49 所示。

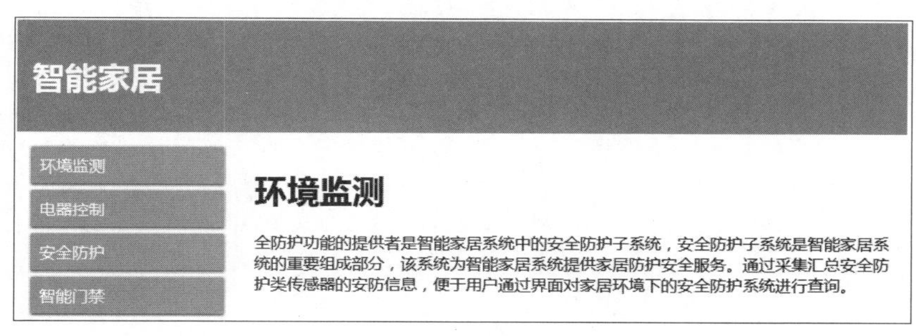

图 4-48 响应式宽屏显示效果

图 4-49 响应式窄屏显示效果

4.3.3 媒体查询

使用@media 查询,可以针对不同的媒体类型定义不同的样式。例如,如下设置如果浏览器窗口小于 500px,背景将变为浅蓝色。

```
@media only screen and (max-width: 500px) {
    body {
        background-color: lightblue;
    }
}
```

当浏览器窗口小于 768px,每列的宽度是 100%。

```
/* For desktop: */
.col-1 {width: 8.33%;}
.col-2 {width: 16.66%;}
.col-3 {width: 25%;}
.col-4 {width: 33.33%;}
.col-5 {width: 41.66%;}
.col-6 {width: 50%;}
.col-7 {width: 58.33%;}
.col-8 {width: 66.66%;}
.col-9 {width: 75%;}
.col-10 {width: 83.33%;}
.col-11 {width: 91.66%;}
.col-12 {width: 100%;}
@media only screen and (max-width: 768px) {
    /* For mobile phones: */
    [class*="col-"] {
        width: 100%;
    }
}
```

结合 CSS 媒体查询,可以创建适应不同设备的方向(横屏 landscape、竖屏 portrait 等)的布局。

portrait:指定输出设备中的页面可见区域高度大于或等于宽度。

landscape:除 portrait 值情况外,都是 landscape。

例如,如果是横屏,则背景将是浅蓝色。

```
@media only screen and (orientation: landscape) {
    body {
        background-color: lightblue;
    }
}
```

横屏显示效果如图 4-50 所示，竖屏显示效果如图 4-51 所示。

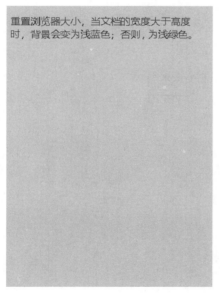

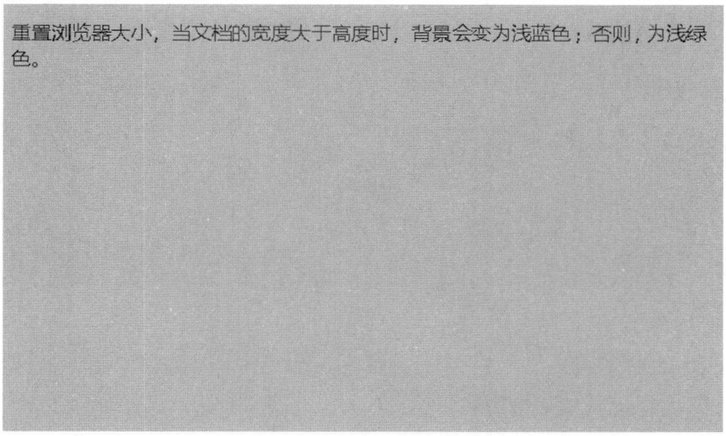

重置浏览器大小，当文档的宽度大于高度时，背景会变为浅蓝色；否则，为浅绿色。

图 4-50　横屏显示效果

重置浏览器大小，当文档的宽度大于高度时，背景会变为浅蓝色；否则，为浅绿色。

图 4-51　竖屏显示效果

4.3.4　响应式图片

1）使用 width 属性

如果 width 属性设置为 100%，那么图片会根据上下范围实现响应式功能。

```
img {
    width: 100%;
    height: auto;
}
```

注意：在以上实例中，图片会比它的原始图片大，使用 max-width 属性能很好地解决这个问题。

2）使用 max-width 属性

如果 max-width 属性设置为 100%，那么图片永远不会大于其原始大小。

```
img {
    max-width: 100%;
    height: auto;
}
```

3）网页中添加图片

在网页中可以添加图片。

```
img {
    width: 100%;
    height: auto;
}
```

4）背景图片

背景图片可以响应调整大小或者缩放。以下是三个不同的背景图片调整方法。

(1) 如果 background-size 属性设置为 contain，那么背景图片将按比例自适应内容区域，图片保持其比例不变。

```
div {
    width: 100%;
    height: 400px;
    background-image: url('camera.jpg');
    background-repeat: no-repeat;
    background-size: contain;
    border: 1px solid red;
}
```

(2) 如果 background-size 属性设置为"100% 100%"，那么背景图片将延展覆盖整个区域。

```
div {
    width: 100%;
    height: 400px;
    background-image: url('camera.jpg');
    background-size: 100%100%;
    border: 1px solid red;
}
```

(3) 如果 background-size 属性设置为 cover，则会把背景图片扩展至足够大，以使背景图片完全覆盖背景区域。注意，该属性保持了图片的比例，因此背景图片的某些部分无法显示在背景定位区域中。

```
div {
    width: 100%;
    height: 400px;
    background-image: url('camera.jpg');
    background-size: cover;
    border: 1px solid red;
}
```

5）不同设备显示不同图片

大尺寸图片可以显示在大屏幕上，但在小屏幕上确不能很好显示。没有必要在小屏幕上去加载大图片，这样很可能会影响加载速度。可以使用媒体查询，根据不同的设备显示不同的图片。图 4-52 大图片和小图片将在不同设备显示不同图片。

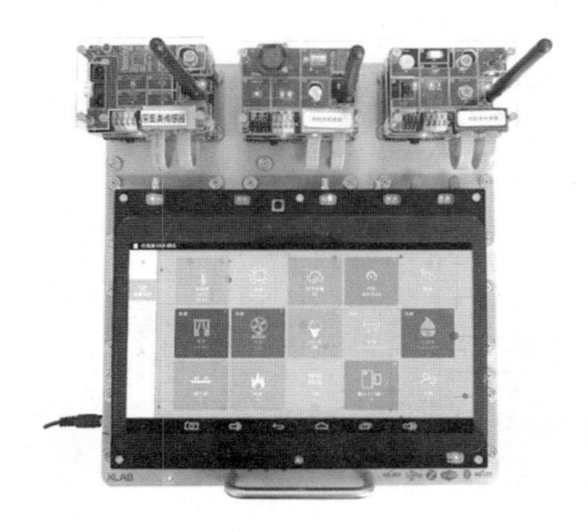

(a) 大图片显示

(b) 小图片显示

图 4-52 响应式图片

例 4-8 不同大小的图片在不同设备上显示。

```
/* For width smaller than 400px: */
body {
    background-image: url('camera.jpg');
}
/* For width 400px and larger: */
@media only screen and (min-width: 400px) {
    body {
        background-image: url('网关.png);
    }
}
```

4.4 项目案例

4.4.1 项目目标

掌握 CSS 样式表设计，学习和使用样式引入方式及其属性的设置，完成电器控制功能模块界面设计。

4.4.2 案例描述

通过使用 CSS 样式表对安全防护功能界面进行更加美观的设计，掌握使用 CSS 基本样式、CSS 定位、CSS 伪元素以及框模型。同时，掌握 CSS 响应式原理，完成网页自适应功能。

4.4.3 案例要点

本案例主要使用 CSS 响应式设计，网页内容根据浏览器窗口的高度和宽度变化。三级标题 h3 智能家居部分通过 transition 属性完成宽度变化、导航栏的定位样式以及网页模块设备在线或者离线图像样式设计。

4.4.4 案例实施

1）创建 HTML 文件

```
<div class="page-header">
    <h3>智能家居</h3>
    <ul class="nav nav-pills"  role="tablist">
        <li role="presentation" class="active"><a href="#security"
            aria-controls="security" role="tab" data-toggle="tab">安全防护
            </a></li>
    </ul>
</div>
<div class="tab-content">
    <div class="main container-fluid tab-pane active security"
        id="security"  role="tabpanel">
        <div class="row">
                <div class="col-xs-6 col-md-4">
                    <div class="panel panel-primary">
                        <div class="panel-heading query-btn">燃气<span
                            class="online"></span></div>
                        <div class="panel-body text-center">
                            <img src="img/gas.png" alt=""/>
                            <br/>
                            <p>正常</p>
                        </div>
```

```
        </div>
    </div>
    <div class="col-xs-6 col-md-4">
        <div class="panel panel-primary">
            <div class="panel-heading query-btn">火焰<span
                class="online"></span></div>
            <div class="panel-body text-center">
                <img src="img/fire.png" alt=""/>
                <br/>
                <p>正常</p>
            </div>
        </div>
    </div>
    <div class="col-xs-6 col-md-4">
        <div class="panel panel-primary">
            <div class="panel-heading query-btn">人体红外<span
                class="online"></span></div>
            <div class="panel-body text-center">
                <img src="img/body.png" alt=""/>
                <br/>
                <p>正常</p>
            </div>
        </div>
    </div>
    <div class="col-xs-6 col-md-4">
        <div class="panel panel-primary">
            <div class="panel-heading query-btn">紧急按钮<span
                class="online"></span></div>
            <div class="panel-body text-center">
                <img src="img/emergency.png" alt=""/>
                <br/>
                <p>正常</p>
            </div>
        </div>
    </div>
    <div class="col-xs-6 col-md-4">
        <div class="panel panel-primary">
            <div class="panel-heading query-btn">门禁<span
                class="online"></span></div>
            <div class="panel-body text-center">
                <img id="doorImg" src="img/door-off.png" alt=""/>
                <br/>
                <button class="btn btn-default" id="doorSwitch">开
                    启</button>
```

```
                    </div>
                </div>
            </div>
        </div>
    </div>
</div>
</div>
```

2）引入外链接 CSS 文件

```
<head>
    <meta charset="UTF-8">
    <title>模块二 安全防护界面设计</title>
    <link rel="stylesheet" href="js/bootstrap/bootstrap.min.css"/>
    <link rel="stylesheet" href="style.css"/>
</head>
```

3）CSS 响应式样式文件

```
body{
    background-color: #ecf0f1;
    padding:0 2vw;
    user-select: none;
}
a{
    color:#aaa;
}
.page-header{
    position: relative;
    transition: all .3s;
    z-index: 1;
    color:#fff;
}
.page-header:before{
    content: '';
    position: absolute;
    top:-50%;
    left:-10vw;
    width:20vw;
    height:10vh;
    background: url('img/title.png') no-repeat left center;
    background-size: 100%;
    z-index: -1;
    transition: all .3s;
}
```

```
.page-header:hover{
    padding-left:.75vw;
    transition: all .3s;
}
.page-header:hover:before{
    left:-8vw;
    transition: all .3s;
}
.page-header ul{
    position: absolute;
    right:2vw;
    top:50%;
    transform: translateY(-50%);
}
.tab-content{
}
.panel{
    height:35vh;
    overflow-y: hidden;
}
.panel .query-btn{
    cursor: pointer;
}
.panel .query-btn:active{
    background-color: #004d60;
    border-color: #004d60;
    color:#fff;
}
.panel img{
    width:8vw;
    margin-bottom: 3vh;
}
.panel .chartDiv{
    height:25vh;
}
.panel .camera-img{
    width:100%;
}
.panel .online{
    display: inline-block;
    float: right;
    width:1vw;
    height:1vw;
    background: url('img/online.png') no-repeat center center;
```

```
    background-size: 100%;
    filter:sepia(100%);
}
.online-on{
    filter:none !important;
}
.security .panel img{
    width:5vw;
    margin:1.5vw auto 2.5vw auto;
}
```

主界面显示效果如图 4-53 所示。

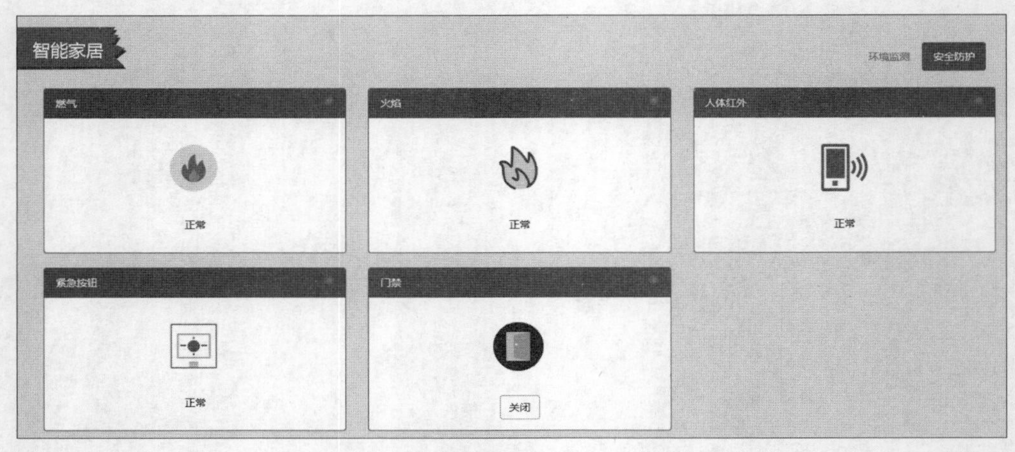

图 4-53　主界面显示效果

将鼠标指针放置智能家居上方实现宽度变化效果如图 4-54 所示。

图 4-54　智能家居动画效果

页面采用响应式设计。打开浏览器控制台，右击选择“检查”，选择控制台右上角按钮，出现如图 4-55 所示的编辑窗口，可以设置页面屏幕。查看页面响应式设计效果，如图 4-56 所示。

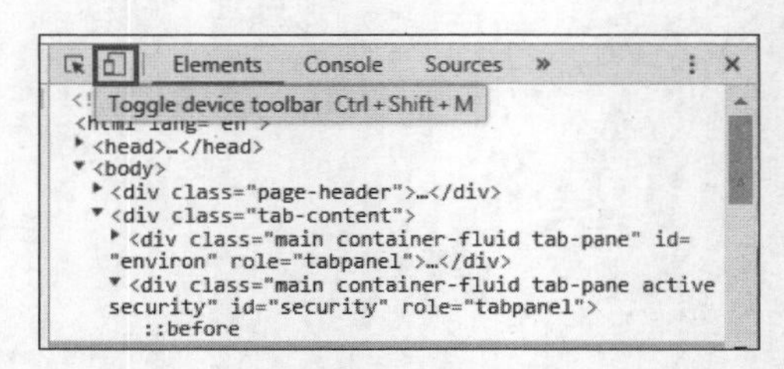

图 4-55　页面屏幕设置

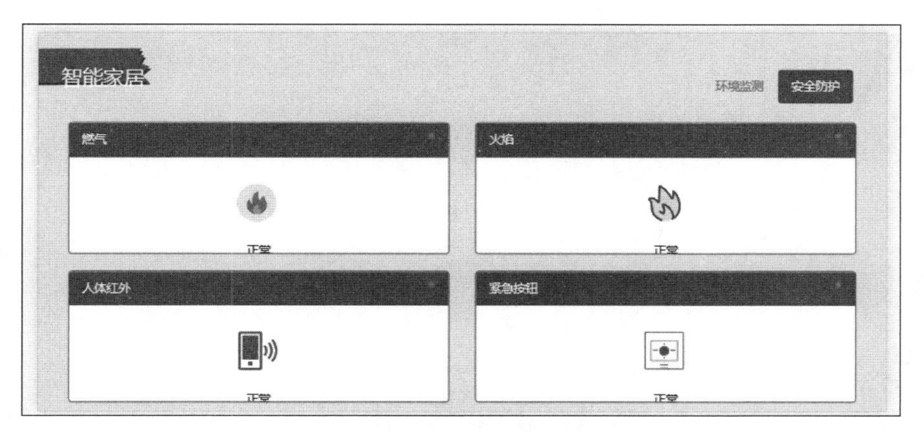

图 4-56　页面响应式设计

习题

1. 简述 CSS 中 position 属性的 4 种不同类型定位的区别。
2. 简述 CSS 框模型各个属性的顺序。
3. 简述 Viewport 的作用。
4. 谈谈你对网格视图的理解。
5. 在实现响应式布局时,为何要使用 box-sizing 属性?

第5章 JavaScript编程

5.1 JavaScript 概述

5.1.1 JavaScript 简介

HTML 定义网页的内容，CSS 定义网页的表现，JavaScript 则定义特殊的行为。JavaScript 是一种脚本语言，脚本语言的特点是简单、易学，即使是程序设计新手也可以非常容易地使用 JavaScript 进行简单的编程。

JavaScript 作为一种直译式脚本语言，是一种动态类型、弱类型、基于原型的语言，内置支持类型。它的解释器称为 JavaScript 引擎，为浏览器的一部分，广泛用作客户端的脚本语言，最早是在 HTML 网页上使用，用来给 HTML 网页增加动态效果。

其前身是 LiveScript，JavaScript 的正式名称是 ECMAScript，由 Netscape 公司的 Brendan Eich 发明。从 1996 年开始，它就出现在所有的 Netscape 和 Microsoft 浏览器中。现在几乎所有浏览器都支持 JavaScript，如 Internet Explorer、Firefox、Netscape、Mozilla、Opera 等。

使用 JavaScript 的目的是，与 HTML 和 Java 小程序一起实现在一个 Web 页面中链接多个对象，与 Web 客户进行交互作用，从而开发出客户端的应用程序。它可以嵌入 HTML 文件中，不需要经过 Web 服务器就可以对用户操作做出响应，使网页更好地与用户交互；在利用客户端个人电脑性能资源的同时可以减小服务器端的压力，并减少用户等待时间。JavaScript 的出现弥补了 HTML 的缺陷。

1. JavaScript 的特点

(1) JavaScript 是一种脚本编程语言。它采用小程序段的方式实现编程。像其他脚本语言一样，JavaScript 同样也是一种解释性语言，它提供了一个非常方便的开发过程。

（2）JavaScript 的语法基本结构形式与 C、C++、Java 的语法结构十分类似。但在使用前，不像这些语言要先编译，而是在程序运行过程中被逐行地解释。JavaScript 与 HTML 结合在一起，方便了用户的使用及操作。

（3）JavaScript 是一种基于对象的语言，也可以看作一种面向对象的语言。这意味着 JavaScript 能运用它已经创建的对象。因此，许多功能可以来自于脚本环境中对象的方法与脚本的相互作用。

（4）JavaScript 简单。首先，JavaScript 是一种基于 Java 基本语句和控制流之上的简单而紧凑的设计，从而对于学习 Java 或 C/C++语言是一种非常好的过渡，而对于具有 C/C++语言编程功底的程序员来说，JavaScript 上手也非常容易。其次，其变量类型是采用弱类型，并未使用严格的数据类型。

（5）JavaScript 具有非常高的安全性。JavaScript 作为一种安全性语言，不允许访问本地的硬盘，且不能将数据存入服务器，不允许对网络文档进行修改和删除，只能通过浏览器实现信息浏览或动态交互。从而有效地防止数据的丢失或对系统的非法访问。

（6）JavaScript 是动态的，可以直接对用户或客户输入做出响应，无须经过 Web 服务程序。JavaScript 对用户的反映响应，是采用事件驱动方式进行的。在网页中执行了某种操作所产生的动作称为“事件”（Event）。例如，按下鼠标、移动窗口、选择菜单等都可以视为事件。当事件发生后，可能会引起相应的事件响应，执行某些对应的脚本，这种机制称为“事件驱动”。

（7）JavaScript 具有跨平台性。JavaScript 是依赖于浏览器本身，与操作环境无关，只要能运行浏览器的计算机并支持 JavaScript 的浏览器就可以正确执行。

① JavaScript 可直接写入 HTML 输出流。例如：

```
document.write("<h1>JavaScript 输出的标题。</h1>");
document.write("<p>JavaScript 输出段落。</p>");
```

注意：只能在 HTML 输出中使用 document.write。如果在文档加载后使用该方法，则会覆盖整个文档。

② JavaScript 可对事件反应。例如：

```
<button type="button" onclick="alert('欢迎来到物联网的世界！')">按钮！</button>
```

说明：alert 函数在 JavaScript 中并不常用，但它对于代码测试非常方便。

onclick 事件只是即将在本书学到的众多事件之一。

③ JavaScript 可改变 HTML 内容。使用 JavaScript 来处理 HTML 内容是非常强大的功能。例如：

```
x=document.getElementById("div")         //查找元素
x.innerHTML="Hello JavaScript";          //改变内容
```

JavaScript 开发中会经常看到 document.getElementById("some id")。这个方法是 HTML DOM 中定义的。DOM（Document Object Model，文档对象模型）是用于访问

HTML 元素的正式 W3C 标准。

2. JavaScript 的作用

(1) 校验用户输出的内容。

(2) 有效地组织网页内容。

(3) 动态地显示网页内容。

(4) 弥补静态网页不能实现的功能。

(5) 动画显示。

3. JavaScript 与 Java 的区别

JavaScript 与 Java 区别如表 5-1 所示。

表 5-1 JavaScript 与 Java 的区别

序号	JavaScript	Java
1	在客户端运行时被解释	由编写者编译后变成机器代码,运行在服务器端或客户端
2	程序源代码嵌入在 HTML 文件中	由 Java 开发的 Applets 与 HTML 无关
3	弱数据类型	严格的数据类型
4	由美国 Netscape 公司的 Brenddan Eich 发明	由美国 Sun microsystems 公司的 James Gosling 发明
5	只能在浏览器中应用	可作为独立的应用程序
6	只作用于 HTML 的对象元素	只作用于 HTML 的对象元素外的元素,如多媒体

5.1.2 引入 JavaScript 文件

1. 添加嵌入脚本

嵌入脚本位于 HTML 文档之内,同嵌入样式表相似。HTML 中的脚本必须位于<script>与</script>标签之间。<script>和</script>会告诉 JavaScript 在何处开始和结束。脚本可被放置在 HTML 页面的<body>或<head>中。

一些老的示例可能会在<script>标签中使用 type="text/javascript"。现在已经不必这样做了。JavaScript 是所有现代浏览器以及 HTML5 中的默认脚本语言。

1) <head>中的 JavaScript 函数

例 5-1 把一个 JavaScript 函数放置到 HTML 页面的<head>部分,该函数会在单击按钮时被调用。

```
<!DOCTYPE html>
<html>
<head>
    <script>
        function myFunction()
```

```
        {
            document.getElementById("example").innerHTML="我是图片 2";
        }
    </script>
</head>
<body>
    <p id="example">我是图片 1</p>
    <button type="button" onclick="myFunction()">修改</button>
</body>
</html>
```

页面显示效果如图 5-1 所示。

图 5-1 按钮调用函数页面显示

2）<body>中的 JavaScript 函数

例 5-2 把一个 JavaScript 函数放置到 HTML 页面的<body>部分，该函数会在单击按钮时被调用。

```
<!DOCTYPE html>
<html>
<body>
    <p id="example">我是图片 1</p>
    <button type="button" onclick="myFunction()">修改</button>
    <script>
        function myFunction()
        {
            document.getElementById("example").innerHTML="我是图片 2";
        }
    </script>
</body>
</html>
```

2. 从外部文件加载脚本

同为页面添加样式表一样，从外部文件加载脚本通常比在 HTML 中嵌入脚本要好一些。这样做的好处是，可以在需要某一脚本的每个页面加载同一个 JavaScript 文件。需要对脚本进行修改时，可以仅编辑一个脚本，而不必在各个单独的 HTML 页面更新相似的脚本。无论是加载外部脚本还是添加嵌入脚本，均使用 script（脚本）元素。

外部 JavaScript 文件的文件扩展名是.js。如需使用外部文件，请在<script>标签的 src 属性中设置该.js 文件。例如：

```
<!DOCTYPE html>
<html>
<body>
<script src="myScript.js"></script>
</body>
</html>
```

可以将脚本放置于<head>或<body>中，放在<script>标签中的脚本与外部引用的脚本运行效果完全一致。

myScript.js 文件代码如下。

```
function myFunction()
{
  document.getElementById("example").innerHTML="我是图片 2";
}
```

注意：外部脚本不能包含<script>标签。

5.1.3 JavaScript 语法基础

1. JavaScript 显示

JavaScript 不提供任何内建的打印或显示函数，但 JavaScript 能够以下面不同方式“显示”数据。

- 使用 innerHTML 写入 HTML 元素。
- 使用 document.write 写到 HTML 输出。
- 使用 window.alert 写入警告框。
- 使用 console.log 写入浏览器控制台。

1）使用 innerHTML 写入 HTML 元素

访问 HTML 元素，JavaScript 可使用 document.getElementById(id)方法。其中，id 属性定义 HTML 元素，innerHTML 属性定义 HTML 内容。

例 5-3 通过指定的 id 来访问 HTML 元素，并改变其内容。

```
<!DOCTYPE html>
<html>
<body>
    <h1>智能家居</h1>
    <p>安全防护功能</p>
    <p id="demo"></p>
<script>
    document.getElementById("demo").innerHTML="安全";
</script>
</body>
</html>
```

程序运行效果如图 5-2 所示。

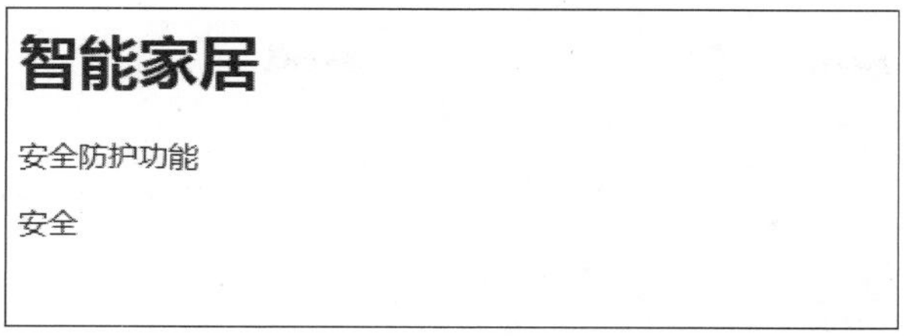

智能家居

安全防护功能

安全

图 5-2 JavaScript 元素输出

JavaScript 由 Web 浏览器执行。在这种情况下，浏览器将访问 id="demo"的 HTML 元素，并把它的内容(innerHTML)替换为“安全”。更改 HTML 元素的 innerHTML 属性是在 HTML 中显示数据的常用方法。

2）使用 document.write 写到 HTML 输出

例 5-4 直接把<p>元素写到 HTML 文档输出。

```
<!DOCTYPE html>
<html>
<body>
    <h1>智能家居</h1>
    <p>安全防护功能</p>
    <script>
        document.write("<p>安全</p>");
    </script>
</body>
</html>
```

页面运行效果如图 5-3 所示。

智能家居

安全防护功能

安全

图 5-3 JavaScript 文档输出

注意：在 HTML 文档完全加载后使用 document.write 将删除所有已有的 HTML，所以请使用 document.write 仅仅向文档输出写内容。

例 5-5 在 HTML 文档完全加载后使用 document.write 将删除所有已有的 HTML。

```
<html>
<body>
    <h1>智能家居</h1>
    <p>安全防护功能</p>
    <button onclick="myFunction()">单击这里</button>
```

```
    <script>
    function myFunction()
    {
    document.write("我的 HTML 内容被覆盖");
    }
    </script>
</body>
</html>
```

页面运行效果如图 5-4 所示。

单击“单击这里”按钮后，出现如图 5-5 所示的效果。

图 5-4　文档输出调用前

我的HTML内容被覆盖

图 5-5　文档输出调用后

3）使用 window.alert 写入警告框

例 5-6　使用警告框来显示数据。

```
<html>
<body>
    <h1>智能家居</h1>
    <p>安全防护功能</p>
<script>
    window.alert("警告框");
</script>
</body>
</html>
```

显示效果如图 5-6 所示。

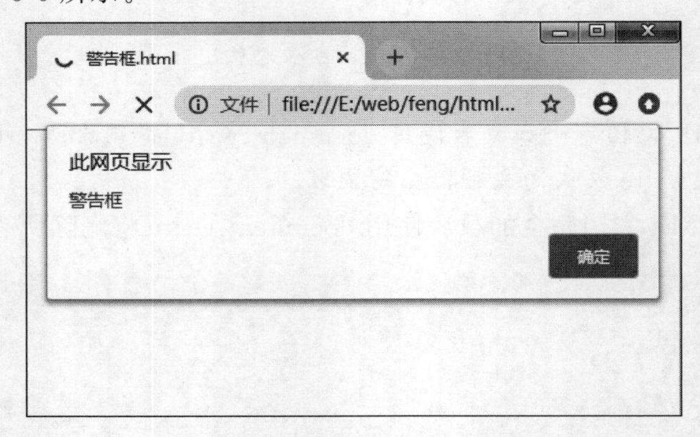

图 5-6　警告框显示数据

4）使用 console.log 写入浏览器控制台

在浏览器中可使用 console.log 方法来显示数据。

例 5-7 在谷歌浏览器(chrome)中,通过 F12 来激活浏览器控制台,并可在菜单中选择“控制台”查看数据。

```
<!DOCTYPE html>
<html>
<body>
    <h1>智能家居</h1>
    <p>安全防护功能</p>
<script>
    console.log("显示信息");
</script>
</body>
</html>
```

页面显示效果如图 5-7 所示。

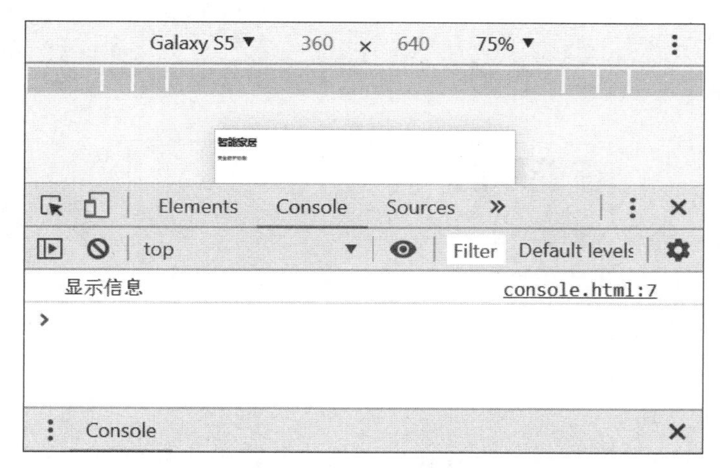

图 5-7 控制台查看数据

2. JavaScript 语句

1）JavaScript 程序

计算机程序是由计算机“执行”的一系列“指令”组成的。在 HTML 中,JavaScript 语句是由 Web 浏览器“执行”的“指令”组成的。在编程语言中,这些编程指令称为语句。JavaScript 程序就是由一系列的编程语句组成的。

说明:在 HTML 中,JavaScript 程序由 Web 浏览器执行。

2）JavaScript 语句

JavaScript 语句由值、运算符、表达式、关键词和注释构成。大多数 JavaScript 程序都包含许多 JavaScript 语句。这些语句会按照它们被编写的顺序逐一执行。例如:

```
document.getElementById("demo").innerHTML="查看火焰传感器状态";
```

说明：JavaScript 程序常被称为 JavaScript 代码。

3）分号

分号用于分隔 JavaScript 语句。通常在每条可执行的语句结尾添加分号。例如：

```
a=5;
b=6;
c=a+b;
```

使用分号的另一用处是在一行中编写多条语句。

说明：在 JavaScript 中，用分号来结束语句是可选的。

4）JavaScript 代码

JavaScript 代码是 JavaScript 语句的序列。浏览器会按照编写顺序来执行每条语句。例如，下面语句将操作两个 HTML 元素，效果如图 5-8 所示。

```
document.getElementById("demo").innerHTML="安防控制界面";
document.getElementById("mydiv").innerHTML="能耗管控界面";
```

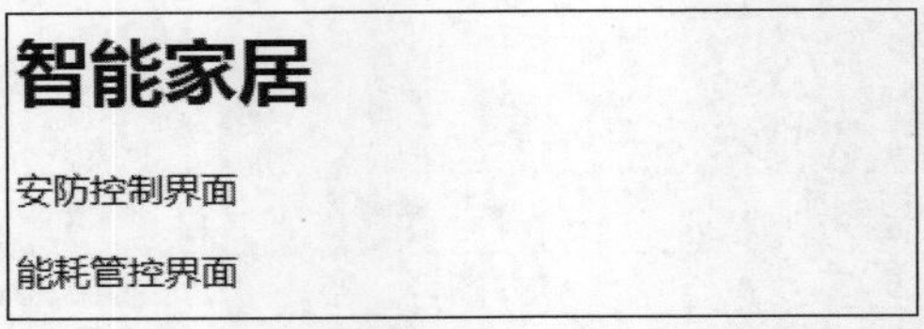

智能家居

安防控制界面

能耗管控界面

图 5-8　JavaScript 语句使用

5）JavaScript 代码块

JavaScript 语句可以用花括号组合在代码块中。代码块的作用是定义一同执行的语句。JavaScript 函数是将语句组合在块中的典型例子。

下面的例子可操作代码块中的两个 HTML 元素的函数。代码块使用后显示如图 5-9 所示，JavaScript 代码改变元素如图 5-10 所示。

```
function myFunction()
{
document.getElementById("demo").innerHTML="语句 1";
document.getElementById("myDIV").innerHTML="语句 2";
}
```

后面章节将详细的讲解更多函数的知识。

6）JavaScript 对英文字母大小写敏感

JavaScript 对英文字母大小写是敏感的。当编写 JavaScript 语句时，请留意是否关闭英文字母大小写切换键。例如，函数 getElementById 与 getElementbyID 是不同的，变量 myDiv 与 MyDiv 也是不同的。

能耗功能

安全防护功能

单击查看

图 5-9　JavaScript 代码块使用

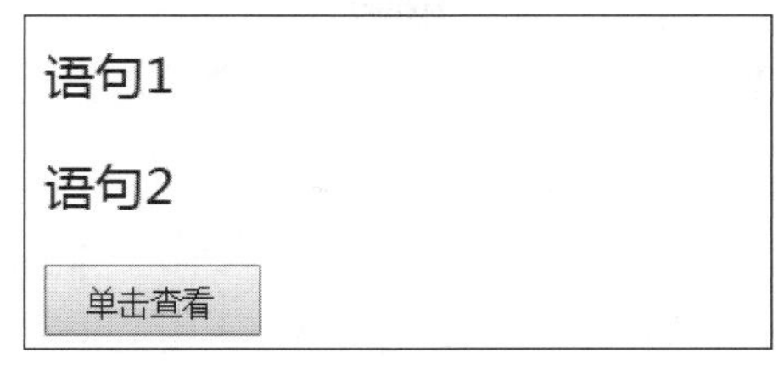

图 5-10　JavaScript 代码改变元素

7）空格

JavaScript 会忽略多余的空格。可以向脚本添加空格提高其可读性。例如，下面的两行语句是等效的。

```
var x="2";
var x="2";
```

8）对代码行进行折行

如果 JavaScript 语句太长，对其进行折行的最佳位置是某个运算符。下面的例子会正确地显示。

```
document.getElementById("demo").innerHTML=
"基于 Web 技术的物联网应用开发";
```

也可以在文本字符串中使用反斜杠(\)对代码进行换行。

例如，以下是正确写法。

```
document.write("基于 Web 技术的 \
物联网应用开发");
```

以下是错误写法。

```
document.write \
("基于 Web 技术的物联网应用开发");
```

3. JavaScript 注释

像其他所有语言一样，JavaScript 的注释在运行时也是被忽略的。注释只给程序员提供消息。JavaScript 注释可用于提高代码的可读性。

JavaScript 注释有两种：单行注释和多行注释。

1）单行注释

单行注释以//开头。下面的例子使用单行注释来解释代码。

```
//输出标题
document.getElementById("myH1").innerHTML="智能家居";
//输出段落
document.getElementById("myP").innerHTML="安全防护功能";
```

2）多行注释

多行注释以/*开始，以*/结尾。同样，多行注释也不会被执行。下面的例子使用多行注释来解释代码，效果如图 5-11 所示。

```
/*
下面的这些代码会输出
一个标题和一个段落
*/
document.getElementById("demo").innerHTML="智能家居";
document.getElementById("mydiv").innerHTML="安全防护功能";
```

智能家居

安全防护功能

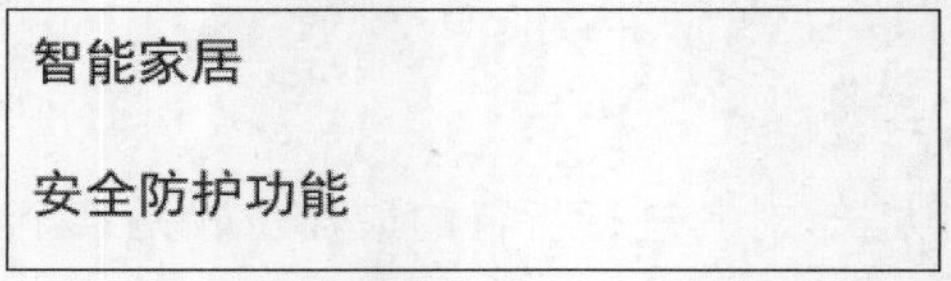

图 5-11 JavaScript 注释

注意：注释部分未被执行。

3）注释作用

(1) 使用注释来阻止执行。

在下面的例子中，注释用于阻止其中一条代码行的执行（可用于调试）。

```
document.getElementById("demo").innerHTML="智能家居";
//document.getElementById("myP").innerHTML="安全防护功能";
```

在下面的例子中，注释用于阻止代码块的执行（可用于调试）。

```
/*
document.getElementById("myH1").innerHTML="智能家居";
document.getElementById("mydiv").innerHTML="安全防护功能";
*/
```

(2) 在行末使用注释。

在下面的例子中，把注释放到代码行的结尾处，对代码进行解释说明。

```
var a=8;                //声明变量 a 并把 8 赋值给它
var b=x+6;              //声明 b 并把 a+6 赋值给它
```

5.2 JavaScript 基础编程

5.2.1 数据类型

JavaScript 是一个弱类型的脚本语言。也就是说，在声明变量的时候不需要指定数据类型，变量的数据类型是按照需要自动转换为适当的类型。

在 JavaScript 中基本的数据类型分为以下 3 种。

- 数值型（整数和浮点数）。
- 字符串型（用双引号或单引号括起来的字符或数值）。
- 布尔型（使 true 或 false 表示）。

在 JavaScript 中复合数据类型分为以下 2 种。

- 对象。
- 数组。

在 JavaScript 中还有以下其他数据类型。

- 函数。
- Null（空值）。
- Undefined。

1）数值型

数值型也是 JavaScript 中的基本数据类型。在 JavaScript 中的数值不区分整型和浮点型，所有数值都是以浮点型来表示的。例如：

```
var x=250.00;            //使用小数点来写
var x1=250;              //不使用小数点来写
```

极大或极小的数字可以通过科学（指数）计数法来书写。例如：

```
var y=123e5;             //12300000
var z=123e-5;            //0.00123
```

2）字符串型

字符串型在 JavaScript 中用来表示文本数据类型，是由 Unicode 字符、数字和标点组成的一个字符串序列。字符串通常都是用单引号或双引号括起来的。如果在字符串中包括特殊字符，可以使用转义字符来代替。例如：

```
var name="xiao ming";
var carname=' xiao ming ';
```

注意：在 JavaScript 中只有字符串数据类型，没有字符数据类型。即使要表示单个字符，使用的也是字符串型，只不过该字符串型的长度是 1。

3）布尔型

布尔型比较简单，只有两个值，即代表“真”的 true 和代表“假”的 false，布尔型通常是通过比较得来的。例如：

```
x==2;
```

如果 x 等于 2，则返回 true；否则，返回 false。

4) JavaScript 数组

数组是一些数据的集合，在数组中为每个数据都编了一个号，这个号称为数组的下标。在 JavaScript 中数组的下标从 0 开始。通过使用数组名加下标的方法，可以获取数组中的某个数据。例如：

```
var names=new Array();
names[0]="环境监测功能模块";
names[1]="电器控制功能模块";
names[2]="能耗功能模块";
```

或者写成：

```
var names=new Array("环境监测功能模块","电器控制功能模块","能耗功能模块");
```

而下面这种写法：

```
var names=["环境监测功能模块","电器控制功能模块","能耗功能模块"];
```

数组下标是基于零的，所以第一个项目是[0]，第二个是[1]，以此类推。

5) JavaScript 对象

对象其实也是一些数据的集合，这些数据可以是字符串型、数字型和布尔型，也可以是复合型。对象中的数据是已命名的数据，通常作为对象的属性来引用。对象由花括号分隔。在括号内部，对象的属性以名称和值对的形式 (name : value)来定义。属性由逗号分隔。例如：

```
var student={name:"xiao ming", sex:"girl", number:1234};
```

上面例子中的对象(person)有三个属性：name、sex 及 number。

空格和折行无关紧要，声明可横跨多行。例如：

```
var student={
  name:"xiao ming",
   sex:"girl",
number:1234
};
```

对象属性有两种寻址方式：

```
x=student. name;
y=student ["name "];
```

JavaScript 中的对象除了拥有属性之外,还可以拥有方法。例如,一个窗口(Window)对象有一个名为 alert 的方法,可以通过以下方法来引用。

```
Window.alert(message)
```

6) undefined 和 null

undefined 这个值表示变量不含有值。可以通过将变量的值设置为 null 来清空变量。例如:

```
name=null;
student=null;
```

5.2.2 变量

1) JavaScript 变量

JavaScript 根据使用范围的不同分为全局变量和局部变量,全局变量可以在任何地方使用,而局部变量只能在当前函数中使用。与代数一样,JavaScript 变量可用于存放值(如 x=2)和表达式(如 z=x+y)。变量可以使用短名称(如 x 和 y),也可以使用描述性更好的名称(如 age、sum、totalvolume)。变量必须以字母开头,变量名称对英文字母大小写敏感(如 y 和 Y 是不同的变量)。

说明:JavaScript 语句和 JavaScript 变量都对英文字母大小写敏感。

2) 声明(创建)变量

在 JavaScript 中,创建变量通常称为"声明"变量。使用 var 关键词来声明变量。例如:

```
var x;
```

变量声明之后,该变量是空的(即它没有值)。如果需要向变量赋值,请使用等号"="赋值。例如:

```
x="智能家居 ";
```

或者在声明变量时同时对其赋值。

```
var x="智能家居";
```

在下面的例子中,创建了名为 x 的变量,并向其赋值"智能家居",然后把它放入 id="demo"的 HTML 段落中。

```
<p id="demo"></p>
var x="智能家居";
document.getElementById("demo").innerHTML=x;
```

说明：一个好的编程习惯是在代码开始处，统一对需要的变量进行声明。

3）变量的命名

JavaScript 中的变量命名要遵循标识符的定义规则，但不能是 JavaScript 中已定义的关键字，这些关键字是 JavaScript 内部使用的，不能作为变量的名称。例如，var、int、double、true 不能作为变量的名称。

可以在一条语句中声明很多变量。该语句以 var 开头，并使用逗号分隔变量即可。例如：

```
var width=0, target=20, height="20";
```

未使用值来声明的变量，其值实际上是 undefined。例如，在执行过以下语句后，变量 x 的值将是 undefined。

```
var x;
```

4）变量的作用域

JavaScript 变量可以在使用前先进行声明，并可赋值。通过使用 var 关键字对变量进行声明。对变量进行声明的最大好处是能及时发现代码中的错误，因为 JavaScript 是采用动态编译的，而动态编译是不易发现代码中的错误，特别是在变量命名方面。

变量还有一个重要性即变量的作用域。在 JavaScript 中同样有全局变量和局部变量。全局变量是定义在所有函数体之外，其作用范围是整个函数；而局部变量是定义在函数体之内，只对其该函数是可见的，而对其他函数则是不可见的。

5.2.3 运算符

1. 算数运算

运算符是完成操作的一系列符号，在 JavaScript 中有算术运算符、关系运算符、逻辑运算符、赋值运算符等，这些运算符根据参与运算的操作数的个数可分为双目运算符和单目运算符，双目运算符由两个操作数和一个运算符组成，单目运算符由一个操作数和一个运算符组成。算数运算例子如表 5-2 所示。

表 5-2 算数运算符

序号	运算符	描述	示例	y 值	x 运算结果
1	+	加法	x=y+2	5	7
2	-	减法	x=y-2	5	3
3	*	乘法	x=y*2	5	10
4	/	除法	x=y/2	5	2.5
5	%	取模(余数)	x=y%2	5	1
6	++	自增	x=++y	6	6
			x=y++	5	6

续表

序　号	运　算　符	描　　述	示　　例	y 值	x 运算结果
7	－－	自减	x＝－－y	4	4
			x＝y－－	5	4

2. 赋值运算

赋值运算用于给 JavaScript 变量赋值。赋值运算符如表 5-3 所示，其中 y＝5。

表 5-3　赋值运算符

序　号	运　算　符	例　　子	等　同　于
1	＝	x＝y	x＝y
2	＋＝	x＋＝y	x＝x＋y
3	－＝	x－＝y	x＝x－y
4	*＝	x*＝y	x＝x*y
5	/＝	x/＝y	x＝x/y
6	%＝	x%＝y	x＝x%y

1）用于字符串的“＋”运算符

“＋”运算符用于把文本值或字符串变量加起来（连接起来）。如需把两个或多个字符串变量连接起来，则使用“＋”运算符。例如：

```
x="hello";
y="world";
z=x+y;
```

z 运算结果为：helloworld。

2）在两个字符之间增加空格

如果需要把空格插入字符串中，则可以在第一个字符串后加入空格。例如：

```
x="hello ";
y="world";
z=x+y;
```

z 运算结果为：hello world。

也可以把空格插入表达式中。

```
x="hello ";
y="world";
z=x+" "+y;
```

z 运算结果为：hello world。

5.2.4 基本语句

1. 选择语句

条件语句用于基于不同的条件来执行不同的动作。通常在写代码时,总是需要为不同的决定来执行不同的动作,可以在代码中使用条件语句来完成该任务。

在 JavaScript 中,可使用以下条件语句。

- if 语句:只有当指定条件为 true 时,使用该语句来执行代码。
- if…else 语句:当条件为 true 时执行代码,当条件为 false 时执行其他代码。
- if…else if…else 语句:使用该语句来选择多个代码块之一来执行。
- switch 语句:使用该语句来选择多个代码块之一来执行。

1) if 语句

只有当指定条件(condition)为 true 时,该语句才会执行代码。

if 语句语法格式为:

```
if(condition)
{
    当条件为 true 时执行的代码
}
```

注意:请使用小写的 if。使用大写字母(IF)会生成 JavaScript 错误。

例如,当用电量大于 100 时,则会关闭总电源即输出“off”。

```
if(electric>100)
{
    x="off";
}
```

x 的结果是:off。

2) if…else 语句

if…else 语句在条件为 true 时执行代码,在条件为 false 时执行其他代码。

if…else 语句语法格式为:

```
if(condition)
{
    当条件为 true 时执行的代码
}
else
{
    当条件不为 true 时执行的代码
}
```

例如,当用电量大于 100 时,则会报关闭总电源即输出“off”,否则输出"normal"。

```
if(electric >100)
{
    x=" off ";
}
else
{
    x=" normal ";
}
```

x 的结果是：normal。

3）if…else if…else 语句

使用 if…else if…else 语句来选择多个代码块之一来执行。

if…else if…else 语句语法结构为：

```
if(condition1)
{
    当条件 1 为 true 时执行的代码
}
else if(condition2)
{
    当条件 2 为 true 时执行的代码
}
else
{
    当条件 1 和条件 2 都不为 true 时执行的代码
}
```

例如，能耗控制，如果用电量小于 64，则输出"normal"，如果用电量大于或等于 564 并且小于或等于 100，则输出"alarm"，否则输出"off"。

```
if(electric <64)
{
    document.write("<b>normal </b>");
}
else if(electric >=64&& electric <100)
{
    document.write("<b>alarm</b>");
}
else
{
    document.write("<b>off</b>");
}
```

x 的结果是：alarm。

4）switch 语句

switch 语句用于基于不同的条件来执行不同的动作。使用 switch 语句来选择要执行的多个代码块之一。

switch 语句语法格式为：

```
switch(n)
{
    case 1:
        执行代码块 1
        break;
    case 2:
        执行代码块 2
        break;
    default:
        与 case 1 和 case 2 不同时执行的代码
}
```

说明：首先设置表达式 n(通常是一个变量)。随后表达式的值会与结构中的每个 case 的值进行比较。如果存在匹配(相等)，则与该 case 关联的代码块会被执行。使用 break 来阻止代码自动地向下一个 case 运行。

例如，显示今天的星期名称。设 Sunday＝0，Monday＝1，Tuesday＝2，等等。

```
var d=new Date().getDay();
switch (d)
{
  case 0:x="周日";
  break;
  case 1:x="周一";
  break;
  case 2:x="周二";
  break;
  case 3:x="周三";
  break;
  case 4:x="周四";
  break;
  case 5:x="周五";
  break;
  case 6:x="周六";
  break;
}
```

x 的运行结果为：周一。

5）default 关键词

请使用 default 关键词来规定匹配不存在时要做的事情。

例如，如果今天不是星期六或星期日，则会输出默认的消息。

```
var d=new Date().getDay();
switch (d)
{
    case 6:x="今天是星期六";
    break;
    case 0:x="今天是星期日";
    break;
    default:
    x=" It's time to work. ";
}
document.getElementById("demo").innerHTML=x;
```

x 的运行结果为：It's time to work。

2. 循环语句

循环可以对指定代码块执行指定的次数。如果希望一遍又一遍地运行相同的代码，并且每次的值都不同，那么使用循环是很方便的。

可以如下输出数组的值，一般写法如下。

```
document.write(sensor[0]+"<br>");
document.write(sensor [1]+"<br>");
document.write(sensor [2]+"<br>");
document.write(sensor [3]+"<br>");
document.write(sensor [4]+"<br>");
document.write(sensor [5]+"<br>");
```

如果使用 for 循环，则更加简洁方便。

```
for(var i=0;i<cars.length;i++)
{
    document.write(sensor[i]+"<br>");
}
```

JavaScript 支持以下不同类型的循环。

- for：循环代码块一定的次数。
- for/in：循环遍历对象的属性。
- while：当指定的条件为 true 时循环指定的代码块。
- do/while：当指定的条件为 true 时循环 do 指定的代码块。

1）for 循环

for 循环是在希望创建循环时常会用到的工具。

for 循环的语法格式：

```
for(语句 1; 语句 2; 语句 3)
{
    代码块
}
```

说明：语句 1(代码块)开始前执行；语句 2 定义运行循环(代码块)的条件；语句 3 在(代码块)已被执行之后执行。

例如：

```
for(var i=0; i<5; i++)
{
    x=x+"该传感器名称为 "+i+"<br>";
}
```

从上面的例子中，可以看到：语句 1 在循环开始之前设置变量(var i＝0)；语句 2 定义循环运行的条件(i 必须小于 5)；语句 3 在每次代码块已被执行后增加一个值(i＋＋)。

通常会使用语句 1 初始化循环中所用的变量(var i＝0)。语句 1 是可选的，也就是说不使用语句 1 也可以。可以在语句 1 中初始化任意(或者多个)值。例如：

```
for(var i=0,len=sensor.length; i<len; i++)
{
    document.write(sensor[i]+"<br>");
}
```

同时还可以省略语句 1(如在循环开始前已经设置了值时)。例如：

```
var i=0,len=sensor.length;
for(; i<len; i++)
{
    document.write(sensor[i]+"<br>");
}
```

通常语句 2 用于评估初始变量的条件。语句 2 同样是可选的。如果语句 2 返回 true，则循环再次开始；如果返回 false，则循环将结束。

如果省略了语句 2，那么必须在循环内提供 break；否则，循环就无法停下来，这样有可能令浏览器崩溃。

通常语句 3 会增加初始变量的值。语句 3 也是可选的。语句 3 有多种用法，增量可以是负数(i－－)。语句 3 可以省略(如当循环内部有相应的代码时)。例如：

```
var i=0,len=sensor.length;
for(; i<len;)
{
    document.write(nums[i]+"<br>");
    i++;
}
```

2）for/in 循环

JavaScript 的 for/in 语句循环遍历对象的属性。例如：

```
var person={fname:"John",lname:"Doe",age:25};
for(x in person)        //x 为属性名
{
    txt=txt+person[x];
}
```

3）while 循环

while 循环会在指定条件为真时循环执行代码块。

while 循环语法格式为：

```
while(条件)
{
    需要执行的代码
}
```

例如，下面的循环将继续运行，只要变量 i<5。

```
while(i<5)
{
    x=x+"传感器名称"+i+"<br>";
    i++;
}
```

注意：如果忘记增加条件中所用变量的值，该循环永远不会结束，这可能导致浏览器崩溃。

4）do/while 循环

do/while 循环是 while 循环的变体。该循环会在检查条件是否为真之前执行一次代码块，然后如果条件为真的话，就会重复这个循环。

do/while 循环语法格式为：

```
do
{
    代码块
}
while(条件);
```

下面的例子使用 do/while 循环。该循环至少会执行一次，即使条件为 false 时它也会执行一次，因为代码块会在条件被测试前执行。

```
do
{
```

```
    x=x+"传感器名称 "+i+"<br>";
    i++;
}
while(i<5);
```

别忘记增加条件中所用变量的值,否则循环永远不会结束!

5) for 和 while 循环的比较

下面例子中的循环使用 for 循环来显示 sensor 数组中的所有值。

```
sensor=["采集类传感器","控制类传感器","安防类传感器"];
var i=0;
for(;sensor[i];)
{
    document.write(sensor[i]+"<br>");
    i++;
}
```

下面例子中的循环使用 while 循环来显示 sensor 数组中的所有值。

```
sensor=["采集类传感器","控制类传感器","安防类传感器"];
var i=0;
while(sensor[i])
{
    document.write(sensor[i]+"<br>");
    i++;
}
```

6) break 语句

break 语句可用于跳出循环。例如:

```
for(i=0;i<10;i++)
{
    if(i==3)
    {
        break;
    }
    x=x+"传感器名称"+i+"<br>";
}
```

由于这个 if 语句只有一行代码,所以可以省略花括号。

```
for(i=0;i<10;i++)
{
    if(i==3) break;
    x=x+"传感器名称"+i+"<br>";
}
```

7）continue 语句

continue 语句用于跳过循环中的一个迭代，如果出现了指定的条件则继续循环中的下一个迭代。下面的例子跳过了值 3

```
for(i=0;i<=10;i++)
{
    if(i==3) continue;
    x=x+"传感器名称"+i+"<br>";
}
```

说明：break 语句用于跳出循环。continue 用于跳过循环中的一个迭代。

8）JavaScript 标签

可以对 JavaScript 语句进行标记。如需标记 JavaScript 语句，可以在语句之前加上冒号“:”。例如：

```
label:
语句
```

下面的 break 和 continue 语句仅仅是能够跳出代码块的语句。

```
break 标记语句名字;
continue 标记语句名字;
```

continue 语句(带有或不带标签引用)只能用在循环中。break 语句在不带标签引用时只能用在循环或 switch 中；而通过标签引用时，break 语句可用于跳出任何 JavaScript 代码块。

例 5-8 break 语句通过标签引用。

```
sensor=["采集类传感器","控制类传感器","安防类传感器"];
list:
{
    document.write(sensor[0]+"<br>");
    document.write(sensor [1]+"<br>");
    document.write(sensor [2]+"<br>");
    break list;
    document.write(sensor [3]+"<br>");
    document.write(sensor [4]+"<br>");
    document.write(sensor [5]+"<br>");
}
```

显示效果如图 5-12 所示。

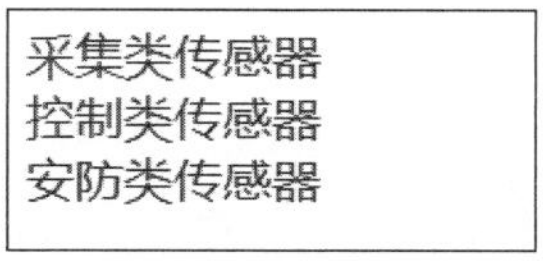

采集类传感器
控制类传感器
安防类传感器

图 5-12 break 语句通过标签引用

5.2.5 函数

1. 函数定义

JavaScript 使用关键字 function 定义函数。函数可以通过声明定义,也可以是一个表达式。

1) 函数声明

前面已经了解了函数声明的语法格式:

```
function functionName(参数 1,参数 2,…) {
  执行的代码
}
```

函数声明后不会立即执行,会在需要的时候调用。

```
function myFunction(a, b) {
    return a * b;
}
```

分号是用来分隔可执行 JavaScript 语句。由于函数声明不是一个可执行语句,所以不以分号结束。

2) 函数表达式

JavaScript 函数可以通过一个表达式定义。函数表达式可以存储在变量中。例如:

```
var x=function (a, b) {return a * b};
```

在函数表达式存储在变量后,变量也可作为一个函数使用。

```
var x=function (a, b) {return a * b};
var z=x(4, 3);
```

以上函数实际上是一个匿名函数(函数没有名称)。函数存储在变量中不需要函数名称,通常通过变量名来调用。上述函数以分号结尾,因为它是一个执行语句。

3) 函数可通过 Function 构造函数定义

在以上例子中函数通过关键字 function 定义。函数也可以通过内置的 JavaScript 函数构造器 Function 来定义。例如:

```
var myFunction=new Function("a", "b", "return a * b");
var x=myFunction(4, 3);
```

实际上,不必使用构造函数,上面例子也可以写成:

```
var myFunction=function (a, b) {return a * b}
var x=myFunction(4, 3);
```

在 JavaScript 中，很多时候需避免使用 new 关键字。

4）函数提升

提升(Hoisting)是 JavaScript 默认将当前作用域提升到前面去的的行为。提升应用在变量的声明与函数的声明。

因此，函数可以在声明之前调用。例如：

```
myFunction(5);
function myFunction(y) {
    return y * y;
}
```

使用表达式定义函数时无法提升。

5）自调用函数

函数表达式可以“自调用”。自调用表达式会自动调用。如果表达式后面紧跟圆括号“()”，则会自动调用，但不能自调用声明的函数。通过添加圆括号，来说明它是一个函数表达式。例如：

```
(function() {
    var x="hello!";        //我将调用自己
})();
```

以上函数实际上是一个匿名自我调用的函数(没有函数名)。

6）函数可作为一个值使用

JavaScript 函数可以作为一个值使用。例如：

```
function myFunction(a, b) {
    return a * b;
}
var x=myFunction(4, 3);
```

JavaScript 函数也可以作为表达式使用。例如：

```
function myFunction(a, b) {
    return a * b;
}
var x=myFunction(4, 3) * 2;
```

7）函数是对象

在 JavaScript 中使用 typeof 操作符判断函数类型将返回"function"。但是将 JavaScript 函数描述为一个对象更加准确。JavaScript 函数有属性和方法。

(1) arguments.length 属性返回函数调用过程接收到的参数个数。例如：

```
function myFunction(a, b) {
    return arguments.length;
}
```

（2）toString 方法将函数作为一个字符串返回。例如：

```
function myFunction(a, b) {
    return a * b;
}
var txt=myFunction.toString();
```

2. 函数参数

JavaScript 函数对参数的值没有进行任何的检查。

1）函数显式参数(Parameters)与隐式参数(Arguments)

在前面已经学习了函数的显式参数，例如：

```
functionName(参数 1, 参数 2, 参数 3,…) {
    //要执行的代码…
}
```

函数显式参数在函数定义时列出。

函数隐式参数在函数调用时传递给函数真正的值。

2）参数规则

（1）JavaScript 函数定义时显式参数没有指定数据类型。

（2）JavaScript 函数对隐式参数没有进行类型检测。

（3）JavaScript 函数对隐式参数的个数没有进行检测。

3）默认参数

如果函数在调用时未提供隐式参数，参数会默认设置为 undefined。有时这是可以接受的，但是建议最好为参数设置一个默认值。例如：

```
function myFunction(x, y) {
    if(y===undefined) {
          y=0;
    }
}
```

或者用更简单的方式设置：

```
function myFunction(x, y) {
    y=y || 0;
}
```

如果 y 已经定义，y||0 返回 y，因为 y 已经被定义，则为 true；否则返回 0，因为 undefined 为 false。

如果函数调用时设置了过多的参数，那么参数将无法被引用，因为无法找到对应的参数名，只能使用 arguments 对象来调用。

4）Arguments 对象

JavaScript 函数有一个内置的对象 arguments 对象。argument 对象包含了函数调用的参数数组。通过这种方式可以很方便地找到最大的一个参数的值。

例 5-9 函数调用参数数组。

```
x=findMax(1, 12, 350, 115, 60, 70);
function findMax() {
    var i, max=arguments[0];

    if(arguments.length<2) return max;

    for(i=0; i<arguments.length; i++) {
        if(arguments[i]>max) {
            max=arguments[i];
        }
    }
    return max;
}
document.getElementById("demo").innerHTML=x;
```

页面显示如图 5-13 所示。

查找最大的数。

350

图 5-13 函数调用的参数数组

例 5-10 创建一个函数,用来统计所有数值的和。

```
function sumAll() {
    var i, sum=0;
    for(i=0; i<arguments.length; i++) {
        sum+=arguments[i];
    }
    return sum;
}
document.getElementById("demo").innerHTML=
sumAll(1, 12, 350, 115, 60, 70);
```

5）通过值传递参数

在函数中调用的参数是函数的隐式参数。JavaScript 隐式参数通过值来传递,函数仅仅只是获取值。如果函数修改参数的值,则不会修改显式参数的初始值(在函数外定义)。隐式参数的改变在函数外是不可见的。

6）通过对象传递参数

在 JavaScript 中可以引用对象的值,因此,在函数内部修改对象的属性就会修改其初始的值。修改对象属性可作用于函数外部(全局变量),修改对象属性在函数外是可见的。

3. 函数调用

JavaScript 函数有多种调用方式,每种方式的不同在于关键字 this 的初始化。

1) this 关键字

一般而言,在 JavaScript 中,关键字 this 指向函数执行时的当前对象。注意,this 是保留关键字,用户不能修改 this 的值。

函数中的代码在函数被调用后执行。可以作为一个函数调用,例如:

```
function myFunction(a, b) {
    return a * b;
}
myFunction(10, 2);            //myFunction(10, 2) 返回 20
```

以上函数不属于任何对象,但是在 JavaScript 中它始终是默认的全局对象。在 HTML 中默认的全局对象是 HTML 页面本身,所以函数是属于 HTML 页面。在浏览器中的页面对象是浏览器窗口(window 对象)。以上函数会自动变为 window 对象的函数。

myFunction 函数和 window.myFunction 函数是一样的。例如:

```
function myFunction(a, b) {
    return a * b;
}
window.myFunction(10, 2);         //window.myFunction(10, 2) 返回 20
```

这是调用 JavaScript 函数常用的方法,但不是良好的编程习惯。全局变量、方法或函数容易造成命名冲突。

2) 全局对象

当函数没有被自身的对象调用时,this 的值就会变成全局对象。在 Web 浏览器中全局对象是浏览器窗口(window 对象)。

下面的例子返回 this 的值为 window 对象。

```
function myFunction() {
    return this;
}
myFunction();                     //返回 window 对象
```

函数作为全局对象调用,会使 this 的值成为全局对象。使用 window 对象作为一个变量容易造成程序崩溃。

3) 函数作为方法调用

在 JavaScript 中可以将函数定义为对象的方法。

以下例子创建了一个对象(myObject),对象有两个属性(firstName 和 lastName)和一个方法(fullName)。

```
var myObject={
    firstName:"John",
    lastName: "Doe",
    fullName: function() {
        return this.firstName+" "+this.lastName;
    }
}
myObject.fullName();            //返回 "John Doe"
```

fullName 方法是一个函数,函数属于对象。myObject 是函数的所有者。this 对象拥有 JavaScript 代码,上面例子中 this 的值为 myObject 对象。

下面的例子修改 fullName 方法,并且返回 this 值。

```
var myObject={
    firstName:"John",
    lastName: "Doe",
    fullName: function() {
        return this;
    }
}
myObject.fullName();            //返回 [object Object](所有者对象)
```

函数作为对象方法调用,会使得 this 的值成为对象本身。

4)使用构造函数调用函数

如果函数调用前使用了关键字 new,则是调用了构造函数。这看起来就像创建了新的函数,但实际上 JavaScript 函数是重新创建的对象。例如:

```
//构造函数:
function myFunction(arg1, arg2) {
    this.firstName=arg1;
    this.lastName =arg2;
}
//创建一个新对象
var x=new myFunction("John","Doe");
x.firstName;                    //返回 firstName "John"
```

构造函数的调用会创建一个新的对象。新对象会继承构造函数的属性和方法。构造函数中关键字 this 没有任何的值。关键字 this 的值在函数调用实例化对象(new object)时创建。

5)作为函数方法调用函数

在 JavaScript 中函数是对象,JavaScript 函数有它的属性和方法。

call 和 apply 是预定义的函数方法。两个方法可用于调用函数,两个方法的第一个参数必须是对象本身。例如:

```
function myFunction(a, b) {
    return a * b;
}
myObject=myFunction.call(myObject, 10, 2);        //返回 20
function myFunction(a, b) {
    return a * b;
}
myArray=[10, 2];
myObject=myFunction.apply(myObject, myArray);  //返回 20
```

以上两个方法都使用了对象本身作为第一个参数。两者的区别在于第二个参数：apply 传入的是一个参数数组，也就是将多个参数组合成为一个数组传入；而 call 则作为 call 的参数传入(从第二个参数开始)。

在 JavaScript 严格模式下，在调用函数时第一个参数会成为 this 的值，即使该参数不是一个对象。

在 JavaScript 非严格模式下，如果第一个参数的值是 null 或 undefined，则它将使用全局对象替代。

通过 call 或 apply 方法可以设置 this 的值，并且作为已存在对象的新方法调用。

5.3 JavaScript 对象

5.3.1 JavaScript 对象简介

对象是可以从 JavaScript“势力范围”中划分出来的一小块，可以是一段文字、一幅图片、一张表单等。每个对象有它自己的属性、方法和事件。对象的属性是反映该对象某些特定的性质的。例如，字符串的长度、图像的长宽、文字框里的文字等。对象的方法能对该对象做一些事情，例如，表单的“提交”，窗口的“滚动”等。而对象的事件就能响应发生在对象上的事情，例如，提交表单产生表单的“提交事件”，单击连接会产生“单击事件”。不是所有的对象都有以上三个性质，有些没有事件，有些只有属性。引用对象的任意“性质”用“＜对象名＞.＜性质名＞”这种方法。

1）属性

对象具有属性(property)。例如，猫有毛皮，计算机有键盘，自行车有轮子。在 JavaScript 环境中，文档有标题，表单可以有复选框。改变对象的属性就修改了这个对象。相同的属性名可以用于完全不同的对象。假设有一个名为 empty 的属性。在任何合适的地方都可以使用 empty，所以可以说猫的肚子空了，也可以说猫的食盆空了。

(1) 使用点运算符“.”。

把点放在对象实例名和它对应的属性之间，以此指向一个唯一的属性。

语法格式：

```
对象名.属性名=属性值;
```

例如：

```
university.province="湖北省";
university.city="武汉市 ";
```

说明：university 是一个已经存在的对象，province、city 是它的两个属性，并通过操作对其赋值。

（2）通过对象的下标实现引用。例如：

```
university[0]="湖北省";
university[1]="武汉市 ";
```

（3）通过字符串的形式实现。例如：

```
university["province"]="湖北省";
university["city "]="武汉市 ";
```

2）方法

一般来说，方法就是要执行的动作。JavaScript 的方法是函数。例如，window 对象的关闭（Close）方法、打开（Open）方法等。方法只能在代码中使用，其用法依赖于方法所需的参数个数以及它是否具有返回值。

在 JavaScript 中对象方法的引用非常简单，只需在对象名和方法之间用点分隔就可指明该对象的某一种方法，并加以引用。

对象方法的引用语法格式为：

```
对象名.方法()
```

例如，若要引用 person 对象中已存在的一个方法 howold，则可使用以下语句。

```
document.write(person.howold());
```

5.3.2 内置对象

1. 数组对象

1）数组

一个数组可以包含多个数组元素。数组中数组元素的个数称为数组长度。

2）创建和访问数组

一个数组元素由数组名、一对方括号（[]）和这对括号中的下标值组合起来表示。例如：

```
arrayname[0];
arrayname[1];
```

3）数组对象的定义方法

数组对象的定义有以下三种方法。

（1）var 数组对象名＝new Array（）。

（2）var 数组对象名＝new Array(数组元素个数）。

（3）var 数组对象名＝new Array(第 1 个数组元素的值;第 2 个数组元素的值;…）。

除使用以上方法定义数组对象外，还可以直接用[]定义数组并赋值。例如：

```
var order=[1,2, 3, 4, 5, 6];
```

2. 字符串对象

1）字符串对象的定义方法

字符串对象是动态对象，需要创建对象实例后才能引用它的属性或方法。有两种方法可以创建一个字符串对象。其语法格式为：

```
字符串变量名="字符串"
字符串变量名=new String ("字符串");
```

2）字符串对象的属性

字符串对象的最常用属性是 length，其功能是得到字符串的字符个数。例如：

```
var x= "hello world";
var y=x.length;
```

3）字符串对象的方法

字符串对象的方法主要用于设置字符串在 Web 页面中的显示、字体大小、字体颜色、字符的搜索方法以及字符的大小写转换方法。

（1）在字符串中查找字符串。字符串使用 indexOf 方法来定位字符串中某一个指定的字符首次出现的位置。例如：

```
var str= "Hello world, welcome to the universe.";
var n=str.indexOf("welcome");
```

如果没找到对应的字符函数，则返回－1。

lastIndexOf 方法在字符串末尾开始查找字符串出现的位置。

（2）内容匹配。match 方法用来查找字符串中特定的字符，并且如果找到则返回这个字符。例如：

```
var str="Hello world!";
document.write(str.match("world")+"<br>");
document.write(str.match("World")+"<br>");
document.write(str.match("world!"));
```

(3) 替换内容。replace 方法在字符串中用某些字符替换另一些字符。例如:

```
str="welcome to my world!"
var n=str.replace("world","home");
```

(4) 字符串大小写转换。使用函数 toUpperCase 或 toLowerCase 可实现字符串的大小写转换。例如:

```
var txt="Hello World!";          //String
var txt1=txt.toUpperCase();      //txt1 文本会转换为大写
var txt2=txt.toLowerCase();      //txt2 文本会转换为小写
```

(5) 字符串转为数组。字符串使用 split 函数转为数组。例如:

```
txt="a,b,c,d,e"                 //String
txt.split(",");                 //使用逗号分隔
txt.split(" ");                 //使用空格分隔
txt.split("|");                 //使用竖线分隔
```

5.3.3 JavaScript 处理事件

事件(event)是用户在访问页面时执行的操作。例如,提交表单和在图像上移动鼠标就是两种事件。

HTML 事件可以是浏览器行为,也可以是用户行为。例如,HTML 页面完成加载、HTML input 字段改变时、HTML 按钮被单击时都是发生了 HTML 事件。

通常,当事件发生时,用户可以做些事情。在事件触发时 JavaScript 可以执行一些代码。

以下示例是在按钮元素中添加了 onclick 属性。

```
<button onclick="getElementById('demo').innerHTML=Date()">现在的时间是?
</button>
```

JavaScript 使用称为事件处理程序(event handler)的命令来处理事件。用户在页面上的操作会触发脚本中的事件处理程序。表 5-4 给出了常用的 12 种 JavaScript 事件处理程序。

表 5-4　常用的 12 种 JavaScript 事件处理程序

序号	事　件	功　能	序号	事　件	功　能
1	onabort	用户终止了页面的加载	7	onload	对象完成了加载
2	onblur	用户离开了对象	8	onmouseover	鼠标指针移动到对象
3	onchange	用户修改了对象	9	onmouseout	鼠标指针离开了对象
4	onclick	用户单击了对象	10	onselect	用户选择了对象的内容
5	onerror	脚本遇到了一个错误	11	onsubmit	用户提交了表单
6	onfocus	用户激活了对象	12	onunload	用户离开了页面

5.3.4　存储机制

HTML5 中的 Web Storage 包括两种存储方式：sessionStorage 和 localStorage。sessionStorage 用于本地存储一个会话(session)中的数据，这些数据只有在同一个会话中的页面才能被访问，并且当会话结束后数据也随之销毁。因此，sessionStorage 不是一种持久化的本地存储，仅仅是会话级别的存储。而 localStorage 用于持久化的本地存储，除非主动删除数据，否则数据是永远不会过期的。

1. Web Storage 和 Cookie 的区别

Web Storage 的概念和 Cookie 相似，区别是 Web Storage 是为了更大容量存储设计的。Cookie 的大小是受限的，并且每次请求一个新的页面时 Cookie 都会被发送过去，这样无形中浪费了带宽。另外，Cookie 还需要指定作用域，不可以跨域调用。

除此之外，Web Storage 拥有 setItem、getItem、removeItem、clear 等方法，不像 Cookie 需要前端开发者自己封装 setCookie、getCookie。

Cookie 的作用是与服务器进行交互，作为 HTTP 规范的一部分而存在，而 Web Storage 仅仅是为了在本地“存储”数据而生。

2. HTML5 Web Storage 的浏览器支持情况

除了 IE7 及以下浏览器不支持 Web Storage 外，其他标准浏览器都完全支持 Web Storage，值得一提的是 IE 总是办好事，例如 IE7、IE6 中的 UserData 其实就是 JavaScript 本地存储的解决方案。通过简单的代码封装可以统一到所有的浏览器都支持 Web Storage。

要判断浏览器是否支持 localStorage，可以使用下面的代码。

例 5-11　判断浏览器是否支持 localStorage。

```
if(window.localStorage){
alert("浏览支持 localStorage")
}
else
{
```

```
alert("浏览暂不支持 localStorage")
}
//或者 if(typeof window.localStorage=='undefined'){ alert("浏览暂不支持
localStorage") }
```

3. localStorage 和 sessionStorage 操作

localStorage 和 sessionStorage 都具有相同的操作方法，例如 setItem、getItem 和 removeItem 等。

1）setItem 存储 value

用途：将 value 存储到 key 字段。

用法：.setItem(key,value)。例如：

```
sessionStorage.setItem("key", "value");
localStorage.setItem("site", "js8.in");
```

2）getItem 获取 value

用途：获取指定 key 本地存储的值。

用法：.getItem(key)。例如：

```
var value=sessionStorage.getItem("key");
var site=localStorage.getItem("site");
```

3）removeItem 删除 key

用途：删除指定 key 本地存储的值。

用法：.removeItem(key)。例如：

```
sessionStorage.removeItem("key");
localStorage.removeItem("site");
```

4）clear 清除所有的 key/value

用途：清除所有的 key/value。

用法：.clear()。例如：

```
sessionStorage.clear();
localStorage.clear();
```

4. 其他操作方法——点操作和[]

Web Storage 不但可以用自身的 setItem、getItem 等方便存取，也可以像普通对象一样用点“.”操作符及[]的方式进行数据存储。例如：

```
var storage=window.localStorage; storage.key1="hello";
storage["key2"]="world";
```

```
console.log(storage.key1);
console.log(storage["key2"]);
```

5. localStorage 和 sessionStorage 的 key 和 length 属性实现遍历

sessionStorage 和 localStorage 提供的 key 和 length 属性可以方便地实现存储的数据遍历。例如：

```
var storage=window.localStorage;
    for(var i=0, len=storage.length; i<len; i++)
    {
        var key=storage.key(i);
        var value=storage.getItem(key);
        console.log(key+"="+value);
    }
```

6. Storage 事件

Storage 还提供了 Storage 事件，当键值改变或者清除的时候，就可以触发 Storage 事件。

例 5-12 添加了一个 Storage 事件改变的监听。

```
if(window.addEventListener){
    window.addEventListener("storage",handle_storage,false);
}
else if(window.attachEvent)
{
    window.attachEvent("onstorage",handle_storage);
}
function handle_storage(e){
    if(!e){e=window.event;}
}
```

Storage 事件对象的属性如表 5-5 所示。

表 5-5 Storage 事件对象的属性

序 号	属 性	类 型	描 述
1	key	String	设置或删除的键名
2	oldValue	Any	键被修改之前的值
3	newValue	Any	如果是设置值，则是新值；如果是删除值，则是 null
4	url/uri	String	发生变化的存储空间的域名

5.4 BOM 和 DOM

5.4.1 DOM 简介

W3C 发布了规范来规定浏览器应该如何处理文档对象模型(Document Object Model,DOM)。DOM Level 2 规范于 2000 年 11 月成为正式推荐标准,它更深入地规定了浏览器应该如何引用和管理页面上的内容。

1. DOM 相关术语

人们将 JavaScript 称为组合式(snap-together)语言,因为可以将对象、属性和方法组合在一起来构建 JavaScript 应用程序。还有一种看待 HTML 页面的方式:将它看作由节点组成的树结构。例如,下面这个简单的 HTML 页面可以看作图 5-14 所示的结构。

```
<html>
<head>
<title>My page</title>
</head>
<body>
<p>This is text on my page</p>
</body>
</html>
```

可以使用 JavaScript 修改这个树结构的任何方面,包括添加、访问、修改和删除树中的节点。这个树中的每个框都是一个节点。如果一个节点包含 HTML 标签,那么称它为元素节点;否则,就称它为文本节点。当然,元素节点可以包含文本节点。

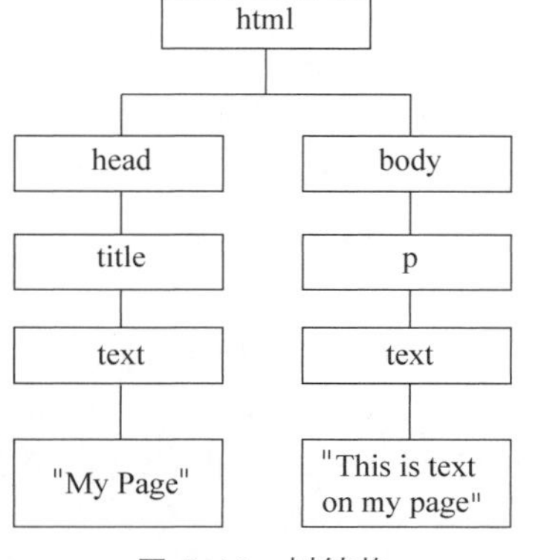

图 5-14 树结构

2. DOM 文档

HTML DOM 文档对象是网页中所有其他对象的拥有者。

HTML DOM Document 对象,文档对象代表网页。如果希望访问 HTML 页面中的任何元素,那么可以总是从访问 Document 对象开始。

1) 文档对象节点树的特点

(1) 每个节点树有一个根节点。

(2) 除了根节点,每个节点都有一个父节点。

(3) 每个节点都可以有许多的子节点。

(4) 具有相同父节点的节点称为兄弟节点。

通过可编程的对象模型,JavaScript 获得了足够的能力来创建动态的 HTML。

- JavaScript 能够改变页面中的所有 HTML 元素。
- JavaScript 能够改变页面中的所有 HTML 属性。

- JavaScript 能够改变页面中的所有 CSS 样式。
- JavaScript 能够对页面中的所有事件做出反应。

2）查找 HTML 元素

通常，在 JavaScript 中需要操作 HTML 元素。首先必须找到相应的元素，有三种方法可以找到 HTML 元素：通过 id 找到 HTML 元素、通过标签名找到 HTML 元素、通过类名找到 HTML 元素。

（1）通过 id 查找 HTML 元素，是在 DOM 中查找 HTML 元素最简单的方法。

下面例子查找 id="intro"元素。

```
var x=document.getElementById("intro");
```

如果找到该元素，则该方法将以对象（在 x 中）的形式返回该元素；如果未找到该元素，则 x 将包含 null。

（2）通过标签名查找 HTML 元素。

下面例子查找 id="main"的元素，然后查找"main"中的所有<p>元素。

```
var x=document.getElementById("main");
var y=x.getElementsByTagName("p");
```

（3）通过类名可以查找 HTML 元素，但是在 IE5、IE6、IE7、IE8 中这种方法无效。

5.4.2 DOM HTML

HTML DOM 允许 JavaScript 改变 HTML 元素的内容。

1）改变 HTML 输出流

JavaScript 能够创建动态的 HTML 内容，例如日期、时间。

在 JavaScript 中，document.write 可用于直接向 HTML 输出流写内容。

例 5-13 用 document.write 直接向 HTML 输出流写内容。

```
<!DOCTYPE html>
<html>
<body>
    <script>
        document.write(Date());
    </script>
</body>
</html>
```

提示：绝不能在文档加载之后使用 document.write，这会覆盖该文档。

2）改变 HTML 内容

修改 HTML 内容最简单的方法是使用 innerHTML 属性。若需改变 HTML 元素的内容，则可使用语法：

```
document.getElementById(id).innerHTML=new HTML
```

下面例子改变了<p>元素的内容。

```
<body>
    <p id="p1">智能家居!</p>
    <script>
        document.getElementById("p1").innerHTML="安全防护界面";
    </script>
</body>
</html>
```

下面例子改变了<h1>元素的内容。

```
<!DOCTYPE html>
<html>
<body>
    <h1 id="header">原标题</h1>
    <script>
        var element=document.getElementById("header");
        element.innerHTML="修改后的标题";
    </script>
</body>
</html>
```

说明：上面的 HTML 文档含有 id="header"的<h1>元素，使用 HTML DOM 来获得 id="header"的元素，JavaScript 更改了此元素的内容(innerHTML)。

3) 改变 HTML 属性

若需改变 HTML 元素的属性，则可使用语法：

```
document.getElementById(id).attribute=new value
```

下面例子改变了<img>元素的 src 属性。

```
<!DOCTYPE html>
<html>
<body>
<img id="image" src="camare.gif">
<script>
document.getElementById("image").src="01.jpg";
</script>
</body>
</html>
```

说明：上面的 HTML 文档含有 id="image"的<img>元素，使用 HTML DOM 来获

得 id="image"的元素，JavaScript 更改了此元素的属性(把"camare.gif"改为"01.jpg")。

5.4.3 BOM 简介

浏览器对象模型（BOM)使 JavaScript 有能力与浏览器“对话”。由于现代浏览器已经在 JavaScript 交互性实现方面有相同的方法和属性，因此常被视为 BOM 的方法和属性。

所有浏览器都支持 window 对象。它表示浏览器窗口。

所有 JavaScript 全局对象、函数以及变量均自动成为 window 对象的成员。全局变量是 window 对象的属性，全局函数是 window 对象的方法，甚至 HTML DOM 的 document 也是 window 对象的属性之一。

```
window.document.getElementById("header");
```

1. JavaScript 弹窗

可以在 JavaScript 中创建三种消息框：警告框、确认框、提示框。

1）警告框

警告框经常用于确保用户可以得到某些信息。当警告框出现后，用户需要单击确定按钮才能继续进行操作。其语法为：

```
window.alert("sometext");
```

window.alert 方法可以不带上 window 对象，直接使用 alert()方法。例如：

```
<!DOCTYPE html>
<html>
<head>
<meta charset="utf-8">
<script>
function myFunction(){
    alert("你好,我是一个警告框!");
}
</script>
</head>
<body>
<input type="button" onclick="myFunction()" value="显示警告框" />
</body>
</html>
```

警告框页面显示效果如图 5-15 所示。

2）确认框

确认框通常用于验证是否接受用户操作。当确认卡弹出时，用户可以单击“确定”或者“取消”按钮来确定用户操作。

当单击“确定”按钮时，确认框返回 true；当单击“取消”按钮时，确认框则返回 false。其

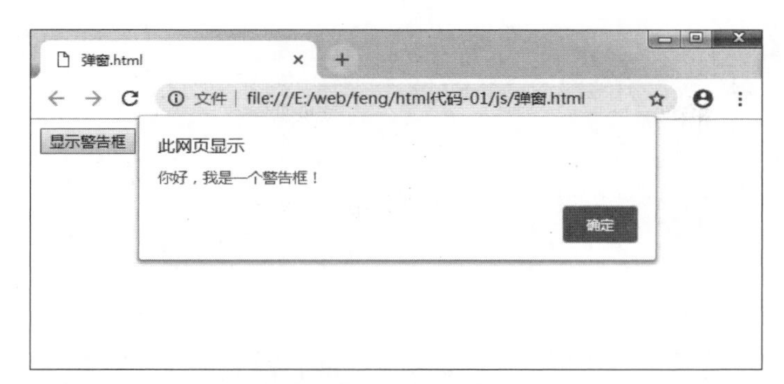

图 5-15 警告框页面显示效果

语法为：

```
window.confirm("sometext");
var r=confirm("按下按钮");
if(r==true)
{
    x="你按下了\"确定\"按钮!";
}else
{
    x="你按下了\"取消\"按钮!";
}
```

确认框页面显示效果如图 5-16 所示。

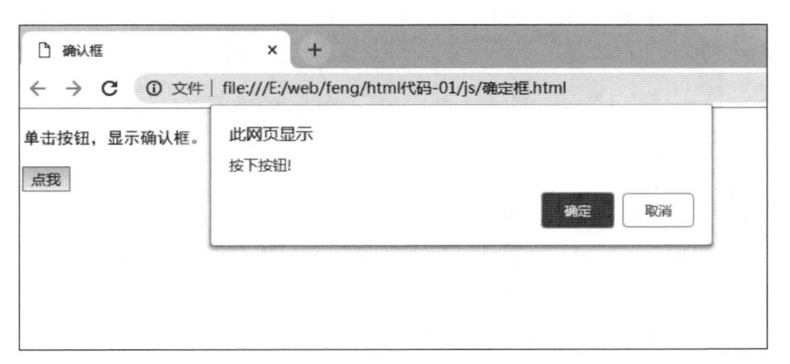

图 5-16 确认框页面显示效果

3）提示框

提示框经常用于提示用户在进入页面前输入某个值。

当提示框出现后，用户需要输入某个值，然后单击“确定”或“取消”按钮才能继续操纵。如果用户单击“确定”按钮，那么返回值为输入的值；如果用户单击“取消”按钮，那么返回值则为 null。

window.prompt 方法可以不带上 window 对象，直接使用 prompt 方法。例如：

```
var person=prompt("请输入你的名字","Harry Potter");
if(person!=null && person!="")
{
    x="你好 "+person+"! 今天感觉如何?";
    document.getElementById("demo").innerHTML=x;
}
```

提示框页面显示如图 5-17 所示。

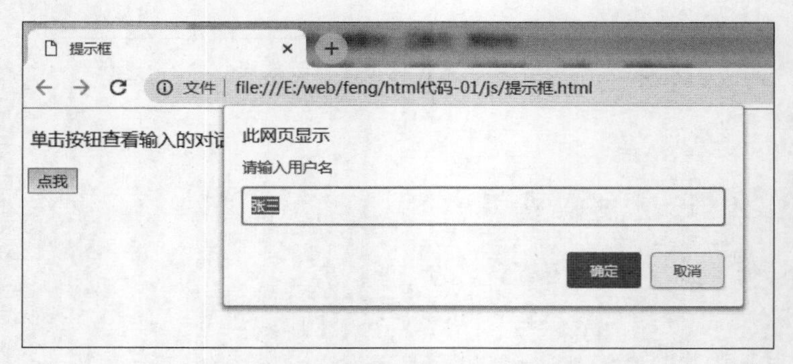

图 5-17　提示框页面显示效果

2. JavaScript 计数事件

使用 JavaScript,可以在一个设定的时间间隔之后再执行代码,而不是在函数被调用后立即执行,这称为计时事件。例如:

```
setTimeout();          //在指定的毫秒数后执行指定代码
```

注意:setTimeout 是 HTML DOM Window 对象的方法。

1) setTimeout 方法

setTimeout 方法语法为:

```
myVar=window.setTimeout("javascript function", milliseconds);
```

setTimeout 方法会返回某个值。在上面的语句中,值被储存在名为 myVar 的变量中。假如希望取消这个 setTimeout 方法,那么可以使用这个变量名来指定它。

setTimeout 方法的第一个参数是含有 JavaScript 语句的字符串。这个语句可能是 alert('5 seconds! '),或者是 alertMsg。第二个参数指示从当前起多少毫秒后开始执行第一个参数。

例如,下面使用 setTimeout 方法,先等待 3s,然后弹出"修改温度参数",如图 5-18 所示。

```
setTimeout(function(){alert("修改温度参数")},3000);
```

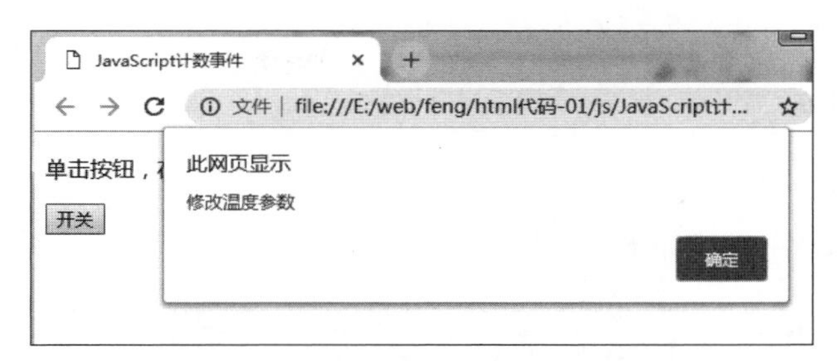

图 5-18 setTimeout 计数方法效果

2）计数停止

clearTimeout 方法用于停止执行 setTimeout 方法的函数代码。

clearTimeout 方法语法为：

```
window.clearTimeout(timeoutVariable);
```

要使用 clearTimeout 方法，必须在创建超时方法中(setTimeout)使用全局变量。如果函数还未被执行，就可以使用 clearTimeout 方法来停止执行函数代码。

例如，下面使用 clearTimeout 方法，停止按钮必须在 3s 之前单击它，阻止弹框弹出。

```
var myVar;
function myFunction(){
    myVar=setTimeout(function(){alert("修改温度参数")},3000);
}
function myStopFunction(){
    clearTimeout(myVar);
```

5.5 项目案例

5.5.1 项目目标

理解并掌握 JavaScript 脚本语言基础语法，学会 JavaScript 对象应用，掌握 JavaScript 处理事件、存储机制以及弹出框设计，同时掌握网页 DOM 事件设计，完成电器控制功能模块网页动态设计。

5.5.2 案例描述

本项目通过电器控制功能模块网页设计，可以实现智能控制电器开关，通过 JavaScript 对象完成电器控制页面开关事件，通过 panel 面板标题绑定单击查询事件，掌握网页 DOM 事件完成消息弹出框设计。

5.5.3 案例要点

电器控制功能模块网页设计主要学会应用 JavaScript 对象、JavaScript 处理事件以及

DOM 原理,并学会使用它们进行网页设计。

5.5.4 案例实施

1. 创建 HTML 文件

创建 HTML 文件,代码如下。

```
<div class="main container-fluid tab-pane active controller"
id="controller"  role="tabpanel">
    <div class="row">
        <div class="col-xs-6 col-md-4">
            <div class="panel panel-primary">
                <div class="panel-heading query-btn">客厅灯<span
                    class="online"></span></div>
                <div class="panel-body text-center">
                    <img src="img/light-off.png" alt=""/>
                    <br/>
                    <button class="btn btn-default switcher">开启</button>
                </div>
            </div>
        </div>
        <div class="col-xs-6 col-md-4">
            <div class="panel panel-primary">
                <div class="panel-heading query-btn">空调<span
                    class="online"></span></div>
                <div class="panel-body text-center">
                    <img src="img/AirController-off.png" alt=""/>
                    <br/>
                    <button class="btn btn-default switcher">开启</button>
                </div>
            </div>
        </div>
        <div class="col-xs-6 col-md-4">
            <div class="panel panel-primary">
                <div class="panel-heading query-btn">窗帘<span
                    class="online"></span></div>
                <div class="panel-body text-center">
                    <img src="img/curtain-off.png" alt=""/>
                    <br/>
                    <button class="btn btn-default switcher">开启</button>
                </div>
            </div>
        </div>
        <div class="col-xs-6 col-md-4">
            <div class="panel panel-primary">
```

```
                <div class="panel-heading query-btn">红外遥控<span
                    class="online"></span></div>
                <div class="panel-body text-center">
                    <img src="img/controller.png" alt=""/>
                    <br/>
                    <button class="btn btn-default" data-target=
                        "#controlModal" data-toggle="modal">设置</button>
                </div>
            </div>
        </div>
        <div class="col-xs-6 col-md-4">
            <div class="panel panel-primary">
                <div class="panel-heading query-btn">插排<span
                    class="online"></span></div>
                <div class="panel-body text-center">
                    <img src="img/socket-off.png" alt=""/>
                    <br/>
                    <button class="btn btn-default switcher" id="fanSwitch">
                        开启</button>
                </div>
            </div>
        </div>
        </div>
    </div>
</div>
```

2. 引入 js 插件文件

引入 js 插件文件,代码如下。

```
<script src="js/jquery.min.js"></script>
<script src="js/charts/fusioncharts/fusioncharts.js"></script>
<script src="js/charts/fusioncharts/fusioncharts.widgets.js"></script>
<script src="js/charts/fusioncharts/themes/fusioncharts.theme.fint.js"></
script>
<script src="js/bootstrap/bootstrap.min.js"></script>
<script src="js/bootstrap-select.min.js"></script>
<script src="js/script.js"></script>
```

3. JavaScript 文件实现界面动态变化

通过 JavaScript 文件实现界面动态变化,代码如下。

```
$(function() {
    //panel 面板标题绑定单击查询事件
```

```
    $(".query-btn").on("click", function() {
        var title=$(this).text();
        message_show("正在查询"+title+"数据…");
        //查询指令代码
    })
    //电器控制页面开关事件
    $(".switcher").on("click", function() {
        var imgDiv=$(this).parents(".panel-body").find("img");
        var imgOffIndex=imgDiv.attr("src").indexOf("-off");
        var imgOnIndex=imgDiv.attr("src").indexOf("-on");
        var curState=$(this).text();
        if(curState=="开启" && imgOffIndex>-1){
            //如果执行的是开启操作,将图片 src 属性值中的 off 修改为 on
            $(this).text("关闭");
            //replace()将字符串中的"-off"替换为"-on"
            imgDiv.attr("src", imgDiv.attr("src").replace("-off", "-on"));
        }
        else if(curState=="关闭" && imgOnIndex>-1){
            $(this).text("开启");
            imgDiv.attr("src", imgDiv.attr("src").replace("-on", "-off"));
        }
    })
})
//消息弹出框
var message_timer=null;
function message_show(t) {
    if(message_timer) {
        //如果当前计数器已存在,则重置该计数器
        clearTimeout(message_timer);
    }
    var toastTxt=document.getElementById("toast_txt");
    var toast=document.getElementById("toast");
    message_timer=setTimeout(function() {
        //设置节点的 style 下的 display 属性
        toast.style.display="none";
    }, 3000);
    toastTxt.innerText=t;
    toast.style.display="block";
}
```

4. 程序运行与测试

程序运行后,电器控制功能主界面如图 5-19 所示。

控制电器开关效果如图 5-20 所示。

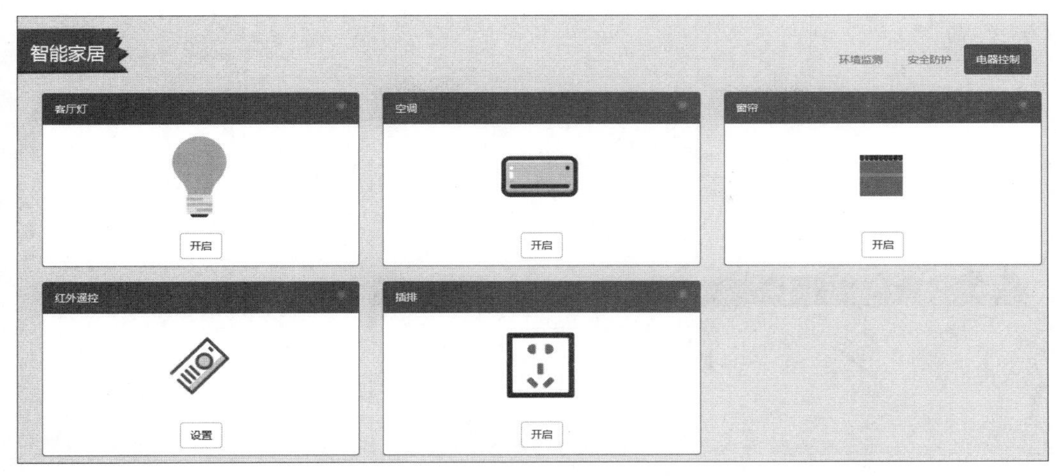

图 5-19　电器控制功能主界面

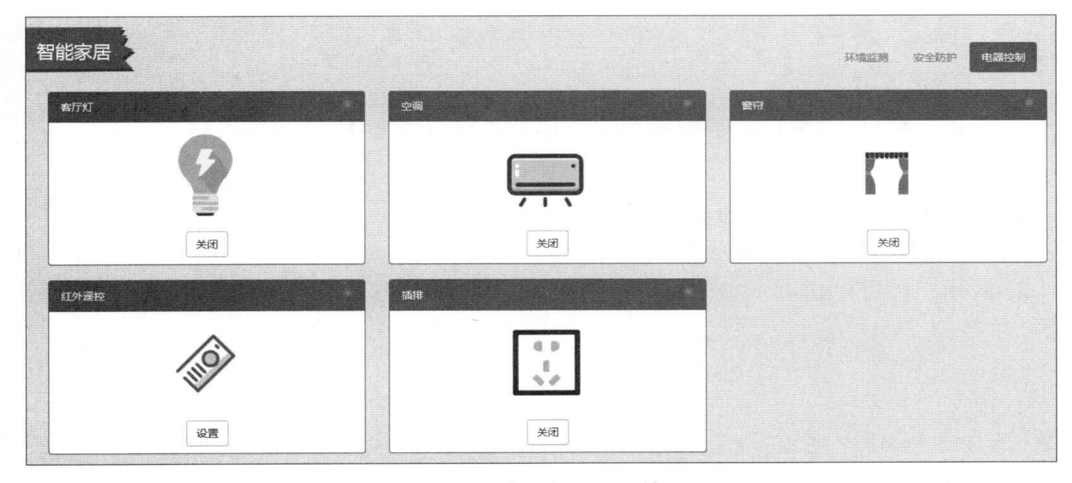

图 5-20　控制电器开关效果

消息弹出框效果如图 5-21 所示。

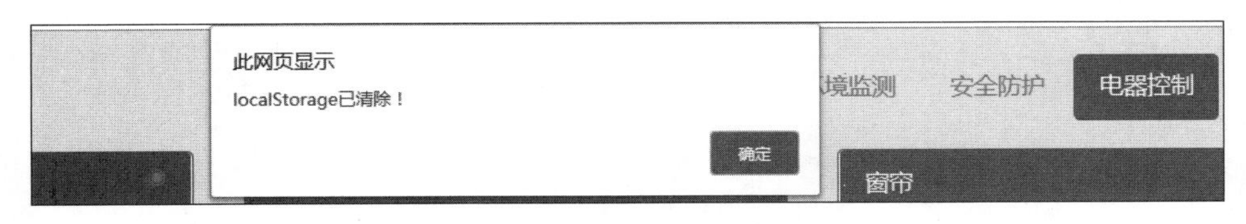

图 5-21　消息弹出框效果

单击电器 panel 面板标题，可以查询相关电器数据，查询效果如图 5-22 所示。

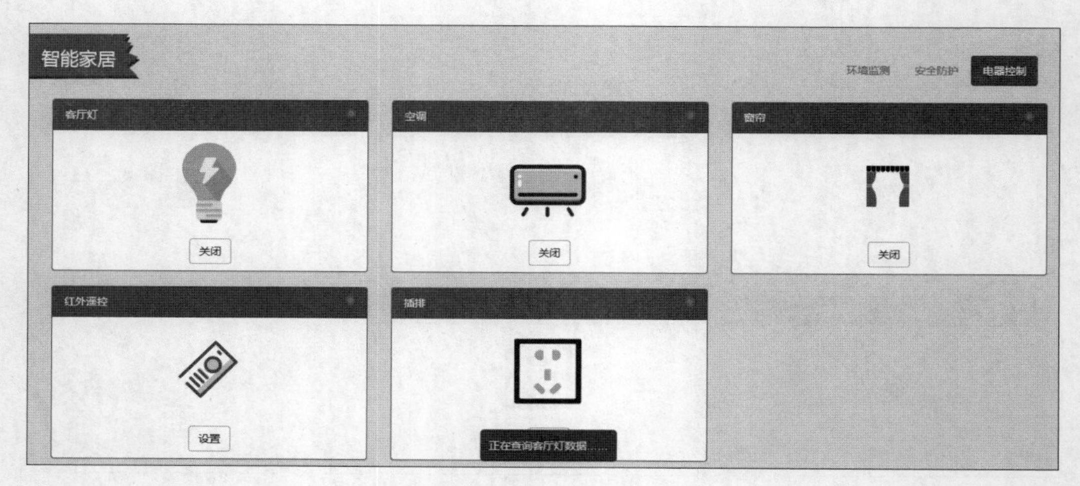

图 5-22　查询电器数据

习题

1. 简述三种可以通过 JavaScript 操作 HTML 元素的方法。
2. 简述 JavaScript 的特点。
3. JavaScript 与 Java 有何区别?
4. JavaScript 有哪些数据类型?
5. 简述三种可以通过 JavaScript 操作 HTML 元素的方法。

第6章 Web开发框架与插件

6.1 Bootstrap 开发概述

6.1.1 Bootstrap 简介

Bootstrap 来自 Twitter，是目前很受欢迎的前端框架。Bootstrap 基于 HTML、CSS、JavaScript，简洁灵活，使得 Web 开发更加快捷。它由 Twitter 的设计师 Mark Otto 和 Jacob Thornton 合作开发，是一个 CSS/HTML 框架。Bootstrap 提供了优雅的 HTML 和 CSS 规范，由动态 CSS 语言 Less 写成。Bootstrap 一经推出颇受欢迎，一直是 GitHub 上的热门开源项目，包括 MSNBC（微软全国广播公司）的 Breaking News 都使用了该项目。国内一些移动开发者较为熟悉的框架，如 WeX5 前端开源框架等，也是基于 Bootstrap 源码进行性能优化而来的。

Bootstrap 在 2011 年 8 月发布，发布之后迅速走红。而且它也从最初 CSS 驱动的项目，发展到内置了很多 JavaScript 插件和图标，并且涵盖了表单和按钮元素。Bootstrap 本身支持响应式 Web 设计，并且拥有一个非常稳健的 12 列、940 像素宽的网格布局系统。Bootstrap 网站（http://getbootstrap.com）上还提供了一个构建工具，用户可以根据自己的需求选择 CSS 和 JavaScript 功能。所有这一切让前端 Web 开发有了前瞻性的设计和开发基础，开发效率倍增。使用 Bootstrap 非常简单，跟在网站中整合 CSS 和 JavaScript 没有什么区别。

本章将讲解如何下载并安装 Bootstrap，讨论 Bootstrap 文件结构，并通过一个实例演示它的用法。

6.1.2 Bootstrap 的环境安装

Bootstrap 的安装非常简单。

首先下载 Bootstrap，可以从 http://getbootstrap.com

下载 Bootstrap 的最新版本。当单击这个链接时，将看到如图 6-1 所示的 Bootstrap 官网网页。

图 6-1　Bootstrap 官网

下载页面会看到以下两个按钮。

(1) Download Bootstrap：下载 Bootstrap。单击该按钮，可以下载 Bootstrap CSS、JavaScript 和字体的预编译的压缩版本，但不包含文档和最初的源代码文件。

(2) Download Source：下载源代码。单击该按钮，可以直接从 from 上得到最新的 Bootstrap LESS 和 JavaScript 源代码。

如果用户使用的是未编译的源代码，需要编译 LESS 文件来生成可重用的 CSS 文件。对于编译 LESS 文件，Bootstrap 官方只支持 Recess，这是 Twitter 基于 less.js 的 CSS 提示。为了更好地了解和更方便地使用，本书使用 Bootstrap 的预编译版本。

由于文件是被编译和压缩过的，在独立的功能开发中，不必每次都包含这些独立的文件。本书使用的是 Bootstrap 3。

6.1.3　Bootstrap 的文件结构

1. 预编译的 Bootstrap

当下载了 Bootstrap 的已编译的版本，解压缩 ZIP 文件，文件/目录结构如图 6-2 所示。

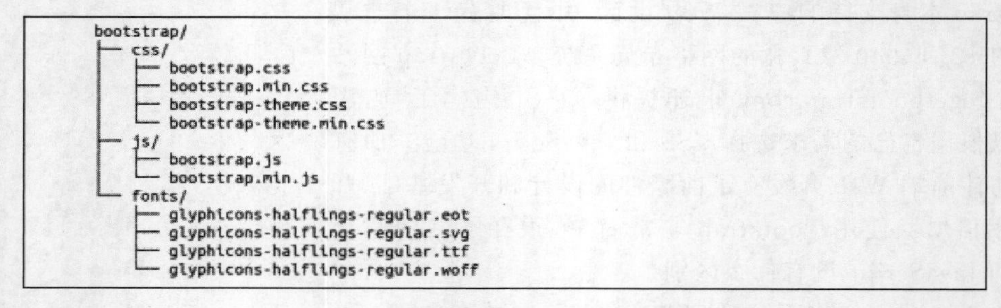

图 6-2　预编译的 Bootstrap 文件

从图中可以看到已编译的 CSS 和 JS(bootstrap. *)，以及已编译压缩的 CSS 和 JS (bootstrap.min. *)。同时也包含了 Glyphicons 的字体，这是一个可选的 Bootstrap 主题。

2. Bootstrap 源代码

如果下载了 Bootstrap 源代码，那么 Bootstrap 文件结构将如图 6-3 所示。

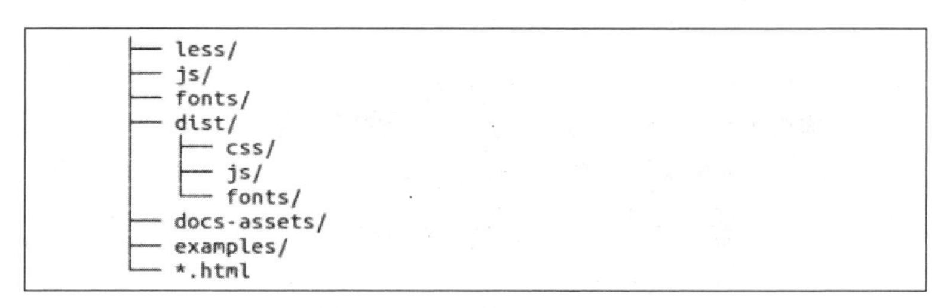

图 6-3 下载了源代码的 Bootstrap 文件

说明：

(1) less/、js/和 fonts/下的文件分别是 Bootstrap CSS、JS 和图标字体的源代码。

(2) dist/文件夹包含了上面预编译下载部分中所列的文件和文件夹。

(3) docs-assets/、examples/和所有的 *.html 文件都是 Bootstrap 文档。

6.1.4 Bootstrap 的基本使用

1. 基本的 HTML 模板

一般 Web 项目的 HTML 文件如下。

```
<!DOCTYPE html>
<html>
<head>
    <title>Bootstrap</title>
</head>
<body>
    <h1>智能家居</h1>
</body>
</html>
```

使用 Bootstrap 时，则要包含它的 CSS 样式表和 JavaScript 文件。

例 6-1 使用 Bootstrap 创建基本的 HTML 模板。

```
<!DOCTYPE html>
<html>
<head>
    <title>Bootstrap</title>
    <link href="css/bootstrap.min.css" rel="stylesheet">
</head>
<body>
    <h1>智能家居</h1>
    <script src="js/bootstrap.min.js"></script>
</body>
</html>
```

1）Bootstrap 网格系统

（1）Bootstrap 网格系统（Grid System）概念。

Bootstrap 包含了一个响应式的、移动设备优先的、不固定的网格系统，可以随着设备或视口大小的增加而适当地扩展到 12 列。它包含了用于简单的布局选项的预定义类，也包含了用于生成更多语义布局的功能强大的混合类。

（2）Bootstrap 网格系统的工作原理。

Bootstrap 网格系统通过一系列包含内容的行和列来创建页面布局。下面列出了 Bootstrap 网格系统是如何工作的。

① 行必须放置在.container class 内，以便获得适当的对齐（alignment）和内边距（padding）。

② 使用行来创建列的水平组。

③ 内容应该放置在列内，且唯有列可以是行的直接子元素。

④ 预定义的网格类，例如.row 和.col-xs-4，可用于快速创建网格布局。LESS 混合类可用于更多语义布局。

⑤ 列通过内边距来创建列内容之间的间隙。该内边距是通过.rows 上的外边距（margin）取负来表示第一列和最后一列的行偏移。

⑥ 网格系统是通过指定想要横跨的 12 个可用的列来创建的。例如，要创建三个相等的列，则使用三个.col-xs-4。

（3）默认网络系统。

Bootstrap 默认的网格布局包含 12 列、940 像素宽，不支持响应式布局。加载响应式 CSS 文件后，网格布局会根据视口（viewport）宽度在 724 像素到 1170 像素之间伸缩。视口宽度小于 767 像素时，说明是平板电脑或更小的设备，布局中的列会垂直堆叠起来。默认宽度下，每列 60 像素，且向左平移 20 像素。图 6-4 展示了 12 列时的网格布局。

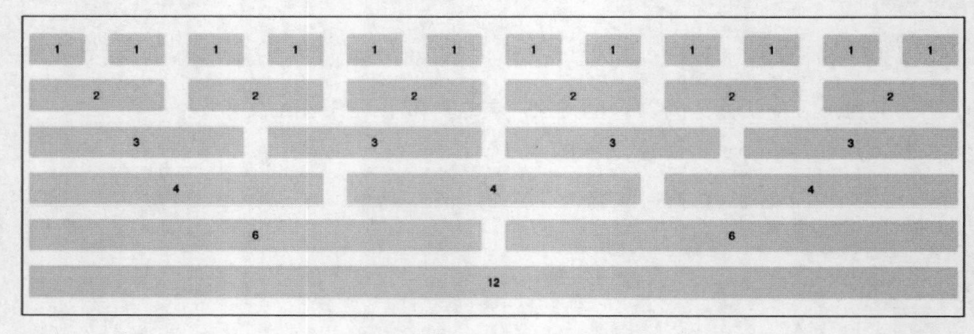

图 6-4　12 列时的网格布局

① 基本网格的 HTML。创建简单布局时，给作为行的<div>添加.row 类，给作为列的<div>加表示横跨多少列的.span * 类即可。因为网格布局可以包含 12 列，所以.span * 中的 * 加起来必须等于 12。这样，可以设计出 3-6-3、4-8、3-5-4、2-8-2 等形式的布局。例如：

```
<div class="row">
```

```
<div class="span8">…</div>
<div class="span4">…</div>
</div>
```

② 平移列。使用.offset * 类可以向右平移列，* 用于指定平移的列数。例如，下面代码中的.offset2 会导致.span7 向右平移 2 列。

```
<div class="row">
<div class="span2">…</div>
<div class="span7 offset2">…</div>
</div>
```

③ 嵌套列。如果想嵌套列，那么只要在相应的.span * 中再增加一个.row，然后在其中包含与父容器列数相等的.span * 即可。

```
<div class="row">
  <div class="span9">
   Level 1 of column
      <div class="row">
         <div class="span6">Level 2</div>
          <div class="span3">Level 2</div>
      </div>
   </div>
</div>
```

2）响应式设计

要让 Bootstrap 支持响应式布局，必须在<head>标签中添加一个<meta>标签。另外，如果下载的文件中没有响应式 CSS 文件，还应该专门下载。响应式布局必备的标签和文件如下。

```
<!DOCTYPE html>
<html>
<head>
<title>My amazing Bootstrap site!</title>
<meta name="viewport" content="width=device-width,initial-scale=1.0">
<link href="/css/bootstrap.css" rel="stylesheet">
<link href="/css/bootstrap-responsive.css" rel="stylesheet">
</head>
```

说明：width 属性控制设备的宽度。假设网站将被带有不同屏幕分辨率的设备浏览，那么将它设置为 device-width 可以确保它能正确呈现在不同的设备上。initial-scale＝1.0 确保网页加载时，以 1∶1 的比例呈现，不会有任何的缩放。

2. Bootstrap 内置的布局组件

Bootstrap 还内置了一套灵活的组件，可用于设计用户界面、交互功能等。这些组件来自一个独立的 JavaScript 文件，而这个文件可以通过 Bootstrap 的自定义构建工具生成，因此可以只包含用户需要的组件。

Bootstrap 提供了用于定义导航元素的一些选项，它们使用相同的标记和基类.nav。Bootstrap 也提供了一个用于共享标记和状态的帮助器类，改变修饰的 class，可以在不同的样式间进行切换。

1）表格导航或标签

创建一个标签式的导航菜单步骤如下。

（1）以一个带有 class .nav 的无序列表开始。

（2）添加 class .nav-tabs。

例 6-2 创建一个标签式的导航菜单。

```
<p>智能家居</p>
<ul class="nav nav-tabs">
  <li class="active"><a href="#">Home</a></li>
  <li><a href="#">环境监测</a></li>
  <li><a href="#">安全防护</a></li>
  <li><a href="#">电器控制</a></li>
  <li><a href="#">能耗管理</a></li>
</ul>
```

页面显示如图 6-5 所示。

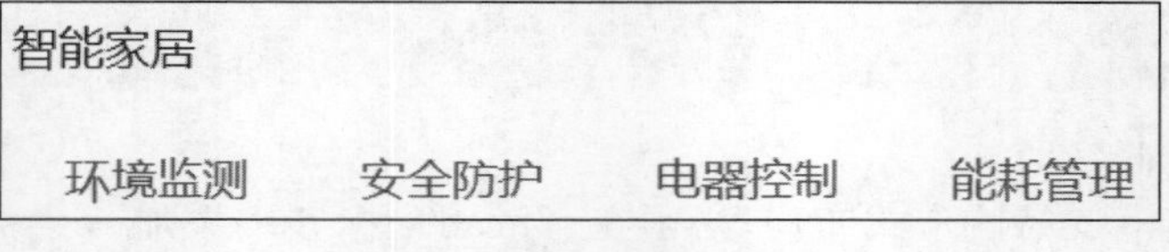

图 6-5　标签式的导航菜单

2）胶囊式的导航菜单

如果需要把标签改成胶囊的样式，只需要使用 class .nav-pills 替换 class .nav-tabs 即可，其他步骤与上面相同。

例 6-3 创建一个胶囊式的导航菜单。

```
<p>智能家居</p>
<ul class="nav nav-pills">
  <li class="active"><a href="#">Home</a></li>
  <li><a href="#">环境监测</a></li>
  <li><a href="#">安全防护</a></li>
  <li><a href="#">电器控制</a></li>
  <li><a href="#">能耗管理</a></li>
</ul>
```

页面显示效果如图 6-6 所示。

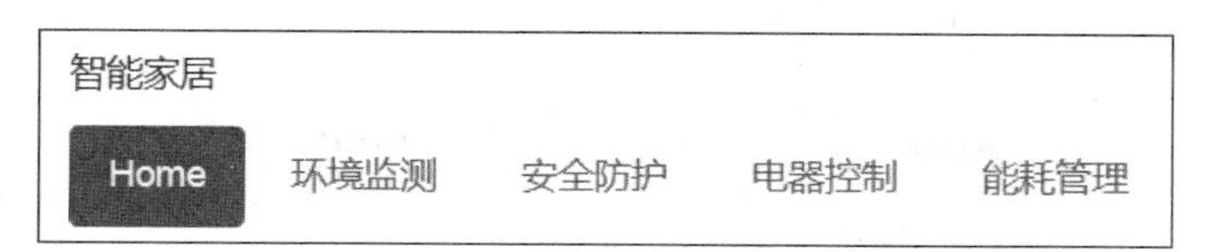

图 6-6 胶囊式的导航菜单

3. Bootstrap 插件

Bootstrap 还附带了 13 个 jQuery 插件，用于扩展网站的功能、丰富用户体验。利用 Bootstrap 数据 API(Bootstrap Data API)，大部分的插件可以在不编写任何代码的情况下被触发。

网站引用 Bootstrap 插件的方式有以下两种。

(1) 单独引用：使用 Bootstrap 的个别的 *.js 文件。一些插件和 CSS 组件依赖于其他插件。如果单独引用插件，则要先弄清这些插件之间的依赖关系。

(2) 编译(同时)引用：使用 bootstrap.js 或压缩版的 bootstrap.min.js。

注意：不要尝试同时引用这两个文件，因为 bootstrap.js 和 bootstrap.min.js 都包含了所有的插件。所有的插件依赖于 jQuery。所以必须在插件文件之前引用 jQuery。请访问 bower.json 查看 Bootstrap 当前支持的 jQuery 版本。

1) Bootstrap 标签页(Tab)插件

通过结合一些 data 属性，可以轻松地创建一个标签页界面。通过这个插件可以把内容放置在标签页或者胶囊式标签页甚至下拉菜单标签页中。

(1) 用法。

通过以下两种方式启用标签页。

① 通过 data 属性：需要添加 data-toggle="tab"或 data-toggle="pill"到锚文本链接中。

添加 nav 和 nav-tabs 类到 ul 中，将会应用 Bootstrap 标签样式；添加 nav 和 nav-pills 类到 ul 中，将会应用 Bootstrap 胶囊式标签样式。

```
<ul class="nav nav-tabs">
    <li><a href="#identifier" data-toggle="tab">Home</a></li>
</ul>
```

② 通过 JavaScript：可以如下使用 JavaScript 来启用标签页。

```
$('#myTab a').click(function (e) {
  e.preventDefault()
  $(this).tab('show')
})
```

(2) 切换各个标签页的不同方式。

```
//通过名称选取标签页
$('#myTab a[href="#profile"]').tab('show')
```

```
//选取第一个标签页
$('#myTab a:first').tab('show')
//选取最后一个标签页
$('#myTab a:last').tab('show')
//选取第三个标签页(从 0 开始索引)
$('#myTab li:eq(2) a').tab('show')
```

(3) 事件。

标签页有两个可切换的事件如表 6-1 所示。

表 6-1 可切换的标签页事件

序 号	事 件	说 明
1	show	在标签显示但显示完之前触发。使用 event.target 和 event.relatedTarget 可以取得当前和之前活动的标签页
2	shown	在标签显示且显示完之后触发。使用 event.target 和 event.relatedTarget 可以取得当前和之前活动的标签页

下面是使用 shown 事件的例子。

```
$('a[data-toggle="tab"]').on('shown', function (e) {
e.target              //当前活动的标签页
e.relatedTarget       //之前活动标签页
})
```

要了解.on 方法的细节,请参考 jQuery 的网站(http://api.jquery.com/on/)资料。

2) 模态框

模态框就是一个叠放在父窗口上的子窗口。模态框经常用于显示来自其他地方的内容,让人可以与之交互但又不脱离当前窗口的上下文。这种子窗口可以展示信息,提供交互。

要打开模态框,必须有一个触发装置。一般会使用按钮或链接,在下面代码的<a>标签中,href="myModal"表示要在页面上加载的模态框。

关于模态框,重点要关注三个类:①modal 类,它只用来把一个<div>标注为模态框;②hide 类,这个类告诉浏览器先把模态框 Bootstrap 支持的 JavaScript 插件隐藏起来,在用户单击触发装置时再显示;③fade 类,这个类会导致模态框从无到有或从有到无时以淡入淡出的效果呈现。

例 6-4 创建"智能家居"模态框。

```
<!--模态框(Modal) -->
<div class="modal fade" id="myModal" tabindex="-1" role="dialog" aria-
labelledby="myModalLabel" aria-hidden="true">
    <div class="modal-dialog">
        <div class="modal-content">
```

```
            <div class="modal-header">
                <button type="button" class="close" data-dismiss="modal"
                    aria-hidden="true">
                    &times;
                </button>
                <h4 class="modal-title" id="myModalLabel">
                    人体红外设置
                </h4>
            </div>
            <div class="modal-body">
                有人灯开,没人灯灭
            </div>
            <div class="modal-footer">
                <button type="button" class="btn btn-default" data-dismiss=
                    "modal">关闭
                </button>
                <button type="button" class="btn btn-primary">
                    //提交更改
                </button>
            </div>
        </div><!--/.modal-content -->
    </div><!--/.modal -->
</div>
```

“智能家居”模态框显示效果如图 6-7 所示。

图 6-7 “智能家居”模态框显示效果

单击“设置”按钮触发模态框显示,如图 6-8 所示。

图 6-8 模态框显示效果

6.2 jQuery开发概述

6.2.1 jQuery简介

编写JavaScript应用程序并非易事。一般而言，它要求程序员掌握大量的DOM、CSS、JavaScript和服务器资源方面的知识。但是，用JavaScript工具包，借助已经预先编写好的库和函数框架，会在项目实践中真切地感受到脚本编程的功能强大。

jQuery是一个JavaScript函数库。jQuery是一个轻量级的"写得少，做得多"的JavaScript库。

1. jQuery库的优点

jQuery库具有以下优点。

(1) 轻量级：与许多竞争者相比，它的体积要小得多。也就是说，使用jQuery的网站加载速度更快。

(2) 插件架构：如果要使用jQuery中没有提供的功能，很可能有人已编写好一个插件了。而且只有在需要时才将其添加到网站中，不必在每个页面中都加载它。

(3) 初级开发人员容易掌握：jQuery的选择查询基于CSS，因此，非专业程序员也能轻松地运用jQuery来为自己的网站添加功能，使其按期望的方式工作。

2. jQuery安装

1) 网页中添加jQuery

可以通过以下多种方法在网页中添加jQuery。

(1) 从jquery.com下载jQuery库。

(2) 从CDN中载入jQuery，如从Google中加载jQuery。

2) 下载jQuery

有以下两个版本的jQuery可供下载。

(1) Production version：用于实际的网站中，已被精简和压缩。

(2) Development version：用于测试和开发(未压缩，是可读的代码)。

以上两个版本都可以从jquery.com网址下载。

jQuery库是一个JavaScript文件，可以使用HTML的<script>标签引用它。例如：

```
<head>
<script type="text/javascript" src="jquery.js"></script>
</head>
```

注意：<script>标签应该位于页面的<head>部分。将下载的文件放在网页的同一目录下，就可以使用jQuery。

3) CDN(内容分发网络)引用

如果不希望下载并存放jQuery，那么也可以通过CDN引用它。

百度、又拍云、新浪、谷歌和微软等公司的服务器都存有jQuery。

如果站点用户是国内的，建议使用百度、又拍云、新浪等国内 CDN 地址，如果站点用户是国外的，则可以使用谷歌和微软等国外 CDN 地址。

使用百度 CDN 地址如下。

```
<head>
<script src="https://apps.bdimg.com/libs/jquery/2.1.4/jquery.min.js">
</script>
</head>
```

使用新浪 CDN 地址如下。

```
<head>
<script src="http://lib.sinaapp.com/js/jquery/2.0.2/jquery-2.0.2.min.js">
</script>
</head>
```

使用微软 CDN 地址如下。

```
<head>
<script src="http://ajax.htmlnetcdn.com/ajax/jQuery/jquery-1.10.2.min.js">
</script>
</head>
```

3. jQuery 语法

jQuery 语法是为 HTML 元素的选取而编制的，可以对元素执行某些操作。

与 JavaScript 不同，jQuery 基础语法为：

```
$(selector).action()
```

说明：

- 美元符号“$”定义 jQuery。
- 选择符(selector)“查询”和“查找”HTML 元素。
- jQuery 的 action 执行对元素的操作。

例如：

```
$(this).hide();           //隐藏当前元素
$("p").hide();            //隐藏所有段落
$(".test").hide();        //隐藏所有 class="test"的所有元素
$("#test").hide();        //隐藏所有 id="test"的元素
```

注意：所有 jQuery 函数位于一个 document ready 函数中。这是为了防止文档在完全加载(就绪)之前运行 jQuery 代码。

如果在文档没有完全加载之前就运行函数,那么操作可能失败。例如:

(1) 试图隐藏一个不存在的元素。

(2) 获得未完全加载的图像的大小。

6.2.2 jQuery 选择器

选择器允许对元素组或单个元素进行操作。Query 元素选择器和属性选择器允许通过标签名、属性名或内容对 HTML 元素进行选择。jQuery 相关选择器如表 6-2 所示。

表 6-2 jQuery 相关选择器

序号	语法	描述
1	$(this)	当前 HTML 元素
2	$("p")	所有<p>元素
3	$("p.intro")	所有 class="intro"的<p>元素
4	$(".intro")	所有 class="intro"的元素
5	$("#intro")	id="intro"的元素
6	$("ul li:first")	每个<ul>的第一个<li>元素
7	$("[href$='.jpg']")	所有带有以".jpg"结尾的属性值的 href 属性
8	$("div#intro .head")	id="intro"的<div>元素中的所有 class="head"的元素

1) jQuery 元素选择器

jQuery 使用 CSS 选择器来选取 HTML 元素。

$("p")选取<p>元素。

$("p.intro")选取所有 class="intro"的<p>元素。

$("p#demo")选取所有 id="demo"的<p>元素。

2) jQuery 属性选择器

jQuery 使用 XPath 表达式来选择带有给定属性的元素。

$("[href]")选取所有带有 href 属性的元素。

$("[href='#']")选取所有带有 href 值等于"#"的元素。

$("[href! ='#']")选取所有带有 href 值不等于"#"的元素。

$("[href$='.jpg']")选取所有 href 值以".jpg"结尾的元素。

3) jQuery CSS 选择器

jQuery CSS 选择器可用于改变 HTML 元素的 CSS 属性。

例 6-5 样式选择器示例。

```
$(document).ready(function(){
  $("button").click(function(){
    alert("背景颜色="+$("p").css("background-color"));
  });
});
```

样式选择器显示效果如图 6-9 所示。

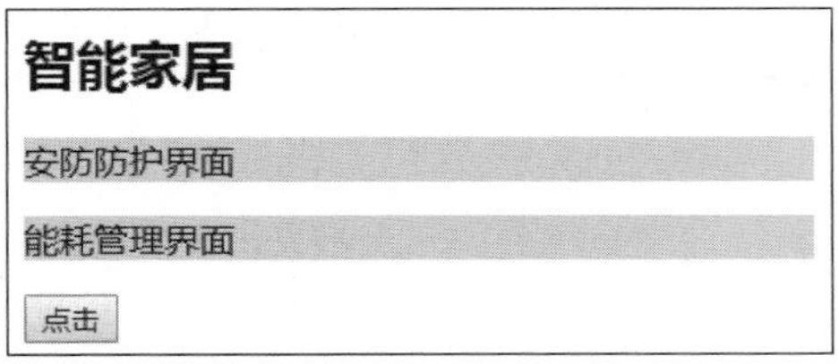

智能家居

安防防护界面

能耗管理界面

点击

图 6-9 样式选择器显示效果

6.2.3 jQuery 事件

jQuery 是为事件处理特别设计的。页面对不同访问者的响应称为事件。事件处理程序指的是当 HTML 中发生某些事件时所调用的方法。

1. jQuery 事件方法语法

在 jQuery 中，大多数 DOM 事件都有一个等效的 jQuery 方法。页面中指定一个点击事件，例如：

```
$("p").click();
```

下一步是定义什么时间触发事件。可以通过一个事件函数实现，例如：

```
$("p").click(function(){
    //动作触发后执行的代码!!
});
```

2. jQuery 常用事件方法

1) $(document).ready 方法

$(document).ready 方法允许在文档完全加载完后执行函数。

2) click 方法

click 方法是当按钮点击事件被触发时，会调用一个函数。该函数在用户单击 HTML 元素时执行。在下面的实例中，当点击事件在某个＜p＞元素上触发时，隐藏当前的＜p＞元素。

例 6-6 点击事件设置。

```
$(document).ready(function(){
  $("p").click(function(){
    $(this).hide();
  });
});
```

点击事件显示效果如图 6-10 所示。

常见的 DOM 事件如表 6-3 所示。

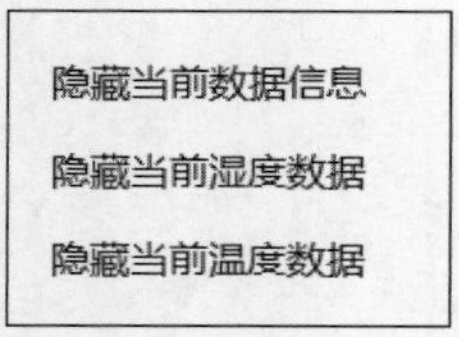

隐藏当前数据信息

隐藏当前湿度数据

隐藏当前温度数据

图 6-10　点击事件显示效果

表 6-3　常见的 DOM 事件

鼠标事件	键盘事件	表单事件	文档/窗口事件
click	keypress	submit	load
dblclick	keydown	change	resize
mouseenter	keyup	focus	scroll
mouseleave	—	blur	unload
hover	—	—	—

6.2.4　jQuery 操作 HTML

jQuery 拥有可操作 HTML 元素和属性的强大方法。jQuery 中非常重要的部分,就是操作 DOM 的能力。jQuery 提供一系列与 DOM 相关的方法,这使访问和操作元素和属性变得容易。

1. jQuery 捕获

1）获得内容的三个方法：text、html 以及 val

三个简单实用的用于 DOM 操作的 jQuery 方法如下。

(1) text 方法：设置或返回所选元素的文本内容。

(2) html 方法：设置或返回所选元素的内容(包括 HTML 标记)。

(3) val 方法：设置或返回表单字段的值。

下面的例子演示如何通过 jQuery text 和 html 方法来获得内容。

```
$("#btn1").click(function(){
  alert("Text: "+$("#test").text());
});
$("#btn2").click(function(){
  alert("HTML: "+$("#test").html());
});
```

下面的例子演示如何通过 jQuery val 方法获得输入字段的值。

```
$("#btn1").click(function(){
  alert("值为: "+$("#test").val());
});
```

2）获取属性的方法：attr

jQuery attr 方法用于获取属性值。

下面的例子演示如何获得链接中 href 属性的值。

```
$("button").click(function(){
  alert($("#runoob").attr("href"));
});
```

2. jQuery 设置内容和属性

1）设置内容：text、html 以及 val

（1）text 方法：设置或返回所选元素的文本内容。

（2）html 方法：设置或返回所选元素的内容（包括 HTML 标记）。

（3）val 方法：设置或返回表单字段的值。

下面的例子演示如何通过 text、html 以及 val 方法来设置内容。

```
$("#btn1").click(function(){
    $("#test1").text("Hello world!");
});
$("#btn2").click(function(){
    $("#test2").html("<b>Hello world!</b>");
});
$("#btn3").click(function(){
    $("#test3").val("RUNOOB");
});
```

2）text、html 以及 val 的回调函数

上面的 text、html 以及 val 三个 jQuery 法，同样拥有回调函数。回调函数有两个参数：①被选元素列表中当前元素的下标；②原始（旧的）值。然后以函数新值返回希望使用的字符串。

下面的例子演示带有回调函数的 text 和 html 方法。

```
$("#btn1").click(function(){
    $("#test1").text(function(i,origText){
        return "旧文本: "+origText+" 新文本: Hello world! (index: "+i+")";
    });
});

$("#btn2").click(function(){
    $("#test2").html(function(i,origText){
      return "旧 html: "+origText+" 新 html: Hello <b>world!</b>(index: "+i+")";
    });
});
```

3）设置属性的方法：attr

jQuery 的 attr 方法也用于设置/改变属性值。

下面的例子演示如何改变（设置）链接中 href 属性的值。

```
$("button").click(function(){
  $("#runoob").attr("href","http://www.runoob.com/jquery");
});
```

4）attr 方法的回调函数

jQuery 的 attr 方法也提供回调函数。回调函数有两个参数：①被选元素列表中当前元素的下标；②原始(旧的)值。然后以函数新值返回希望使用的字符串。

下面的例子演示带有回调函数的 attr 方法。

```
$("button").click(function(){
  $("#runoob").attr("href", function(i,origValue){
    return origValue+"/jquery";
  });
});
```

3. jQuery 添加元素

通过 jQuery,可以很容易地添加新元素、新内容。

1）添加新的 HTML 内容

用于添加新内容的 4 个 jQuery 方法如下。

(1) append 方法：在被选元素的结尾插入内容。

(2) prepend 方法：在被选元素的开头插入内容。

(3) after 方法：在被选元素之后插入内容。

(4) before 方法：在被选元素之前插入内容。

2）jQuery 的 append 方法

jQuery 的 append 方法在被选元素的结尾插入内容(仍然该元素的内部)。例如：

```
$("p").append("追加文本");
```

3）jQuery 的 prepend 方法

jQuery 的 prepend 方法在被选元素的开头插入内容。例如：

```
$("p").prepend("在开头追加文本");
```

4）通过 append 方法和 prepend 方法添加若干新元素

在上面的例子中,我们只在被选元素的开头/结尾插入文本/HTML。不过,append 方法和 prepend 方法能够通过参数接收无限数量的新元素。可以通过 jQuery 来生成文本/HTML(就像上面的例子那样),或者通过 JavaScript 代码和 DOM 元素生成文本/HTML。

在下面的例子中创建了若干个新元素。这些元素可以通过 text/HTML、jQuery 或 JavaScript/DOM 来创建。然后通过 append 方法把这些新元素追加到文本中(对 prepend 方法同样有效)。

```
function appendText()
{
    var txt1="<p>文本。</p>";                 //使用 HTML 标签创建文本
    var txt2=$("<p></p>").text("文本。");       //使用 jQuery 创建文本
    var txt3=document.createElement("p");
```

```
    txt3.innerHTML="文本。";                //使用 DOM 创建文本 text with DOM
    $("body").append(txt1,txt2,txt3);       //追加新元素
}
```

5）jQuery 的 after 方法和 before 方法

jQuery 的 after 方法在被选元素之后插入内容。

jQuery 的 before 方法在被选元素之前插入内容。

```
$("img").after("在后面添加文本");

$("img").before("在前面添加文本");
```

6）通过 after 方法和 before 方法添加若干新元素

after 方法和 before 方法能够通过参数接收无限数量的新元素。可以通过 text/HTML、jQuery 或 JavaScript/DOM 来创建新元素。

在下面的例子中创建了若干新元素。这些元素可以通过 text/HTML、jQuery 或 JavaScript/DOM 来创建。然后通过 after 方法把这些新元素插到文本中（对 before()同样有效）。

```
function afterText()
{
    var txt1="<b>I </b>";                          //使用 HTML 创建元素
    var txt2=$("<i></i>").text("love ");           //使用 jQuery 创建元素
    var txt3=document.createElement("big");        //使用 DOM 创建元素
    txt3.innerHTML="jQuery!";
    $("img").after(txt1,txt2,txt3);                //在图片后添加文本
}
```

4. jQuery 删除元素

1）删除元素/内容

如果需要删除元素和内容，一般可使用以下两个 jQuery 方法。

（1）remove 方法：删除被选元素（及其子元素）。

（2）empty 方法：从被选元素中删除子元素。

2）jQuery 的 remove 方法

jQuery 的 remove 方法删除被选元素及其子元素。例如：

```
$("#div1").remove();
```

3）jQuery 的 empty 方法

jQuery 的 empty 方法删除被选元素的子元素。例如：

```
$("#div1").empty();
```

4）过滤被删除的元素

jQuery 的 remove 方法也可接受一个参数，允许对被删元素进行过滤。

该参数可以是任何 jQuery 选择器的语法。

下面的例子删除 class＝"italic"的所有＜p＞元素。

```
$("p").remove(".italic");
```

6.3 Web 图表应用

6.3.1 Web 图表库简介

1. Highcharts

Highcharts 可以让数据可视化更加简单。Highcharts 可以兼容 IE6＋，完美支持移动端，图表类型丰富，具有方便快捷的 HTML5 交互性图表库。

Highcharts 是一个用纯 JavaScript 编写的一个图表库，能够很简单便捷地在 Web 网站或是 Web 应用程序添加有交互性的图表，并且免费提供给个人学习、个人网站和非商业用途使用，如图 6-11 所示。

图 6-11　Highcharts 图标库

Highcharts 支持的图表类型有直线图、曲线图、区域图、柱状图、饼状图、散状点图、仪表图、气泡图、瀑布流图等 20 多种图表，其中很多图表可以集成在同一个图形中形成混合图。

非商业可以使用免费 Highcharts，商业使用则要付费。

2. ECharts

ECharts 由百度公司前端技术部开发的，是一个纯 JavaScript 的图表库，可以流畅地运行在 PC 和移动设备上，兼容当前绝大部分浏览器（IE8、EI9、IE10、IE11 以及 Chrome、Firefox、Safari 等），底层依赖轻量级的 Canvas 类库 ZRender，提供直观、生动、可交互、可高度个性化定制的数据可视化图表，如图 6-12 所示。

ECharts 有良好的自适应效果，ECharts 3 中加入了更多丰富的交互功能以及更多的

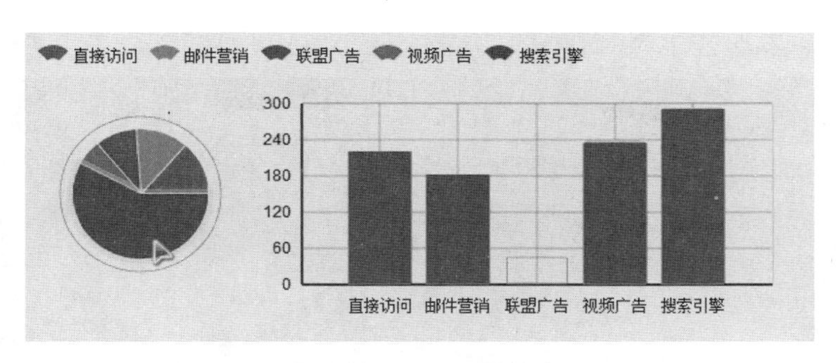

彩图 6-12

图 6-12 Echarts 图标库

可视化效果，并且对移动端做了深度的优化。

3. Chartist.js

Chartist.js 是一个使用 SVG 构建的简单的响应式图表库，可以作为前端图表生成器。同样兼容当前绝大部分浏览器(IE8、IE9、IE10、IE11 以及 Chrome、Firefox、Safari 等)。

Chartist.js 每个图表从大小到配色方案都是完全响应和高度可定制的，依靠 SVG 将图形作为图像动态地呈现到页面上。完全使用 SASS 构建，并且支持自定义，如图 6-13 所示。

图 6-13 Chartist.js 图标库

该软件开源，所有用户皆可免费使用。

4. FusionCharts

FusionCharts 带来了一个最全面的库，超过 90 种图表和 900 种图——所有均就绪备用。FusionCharts 提供了一个功能强大的体验仪表板，通过它可以鸟瞰整个业务功能，如图 6-14 所示。

FusionCharts 兼容 PC 和 Mac 计算机以及 iPhone 和 Android 平板计算机等多种设备；他们做了许多额外的努力来确保跨浏览器的兼容性，甚至包括 IE6。还涵盖了所有基础格式——JSON 和 XML 数据格式都能够接受；可以通过 HTML5、SVG 和 VML 绘制，图表可以导出为 PNG、JPG 或 PDF 格式。FusionCharts 的扩展可以很容易地与所选择的

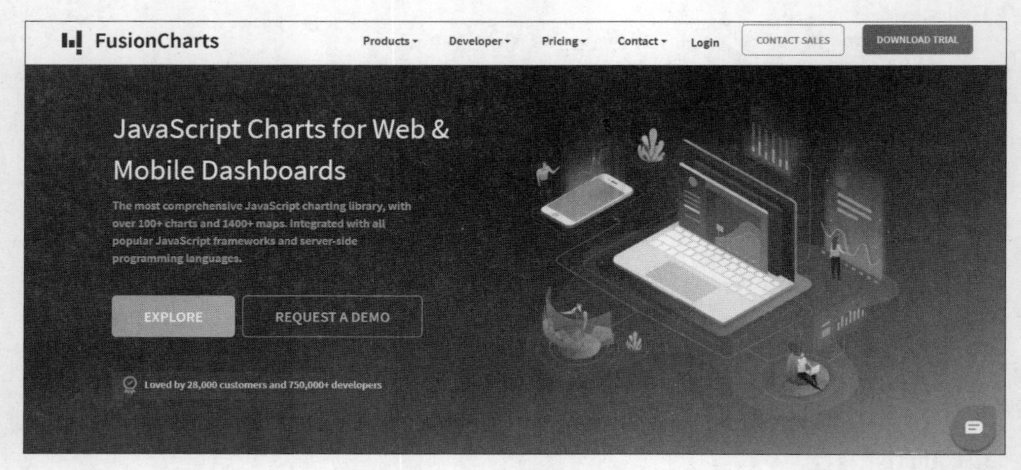

图 6-14 FusionCharts 图表库

任何技术集成,包括 jQuery、AngularJS、PHP 和 Rails。

总之,FusionCharts 拥有创建漂亮图表和做严格业务分析所需的任何特征和格式。而且非商业用途时可以免费下载并使用,没有任何限制。

5. D3.js

D3.js 是一个非常广泛和强大的图形 JavaScript 库。它允许将任意数据绑定到文档对象模型,然后将数据驱动的转换应用于文档。

D3.js 远远超出了典型的图表库,包括许多其他较小的技术模块,如轴、颜色、层次结构、轮廓、缓动、多边形等。所有这些都使得学习曲线陡峭。

尝试创建简单的图表可能很复杂,需要明确定义包括轴和其他图表项在内的所有元素。许多示例显示了如何使用 CSS 来设置图表元素的样式,没有基于图表的功能自动应用。如果想进入并利用创造力来完全控制每一个元素,那么它是最好的选择。为了满足数据可视化项目的要求,它可能不是从头开始的最佳选择。

D3.js 可以是图表库的构建块。开发人员使用 D3.js 使其更容易使用消耗它的图表解决方案,例如 NVD3,如图 6-15 所示。

D3.js 是开源的,可以免费使用。

6.3.2 Highcharts 的使用

Highcharts 是一款纯 JavaScript 编写的图表库,能够很简单便捷地在 Web 网站或 Web 应用中添加交互性的图表,Highcharts 目前支持直线图、曲线图、面积图、柱状图、饼图、散点图等不同类型的图表,可以满足用户对 Web 图表的任何需求。

1. Highcharts 的特性

Highcharts 特性如下。

- 兼容性:支持所有主流浏览器和移动平台(Android、iOS 等)。
- 多设备:支持多种设备,如手持设备 iPhone/iPad、平板计算机等。
- 免费使用:非商业用途使用时开源免费。

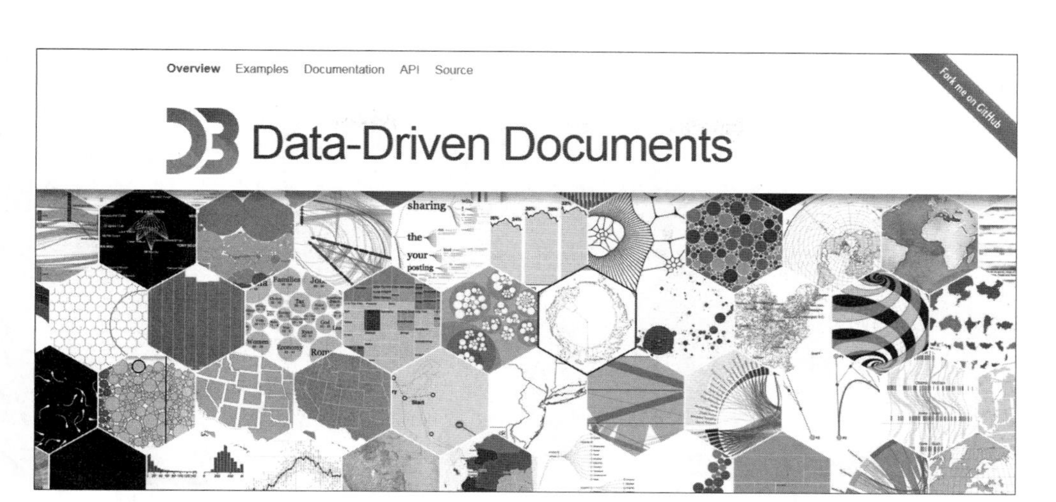

图 6-15 D3.js 图表库

彩图 6-15

- 轻量：highcharts.js 内核库大小只有 35KB 左右。
- 配置简单：使用 json 格式配置。
- 动态：可以在图表生成后修改。
- 多维：支持多维图表。
- 配置提示工具：鼠标移动到图表的某一点上有提示信息。
- 时间轴：可以精确到毫秒。
- 导出：表格可导出为 PDF、PNG、JPG、SVG 格式。
- 输出：网页输出图表。
- 可变焦：选中图表部分放大，近距离观察图表。
- 外部数据：从服务器载入动态数据。
- 文字旋转：支持在任意方向的标签旋转。

Highcharts 支持的常用图表类型如表 6-4 所示。

表 6-4 Highcharts 支持的常用图表类型

序　　号	图 表 类 型	序　　号	图 表 类 型
1	曲线图	7	组合图表
2	区域图	8	3D 图
3	饼图	9	测量图
4	散点图	10	热点图
5	气泡图	11	树状图
6	动态图表		

2. Highcharts 的安装

Highcharts 依赖于 jQuery，所以在加载 Highcharts 前必须先加载 jQuery 库。Highcharts 安装可以使用以下两种方式。

（1）访问 highcharts.com 下载 Highcharts 包。例如：

```
<head>
  <script src="/highcharts/highcharts.js"></script>
</head>
```

（2）使用官方提供的 CDN 地址。例如：

```
<head>
  <script src="http://code.highcharts.com/highcharts.js"></script>
</head>
```

3. Highcharts 的基本组成

1）标题(Title)

图表标题,包含标题和副标题,其中副标题是非必需的。

2）坐标轴(Axis)

坐标轴包含 x 轴和 y 轴。通常情况下,x 轴显示在图表的底部,y 轴显示在图表的左侧。多个数据列可以共同使用同一个坐标轴,为了对比或区分数据,Highcharts 提供了多轴的支持。

3）数据列(Series)

数据列即图表上一个或多个数据系列。例如,曲线图中的一条曲线,柱状图中的一个柱形。

4）数据提示框(Tooltip)

当鼠标悬停在某点时,以框的形式提示该点的数据。例如,该点的值、数据单位等。数据提示框内提示的信息完全可以通过格式化函数动态指定。

5）图例(Legend)

图例是图表中用不同形状、颜色、文字等标示不同的数据列,通过单击标示可以显示或隐藏该数据列。

6）版权标签(Credits)

显示在图表右下方的包含链接的文字,默认是 Highcharts 的官网地址。通过指定 credits.enabled＝false 可以不显示该信息。

7）导出功能(Exporting)

通过引入 exporting.js 可以增加图表导出为常见文件功能。

8）标示线(PlotLines)

可以在图表上增加一条标示线,例如平均值线、最高值线等。

9）标示区(PlotBands)

可以在图表添加不同颜色的区域带,标示出明显的范围区域。

4. Highcharts 的配置

Highcharts 配置步骤如下。

（1）创建 HTML 页面。

如下创建一个 HTML 页面，引入 jQuery 和 Highcharts 库。文件名为 HighchartsTest.htm。

```
<html>
<head>
    <title>Highcharts 教程</title>
    <script src="http://apps.bdimg.com/libs/jquery/2.1.4/jquery.min.js">
</script>
    <script src="/try/demo_source/highcharts.js"></script>
</head>
<body>
    <div id="container" style="width: 550px; height: 400px; margin: 0 auto">
</div>
    <script language="JavaScript">
    $(document).ready(function() {
    });
    </script>
</body>
</html>
```

上面例子中 id 为 container 的 div，用于包含 Highcharts 绘制的图表。

(2) 创建配置文件。

Highcharts 库使用 json 格式来配置。

```
$('#container').highcharts(json);
```

这里 json 表示使用 json 数据格式和 json 格式的配置来绘制图表。具体配置如下。

① 标题。为图表配置标题如下。

```
var title={
  text: '月平均气温'
};
```

② 副标题。为图表配置副标题如下。

```
var subtitle={
  text: '智学云'
};
```

③ X 轴。配置要在 X 轴显示的项如下。

```
var xAxis={
   categories: ['一月', '二月', '三月', '四月', '五月', '六月'
      ,'七月', '八月', '九月', '十月', '十一月', '十二月']
};
```

④ Y 轴。配置要在 Y 轴显示的项如下。

```
var yAxis={
   title: {
      text: 'Temperature(\xB0C)'
   },
   plotLines: [{
      value: 0,
      width: 1,
      color: '#808080'
   }]
};
```

⑤ 提示信息。为图表配置提示信息如下。

```
var tooltip={
   valueSuffix: '\xB0C'
}
```

⑥ 展示方式。配置图表向右对齐如下。

```
var legend={
   layout: 'vertical',
   align: 'right',
   verticalAlign: 'middle',
   borderWidth: 0
};
```

⑦ 数据。配置图表要展示的数据如下。其中,每个系列是个数组,每一项在图片中都会生成一条曲线。

```
var series=[
   {
      name: '武汉',
      data: [7.0, 6.9, 9.5, 14.5, 18.2, 21.5, 25.2,
         26.5, 23.3, 18.3, 13.9, 9.6]
   },
   {
      name: '上海',
      data: [-0.2, 0.8, 5.7, 11.3, 17.0, 22.0, 24.8,
         24.1, 20.1, 14.1, 8.6, 2.5]
   },
   {
      name: '昆明',
```

```
        data: [-0.9, 0.6, 3.5, 8.4, 13.5, 17.0, 18.6,
          17.9, 14.3, 9.0, 3.9, 1.0]
    },
    {
        name: '成都',
        data: [3.9, 4.2, 5.7, 8.5, 11.9, 15.2, 17.0,
          16.6, 14.2, 10.3, 6.6, 4.8]
    }
];
```

(3) 创建 json 数据。

组合配置信息如下。

```
var json={};
json.title=title;
json.subtitle=subtitle;
json.xAxis=xAxis;
json.yAxis=yAxis;
json.tooltip=tooltip;
json.legend=legend;
json.series=series;
Step 4: Draw the chart
$('#container').highcharts(json);
```

例 6-7 创建 Highcharts 曲线图表。

完整的实例(HighchartsTest.htm)如下,效果显示如图 6-16 所示。

```
<html>
<head>
  <meta charset="UTF-8" />
  <title>Highcharts 教程</title>
  <script src="https://apps.bdimg.com/libs/jquery/2.1.4/jquery.min.js">
</script>
  <script src="https://code.highcharts.com/highcharts.js"></script>
</head>
<body>
<div id="container" style="width: 550px; height: 400px; margin: 0 auto"></div>
<script language="JavaScript">
$(document).ready(function() {
  var title={
      text: '月平均气温'
  };
  var subtitle={
      text: '智能家居'
```

```
};
var xAxis={
    categories:['一月','二月','三月','四月','五月','六月'
          ,'七月','八月','九月','十月','十一月','十二月']
};
var yAxis={
   title:{
      text:'Temperature(\xB0C)'
   },
   plotLines:[{
      value:0,
      width:1,
      color:'#808080'
   }]
};
var tooltip={
   valueSuffix:'\xB0C'
}
var legend={
   layout:'vertical',
   align:'right',
   verticalAlign:'middle',
   borderWidth:0
};
var series=[
   {
      name:'武汉',
      data:[7.0, 6.9, 9.5, 14.5, 18.2, 21.5, 25.2,
            26.5, 23.3, 18.3, 13.9, 9.6]
   },
   {
      name:'上海',
      data:[-0.2, 0.8, 5.7, 11.3, 17.0, 22.0, 24.8,
         24.1, 20.1, 14.1, 8.6, 2.5]
   },
   {
      name:'昆明',
      data:[3.9, 4.2, 5.7, 8.5, 11.9, 15.2, 17.0,
         16.6, 14.2, 10.3, 6.6, 4.8]
   }
];  var json={};
json.title=title;
```

```
    json.subtitle=subtitle;
    json.xAxis=xAxis;
    json.yAxis=yAxis;
    json.tooltip=tooltip;
    json.legend=legend;
    json.series=series;
    $('#container').highcharts(json);
});
</script>
</body>
</html>
```

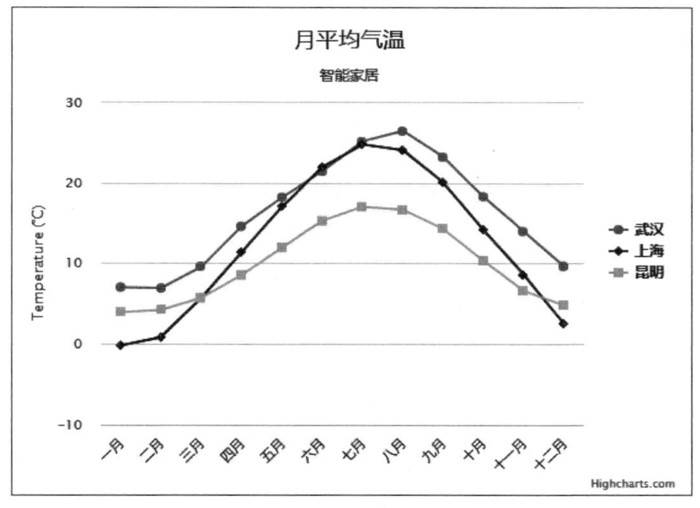

图 6-16 Highcharts 曲线图表

彩图 6-16

6.3.3 FusionCharts 的使用

FusionCharts 是一个 Flash 的图表组件，它可以用来制作数据动画图表，其中动画效果用的是 Adobe Flash 8 制作的 flash，FusionCharts 可用于任何网页的脚本语言(HTML、.NET、ASP、JSP、PHP、ColdFusion 等)，提供互动性和强大的图表。使用 XML 作为其数据接口，FusionCharts 充分利用 Flash 创建图表。

1. 安装与使用

FusionCharts 是运行在桌面和移动网络浏览器上的 JavaScript 库。安装过程非常简单，仅需要将下载包中的 JavaScript 文件复制到项目文件夹即可。然后就可以将 FusionCharts 的 JavaScript 库合并到用户自己的 Web 应用程序，并开始建立图表、仪表和地图了。

FusionCharts 套件库中的 JavaScript 文件都位于下载包中的 JS 文件夹中，在 fusioncharts 文件夹中可以看到如表 6-5 所示的 JavaScript 文件。

表 6-5　FusionCharts 套件库中的 JavaScript 文件

序　号	文件名称	文件描述
1	fusioncharts.js	是 FusionCharts 的核心库，其中包含所有网页所需的图表、仪表或地图
2	fusioncharts.charts.js	用于渲染 FusionCharts XT 下的所有图表
3	fusioncharts.widgets.js	用于渲染 FusionWidgets XT 下的所有仪表
4	fusioncharts.powercharts.js	用于渲染 PowerCharts XT 下的所有图表
5	fusioncharts.gantt.js	用于渲染 FusionWidgets XT 下的所有甘特图表
6	fusioncharts.maps.js	是核心地图渲染文件
7	maps/ *	此文件夹包含每个由 fusioncharts.maps.js 渲染的地图所需的路径数据。为了使下载包小，它仅包含两个地图：fusioncharts.world.js 和 fusioncharts.usa.js。可以从这里下载 FusionMaps XT 提供的所有 965 个地图
8	themes/ *	此文件夹包含可以被图表、仪表和地图通过中央 FusionCharts 主题（JSON）文件来定义样式的预定义主题。每个主题文件都有自己的名字，通过名字被引用

1）在 Web 服务器上安装 FusionCharts 套包

用户可以在 Web 应用程序的文档根目录创建一个名为 fusioncharts 的文件夹；用户也可以以其他名字来命名文件夹，并将其放置在根目录的另一个文件夹。只是前者是用户应用程序的所有页面，更容易从任何地方访问到库。

将下载包中的 js 文件夹中的所有 JavaScript 文件复制到上面创建的 fusioncharts 文件夹。安装完成后，就可以在 Web 应用程序中使用的 FusionCharts XT 创建图表了。

2）在本地计算机（文件系统）安装 FusionCharts 套包

如果需要在本地计算机创建图表，用于一般绘制或测试目的，请执行如下操作。

（1）在工作文件夹创建一个 fusioncharts 文件夹。

（2）将下载包中 js 文件夹中的所有 JavaScript 文件复制到 fusioncharts 文件夹。

（3）创建 HTML 网页，然后通过上面 JavaScript 文件的相对路径开始创建图表。

注意：虽然是本地渲染图表，但由于大多数浏览器有强制执行的安全限制，用户将无法在硬盘驱动器上从 XML 或 JSON 文件加载数据。

2. 曲线样式图表

1）引入 js 插件和对应主题文件

首先创建 Web 工作上目录，设计制作主页面文件；然后创建 fusioncharts 文件夹，把压缩包下 js 文件夹里所有的文件复制过来，代码如下。

```
<script src="js/charts/fusioncharts/fusioncharts.js"></script>
<script src="js/charts/fusioncharts/fusioncharts.widgets.js"></script>
<script src="js/charts/fusioncharts/themes/fusioncharts.theme.fint.js">
</script>
```

```
<script src="js/charts/highchart/highcharts.js"></script>
<script src="js/charts/highchart/highcharts-more.js"></script>
<script src="js/script.js"></script>
```

2）用HTML绑定节点

定义一个div如下。

```
<div class="chartDiv" id="historyChart" ></div>
```

3）自定义图表

举例如下。

```
//曲线样式图表
function curve(id,unit,color,height) {
    var revenueChart=new FusionCharts({
        "type": "area2d",
        "renderAt": id,
        "width": "100%",
        "height": height,
        "dataFormat": "json",
        "dataSource":  {
            "chart": {
                "numbersuffix": unit,
                "showborder": "0",
                "showvalues": "0",
                "paletteColors": color,
                "plotFillAlpha": "30",
                "theme": "fint"
            },
            "data": [
                {
                    "label": "0:00",
                    "value": "15.0",
                    "tooltext": "0:00{br}15.0V"
                },
                {
                    "label": "1:00",
                    "value": "13.0",
                    "tooltext": "1:00{br}13.0V"
                },
                {
                    "label": "12:00",
                    "value": "10.0",
                    "tooltext": "12:00{br}10.0V"
                },
                {
```

```
            "label": "0:00",
            "value": "15.0",
            "tooltext": "0:00{br}15.0V"
        },
        {
            "label": "1:00",
            "value": "13.0",
            "tooltext": "1:00{br}13.0V"
        },
        {
            "label": "2:00",
            "value": "10.0",
            "tooltext": "12:00{br}10.0V"
        },
        {
            "label": "0:00",
            "value": "15.0",
            "tooltext": "0:00{br}15.0V"
        },
        {
            "label": "11:00",
            "value": "13.0",
            "tooltext": "1:00{br}13.0V"
        },
        {
            "label": "2:00",
            "value": "10.0",
            "tooltext": "12:00{br}10.0V"
        },
        {
            "label": "0:00",
            "value": "15.0",
            "tooltext": "0:00{br}15.0V"
        },
        {
            "label": "1:00",
            "value": "13.0",
            "tooltext": "1:00{br}13.0V"
        },
        {
            "label": "2:00",
            "value": "10.0",
            "tooltext": "12:00{br}10.0V"
        }
```

```
            ]
        }

    });
    revenueChart.render();
}
```

说明：

- type 是图表的类型。
- renderAt 是在哪个控件上显示图表，值是控件的 id。当一个页面里有多个图形的时候，这个 id 必须是唯一的。
- width 是宽度。
- height 是高度。
- dataFormat 是数据格式 json/xml。
- dataSource 是数据源。

chart 表格的参数：numbersuffix 是增加数字后缀、showborder 是画布透明度、showvalues 是在图表显示对应的数据值、paletteColors 是自定义图表元素颜色、plotFillAlpha 是每片的边框填充透明度、theme 是主题、data 是具体数据。

显示效果如图 6-17 所示。

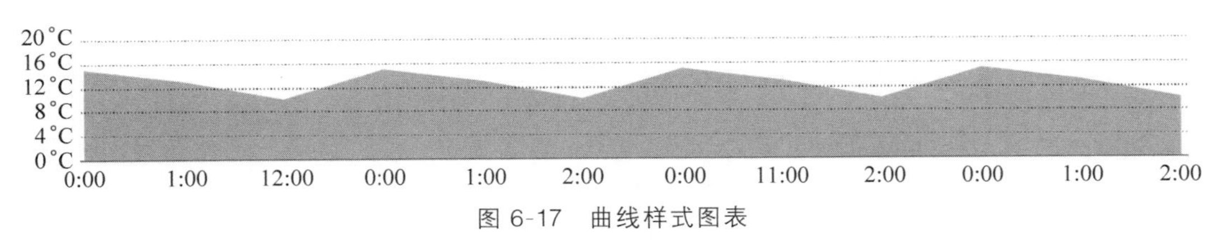

图 6-17 曲线样式图表

3. Foundation 滑块

Foundation 滑块允许用户通过拖动来选取区间值。

滑块可以使用<div class="range-slider" data-slider>创建。在<div>内，可以通过添加两个<span>元素创建：<span class="range-slider-handle">创建矩形滑块（蓝色背景），<span class="range-slider-active-segment">是创建在滑块后的灰色横条，是滑块拖动区域。

注意：滑块需要使用 JavaScript，所以需要初始化 Foundation JS。

例如：

```
<div class="range-slider" data-slider>
  <span class="range-slider-handle"></span>
  <span class="range-slider-active-segment"></span>
</div>
<!--Initialize Foundation JS -->
<script>
```

```
$(document).ready(function() {
    $(document).foundation();
})
</script>
```

页面显示效果如图 6-18 所示。

区间滑块

.range-slider-handle 类创建一个滑块实体（蓝色矩形），.range-slider-active-segment 在滑块后添加灰色横条：

图 6-18　Foundation 滑块显示效果

1）圆角和禁用滑块

可以如下创建圆角和禁用滑块。

```
<div class="range-slider" data-slider>..</div>
<div class="range-slider radius" data-slider>…</div>
<div class="range-slider round" data-slider>…</div>
<div class="range-slider disabled" data-slider>…</div>
```

页面显示效果如图 6-19 所示。

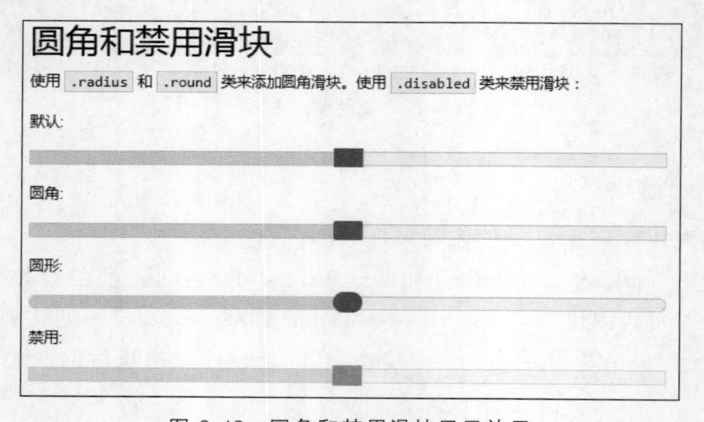

图 6-19　圆角和禁用滑块显示效果

2）滑块值

默认情况下，滑块放在横条的中间（数值为 50）。可以通过添加 data-options＝"initial：num" 属性来修改默认值。

```
<div class="range-slider" data-slider data-options="initial: 80;">
  <span class="range-slider-handle"></span>
```

```
  <span class="range-slider-active-segment"></span>
</div>
```

页面显示效果如图 6-20 所示。

图 6-20 默认滑块值显示效果

3）显示滑块值

如果需要在滑块拖动时实时显示值，可以通过在<div>中添加 data-options="display_selector:#id"属性，并且要求元素 id 值与滑块的 id 匹配。例如：

```
<span id="mySlider"></span>
<div class="range-slider" data-slider data-options="display_selector: #
mySlider;">
  <span class="range-slider-handle"></span>
  <span class="range-slider-active-segment"></span>
</div>
```

页面显示效果如图 6-21 所示。

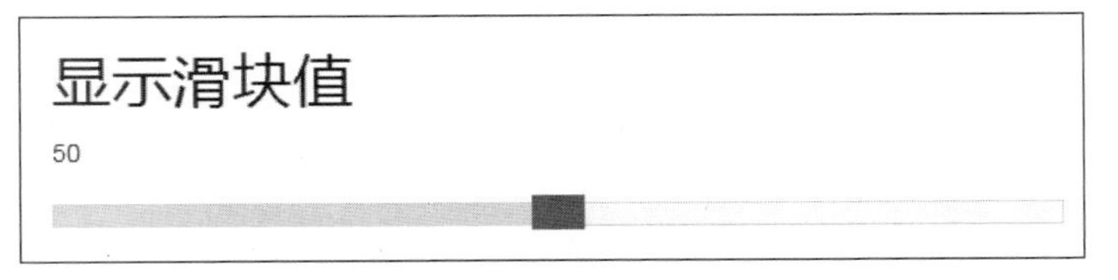

图 6-21 显示滑块值

4）组合数据选项

以下示例使用了 display_selector 和 initial 数据选项。

```
<span id="mySlider"></span>
<div class="range-slider" data-slider data-options="display_selector: #
mySlider; initial: 20;">
<span class="range-slider-handle"></span>
  <span class="range-slider-active-segment"></span>
</div>
```

页面显示效果如图 6-22 所示。

5）步长

默认情况下，滑块滑动的增加减少的数量为 1。可以通过添加 data-options="step:num;"属性来修改步长值。下面的示例中步长值设置为 25。

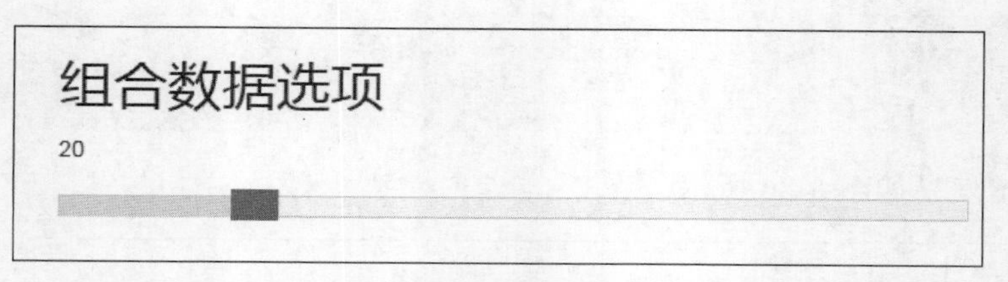

图 6-22　组合数据选项显示效果

```
<span id="mySlider"></span>
<div class="range-slider" data-slider data-options="display_selector: #mySlider; step: 25;">
  <span class="range-slider-handle"></span>
  <span class="range-slider-active-segment"></span>
</div>
```

页面显示效果如图 6-23 所示。

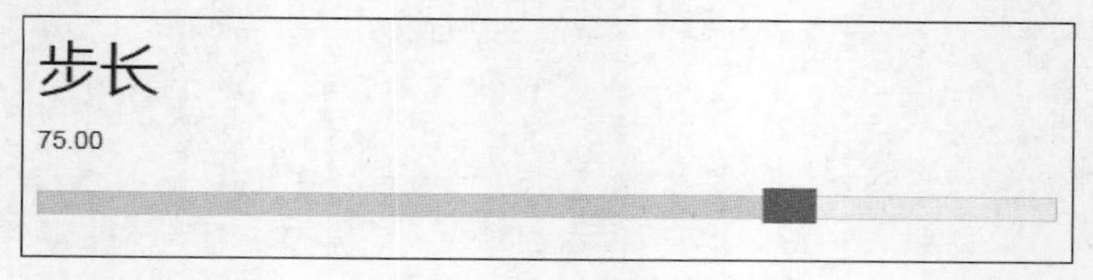

图 6-23　步长显示效果

6）自定义区间

默认情况下，区间值为 0～100。可以通过添加 data-options start 和 end 来设置区间值。以下示例设置区间值为 1～20。

```
<span id="mySlider"></span>
<div class="range-slider" data-slider data-options="display_selector: #mySlider; start: 1; end: 20;">
  <span class="range-slider-handle"></span>
  <span class="range-slider-active-segment"></span>
</div>
```

页面显示效果如图 6-24 所示。

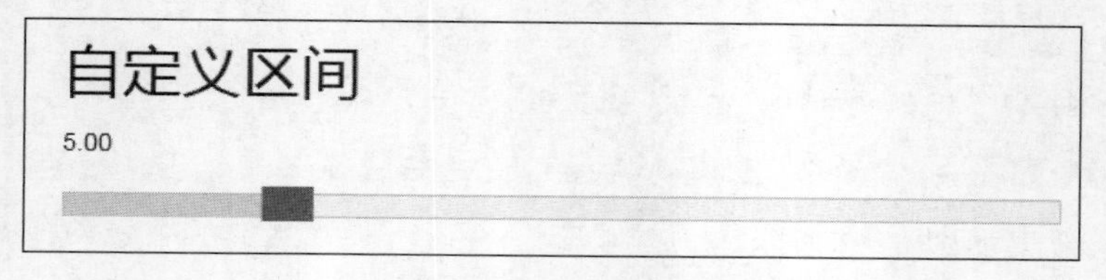

图 6-24　自定义区间显示效果

6.4 项目案例

6.4.1 项目目标

掌握 Bootstrap 内置的布局组件，掌握引用 Bootstrap 插件，通过 jQuery 绑定 Click 事件。

掌握自定义图表库的使用，以及 Foundation 滑块设计，实现能耗管理界面设计。

6.4.2 案例描述

本项目能耗管理界面设计，是通过 Bootstrap 内置的布局组件实现智能家居 4 个导航窗样式的，同时使用自定义图表库完成用电功率、用电历史图表设计，利用 Foundation 滑块完成电量阈值模块的能耗控制设置。

6.4.3 案例要点

了解并掌握 Bootstrap 框架的应用，了解并掌握 jQuery 库的调用，根据需要通过图表完成能耗管理界面的设计。

6.4.4 案例实施

1. 创建 HTML 文件

创建 HTML 文件如下。

```
<div class="page-header">
    <h3>智能家居</h3>
    <ul class="nav nav-pills"  role="tablist">
        <li role="presentation"><a href="#environ" aria-controls="environ"
            role="tab" data-toggle="tab">环境监测</a></li>
        <li role="presentation"><a href="#security" aria-controls=
            "security" role="tab" data-toggle="tab">安全防护</a></li>
        <li role="presentation"><a href="#controller" aria-controls=
            "controller" role="tab" data-toggle="tab">电器控制</a></li>
        <li role="presentation" class="active"><a href="#energy" aria-
            controls="energy" role="tab" data-toggle="tab">能耗管理</a>
            </li>
    </ul>
</div>
<div class="tab-content">
<div class="main container-fluid tab-pane active energy"  id="energy"
    role="tabpanel">
        <div class="row">
                <div class="col-xs-4 col-md-4">
                    <div class="panel panel-primary">
```

```
            <div class="panel-heading query-btn">用电功率<span
                class="online"></span></div>
            <div class="panel-body text-center power-panel-body">
                <div class="chartDiv" id="powerChart"></div>
                <br/>
                <button class="btn btn-default">开启</button>
            </div>
        </div>
    </div>
    <div class="col-xs-4 col-md-4">
        <div class="panel panel-primary">
            <div class="panel-heading">电量阈值</div>
            <div class="panel-body">
                <div class="nstSlider" id="nstSliderS" data-range_
                    min="0" data-range_max="20000"
                    data-cur_min="20000"  data-cur_max="0">
                    <div class="bar" id="barS"></div>
                    <div class="leftGrip" id="leftGripS"></div>
                    <div class="leftLabel nstSlider-val"
                        id="leftLabelS" ></div>
                    <div class="rightLabel nstSlider-val"
                        id="rightLabelS" ></div>
                </div>
                <div class="mode-text">
                    <span id="mode-txt-3"><b>设置电量上限</b>: 高于
                        阈值将强制断电。</span>
                </div>
            </div>
        </div>
    </div>
    <div class="col-xs-4 col-md-4">
        <div class="panel panel-primary">
            <div class="panel-heading">模式设置</div>
            <div class="panel-body">
                <ul class="dowebok flex" id="mode-switch" >
                    <li>
                        <input class="labelauty" type="radio"
                            name="radio" data-labelauty="自动模式"
                            id="labelauty-112"  style="display:
                            none;" value="auto-mode">
                        <label for="labelauty-112">
                            <span class="labelauty-unchecked-
                                image"></span>
                            <span class="labelauty-unchecked">自动
                                模式</span>
```

```
                        <span class="labelauty-checked-
                            image"></span>
                        <span class="labelauty-checked">自动模
                            式</span>
                    </label>
                </li>
                <li>
                    <input class="labelauty" type="radio"
                        name="radio" data-labelauty="手动模式"
                        id="labelauty-122"  style="display:
                        none;"value="manual-mode" checked >
                    <label for="labelauty-122">
                        <span class="labelauty-unchecked-
                            image"></span>
                        <span class="labelauty-unchecked">手动
                            模式</span>
                        <span class="labelauty-checked-
                            image"></span>
                        <span class="labelauty-checked">手动模
                            式</span>
                    </label>
                </li>
            </ul>
            <div class="mode-text mode-right" id="mode-text">
                <span id="mode-txt-1" class="hidden"><b>自动模
                    式</b>: 根据设置的阈值自动断电。</span>
                <span id="mode-txt-2" ><b>手动模式</b>: 忽略阈
                    值,手动开关电源等。</span>
            </div>
        </div>
    </div>
</div>
<div class="col-xs-12 col-md-12">
    <div class="panel panel-primary power-his-panel">
        <div class="panel-heading">用电历史</div>
        <div class="panel-body text-center ">

            <div class="chartDiv" id="historyChart" ></div>
            <br/>
        </div>
    </div>
</div>
</div>
</div>
</div>
```

2. 引入 js 插件文件

引入 js 插件文件如下。

```
<!--引入 js 插件文件-->
<script src="js/jquery.min.js"></script>
<script src="js/jquery-labelauty.js"></script>
<script src="js/jquery.nstSlider.min.js"></script>
<script src="js/charts/fusioncharts/fusioncharts.js"></script>
<script src="js/charts/fusioncharts/fusioncharts.widgets.js"></script>
<script src="js/charts/fusioncharts/themes/fusioncharts.theme.fint.js"></
script>
<script src="js/charts/highchart/highcharts.js"></script>
<script src="js/charts/highchart/highcharts-more.js"></script>
<script src="js/bootstrap/bootstrap.min.js"></script>
<script src="js/bootstrap-select.min.js"></script>
<script src="js/script.js"></script>
```

3. 自定义图表的 JavaScript 代码

自定义图表的 JavaScript 代码如下。

```
//绘制实时功率表盘
$("#powerChart").highcharts({
        chart: {
            type: 'gauge',
            plotBackgroundColor: null,
            plotBackgroundImage: null,
            plotBorderWidth: 0,
            plotShadow: false
        },
        title: {
            text: ""
        },
        pane: {
            startAngle: -150,
            endAngle: 150,
            background: [{
                backgroundColor: {
                    linearGradient: { x1: 0, y1: 0, x2: 0, y2: 1 },
                    stops: [
                        [0, '#FFF'],
                        [1, '#333']
                    ]
                },
```

```
                borderWidth: 0,
                outerRadius: '109%'
            }, {
                backgroundColor: {
                    linearGradient: { x1: 0, y1: 0, x2: 0, y2: 1 },
                    stops: [
                        [0, '#333'],
                        [1, '#FFF']
                    ]
                },
                borderWidth: 1,
                outerRadius: '107%'
            }, {
                //default background
            }, {
                backgroundColor: '#DDD',
                borderWidth: 0,
                outerRadius: '105%',
                innerRadius: '103%'
            }]
        },
        //the value axis
        yAxis: {
            min: 0,
            max: 3000,
            minorTickInterval: 'auto',
            minorTickWidth: 1,
            minorTickLength: 10,
            minorTickPosition: 'inside',
            minorTickColor: '#666',
            tickPixelInterval: 30,
            tickWidth: 2,
            tickPosition: 'inside',
            tickLength: 10,
            tickColor: '#666',
            labels: {
                step: 2,
                rotation: 'auto'
            },
            title: {
                text: 'kWh'
            },
            plotBands: [{
                from: 0,
```

```
                    to: 2000,
                    color: '#55BF3B'
                }, {
                    from: 2000,
                    to: 2700,
                    color: '#DDDF0D'
                }, {
                    from: 2700,
                    to: 3000,
                    color: '#DF5353'
                }]
            },
            series: [{
                name: 'power',
                data: [0],
                tooltip: {
                    valueSuffix: 'kWh'
                }
            }]
        },
        //Add some life
        function (chart) {
            if(!chart.renderer.forExport) {
                //setInterval(function() {
                //var point=chart.series[0].points[0];
                //point.update(parseFloat(powerNew));
                //}, 1000);
            }
        }
);
//曲线样式图表
function curve(id,unit,color) {
    var revenueChart=new FusionCharts({
        "type": "area2d",
        "renderAt": id,
        "width": "100%",
        "height": "250",
        "dataFormat": "json",
        "dataSource":  {
            "chart": {
                "numbersuffix": unit,
                "showborder": "0",
                "showvalues": "0",
                "paletteColors": color,
                "plotFillAlpha": "30",
```

```
        "theme": "fint"
    },
    "data":[
        {
            "label": "0:00",
            "value": "15.0",
            "tooltext": "0:00{br}15.0V"
        },
        {
            "label": "1:00",
            "value": "13.0",
            "tooltext": "1:00{br}13.0V"
        },
        {
            "label": "12:00",
            "value": "10.0",
            "tooltext": "12:00{br}10.0V"
        },
        {
            "label": "0:00",
            "value": "15.0",
            "tooltext": "0:00{br}15.0V"
        },
        {
            "label": "1:00",
            "value": "13.0",
            "tooltext": "1:00{br}13.0V"
        },
        {
            "label": "2:00",
            "value": "10.0",
            "tooltext": "12:00{br}10.0V"
        },
        {
            "label": "0:00",
            "value": "15.0",
            "tooltext": "0:00{br}15.0V"
        },
        {
            "label": "11:00",
            "value": "13.0",
            "tooltext": "1:00{br}13.0V"
        },
        {
```

```
                    "label": "2:00",
                    "value": "10.0",
                    "tooltext": "12:00{br}10.0V"
                },
                {
                    "label": "0:00",
                    "value": "15.0",
                    "tooltext": "0:00{br}15.0V"
                },
                {
                    "label": "1:00",
                    "value": "13.0",
                    "tooltext": "1:00{br}13.0V"
                },
                {
                    "label": "2:00",
                    "value": "10.0",
                    "tooltext": "12:00{br}10.0V"
                }
            ]
        }
    });
    revenueChart.render();
}
```

4. Foundation 滑块的 JavaScript 代码

Foundation 滑块的 JavaScript 代码如下。

```
//设置滑块
$('#nstSliderS').nstSlider({
    "left_grip_selector": "#leftGripS",
    "value_bar_selector": "#barS",
    "value_changed_callback": function(cause, leftValue, rightValue) {
        var $container=$(this).parent(),
            g=255-127+leftValue,
            r=255-g,
            b=0;
        $container.find('#leftLabelS').text(rightValue);
        $container.find('#rightLabelS').text(leftValue);
        $(this).find('#barS').css('background', 'rgb('+[r, g, b].join(',')+')');
        console.log("阈值更新: "+leftValue);
        localData["threshold"]=leftValue;
        storeStorage();
    }
});
```

5. 程序运行与测试

程序运行后，能耗管理功能主界面如图 6-25 所示。

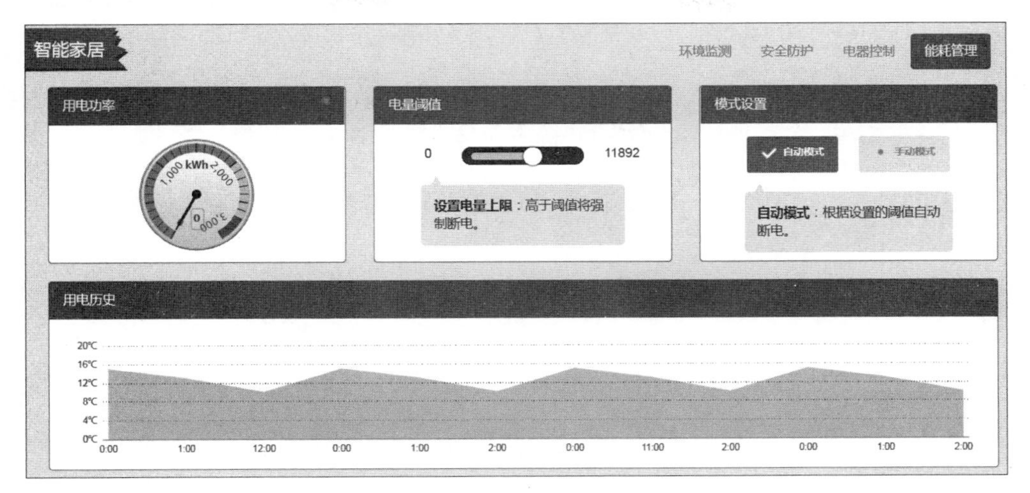

图 6-25 能耗管理功能主界面

设置电量阈值控制电量，如图 6-26 所示。

图 6-26 电量阈值设置

用电功率表盘如图 6-27 所示。

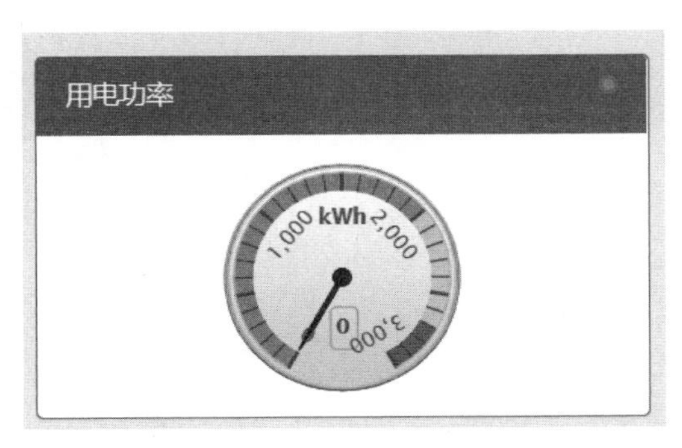

图 6-27 用电功率表盘

用电历史图表如图 6-28 所示。

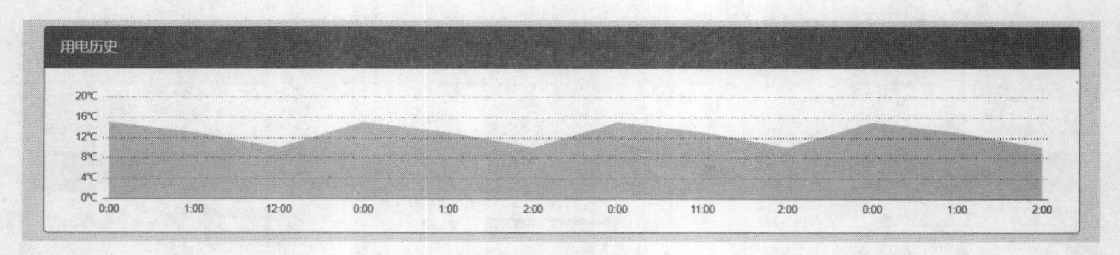

图 6-28 用电历史图表

习题

1. Web 站点引用 Bootstrap 插件的方式有哪两种？两种方式有什么区别？
2. 简述 jQuery 常用事件方法。
3. 简述 Foundation 滑块的创建。
4. 简述 Highcharts 的特性。
5. jQuery 中 width 与 outerWidth 的区别是什么？

第7章 Web应用物联网中间件

7.1 物联网 Web 应用框架

7.1.1 智云物联平台简介

智云物联是一个开放的公共物联网接入平台，目的是服务所有的物联网爱好者和开发者，使物联网传感器数据的接入、存储和展现变得轻松简单，让开发者能够快速开发出专业的物联网应用系统。智云物联平台如图 7-1 所示。

图 7-1 智云物联平台

一个有典型意义的物联网应用，一般要完成传感器数据的采集、存储以及数据的加工处理三项工作。例如，驾驶员希望获取去目的地的路途上的路况信息，为了达到这个目标，就需要有大量的交通流量传感器对几个可能路线上的车流和天气状况进行实时的采集，并存储到集中的路况处理服务器，服务器通过适当的算法得出大概的到达时间，并将处理的结果反馈给驾驶员。所以，物联网的系统架构设计可以分为如下三部分。

(1) 传感器硬件和接入互联网的通信网关(负责采集传感器数据并发送到互联网服务器)设计。

(2) 高性能的数据接入服务器和海量存储设计。

(3) 特定应用设计,处理结果展现服务。

要解决上述物联网系统架构的设计,需要有一个基于云计算与互联网的平台,而这个平台的稳定性、可靠性、易用性对该物联网项目的成功实施有着非常关键的作用。智云物联平台就是这样的一个开放平台,可以实现物联网服务平台的主要基础功能开发,提供开放程序接口,为用户提供基于互联网的物联网应用服务。同时,可以满足高校的特殊应用需求。

智云物联是国内唯一一个提供了完整的物联网云应用实验室解决方案的物联网公共服务平台。其目标是服务国内物联网应用技术教学,为高校师生提供一个共享的基于互联网的物联网云服务平台。

使用智云物联平台进行项目开发,具备以下优势。

- 让无线传感网快速接入互联网和电信网,支持手机和 Web 远程访问及控制。
- 解决多用户对单一设备访问的互斥、数据对多用户的主动消息推送等技术难题。
- 提供免费的物联网大数据存储服务,支持一年以上海量数据存储、查询、分析、获取等。
- 开源稳定的底层工业级传感网络协议栈,以及轻量级的 ZXBee 数据通信格式(JSON 数据包),易学易用。
- 开源的海量传感器硬件驱动库,开源的海量应用项目资源。
- 免应用编程的 BS 项目发布系统、Android 组态系统、LabView 数据接入系统。
- 其中的物联网分析工具,能够跟踪传感网络层、网关层、数据中心层、应用层的数据包信息,快速定位故障点。
- 良好的社区服务与不断积累的开发者,享受分享和讨论的乐趣。

1. 智云物联平台基本框架

智云物联公共服务平台在移动互联网/物联网项目架构中的基本框架如图 7-2 所示。

1) 全面感知

具有全系列的无线智能硬件系列,如 ZXBeeEdu、ZXBeeLite、ZXBeePlus、ZXBeeMini、ZXBeePro。

具有多达 10 种无线核心板: CC2530 ZigBee 模组、CC3200 WiFi 模组、CC2540 蓝牙模组、CC1110 433M 模组、STM32W108 ZigBee/IPv6 模组、HF-LPA WiFi 模组、HC05 蓝牙模组、ZM5168 ZigBee 模组、SZ05 ZigBee 模组、EMW3165 WiFi 模组。

具有多达 40+教学传感器/执行器、100+工业传感器/执行器,支持定制。

2) 网络传输

支持 ZigBee、WiFi、Bluetooth、RF433M、IPv6、LoRa、NB-IoT、LTE、电力载波、RS485/ModBus 等无线/有线通信技术。

采用易懂易学的 JSON 数据通信格式的 ZXBee 轻量级通信协议。

具有多种智能 M2M 网关: ZCloud-GW-S4418、ZCloud-GW-9x25、ZCloud-GW-PC,集成 WiFi/3G/100M 以太网等网络接口,支持本地数据推送及远程数据中心接入,采用 AES 加密认证。

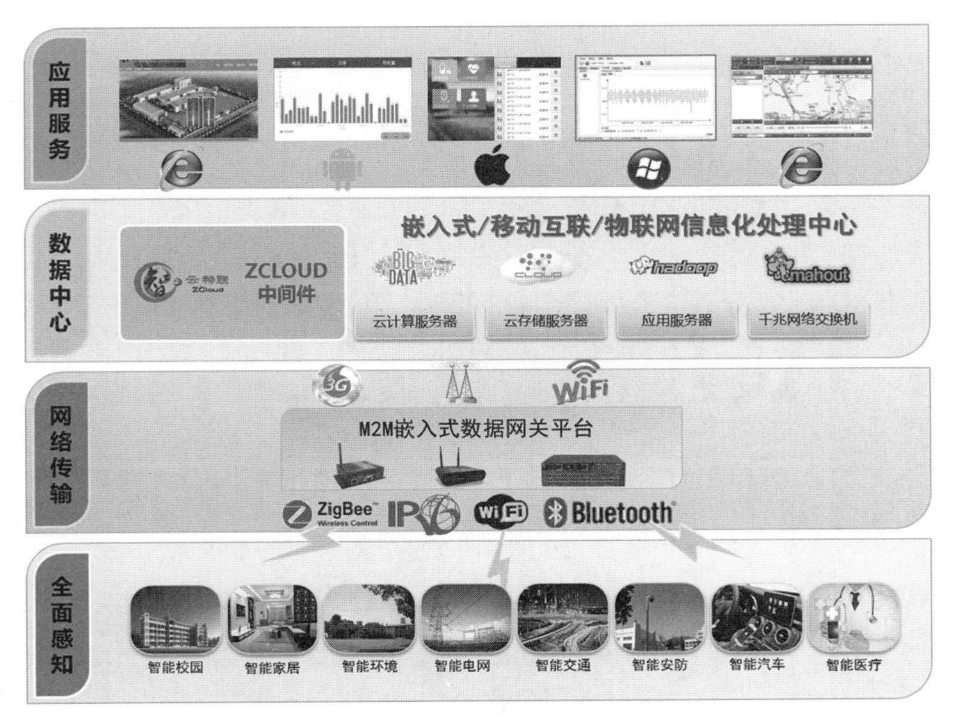

彩图 7-2

图 7-2 智云物联平台基本框架

3）数据中心

高性能工业级物联网数据集群服务器，支持海量物联网数据的接入、分类存储、数据决策、数据分析及数据挖掘。

分布式大数据技术具备数据的即时消息推送处理、数据仓库存储与数据挖掘等功能；云存储采用多处备份，数据永久保存，数据丢失概率小于0.1%。

基于B/S架构的后台分析管理系统，支持Web对数据中心进行管理和系统运营监控。

数据中心的主要功能模块：消息推送、数据存储、数据分析、触发逻辑、应用数据、位置服务、短信通知、视频传输等。

4）应用服务

智云物联平台应用程序编程接口，提供SensorHAL层、Android库、Web JavaScript库等API二次开发编程接口，具有互联网/物联网应用所需的采集、控制、传输、显示、数据库访问、数据分析、自动辅助决策、手机/Web应用等功能，可以基于该API上开发一整套完整的互联网/物联网应用系统。

提供实时数据（即时消息）、历史数据（表格/曲线）、视频监控（可操作云台转动、抓拍、录像等）、自动控制、短信/GPS等编程接口。

提供Android和Windows平台下ZXBee数据分析测试工具，方便程序的调试及测试。

基于开源的JSP框架的B/S应用服务，支持用户注册及管理、后台登录管理等基本功能，支持项目属性和前端页面的修改，能够根据项目需求定制各个行业应用服务。例如，智能家居管理平台、智能农业管理平台、智能家庭用电管理平台、工业自动化专家系统等。

Android应用组态软件支持各种自定义设备，包括传感器、执行器、摄像头等的动态添加、删除和管理，无须编程即可完成不同应用项目的构建。

支持与 LabView 仿真软件的数据接入，快速设计物联网组态项目原型。

2. 智云物联虚拟化技术

智云物联平台支持硬件与应用的虚拟化，硬件数据源仿真系统为上层软件工程师提供虚拟的硬件数据，图形化组态应用系统为底层硬件开发者提供图形化界面定制工具，其虚拟化技术框架如图 7-3 所示。

图 7-3 智云物联平台虚拟化技术框架

1）智云虚拟仿真与组态开发平台

智云虚拟仿真与组态开发平台包括图形化组态应用系统和硬件数据源仿真系统两大模块。其中，图形化组态应用系统为底层硬件开发者提供图形化界面定制工具，无须编程即可快速完成具备 HTML5 特效的应用系统的发布。硬件数据源仿真系统为上层软件工程师提供虚拟的硬件数据，通过选择不同的硬件组件单元，并设置数据属性，即可按照用户设定的逻辑为上层应用提供数据支撑。

2）图形化组态应用

基于 HTML5 技术，智云物联平台支持各种图表控件，针对不同尺寸的设备能够自适应缩放，通过 JavaScript 进行数据互动。可定制的图形化界面，为各种物联网控制系统定制软件所需要的控件，包括摄像头显示、仪表盘、数据曲线背景图、边框、传感器控件、执行器控件、按钮等。

图形化组态应用支持实时数据的推送、历史数据的图表/动态曲线展示、GIS 地图展示等，其界面如图 7-4 所示。提供多种页面模板布局，方便不同项目需求的选择。通过逻辑编辑器所设定的控制逻辑，系统也能自动控制物联网硬件设备。

3）硬件数据源仿真

基于 HTLM5 技术开发，提供各种物联网控制系统软件所需要的传感器、执行器、摄像头等。可设定虚拟设备的属性，按照自定义逻辑进行虚拟数据的产生和上报。采用

JavaScript 语言进行数据互动编程，简单易学。提供多种页面模板布局，可视化的图形系统，方便不同项目需求的选择。通过逻辑编辑器所设定的控制逻辑，可以模拟硬件系统的联动响应。硬件数据源仿真如图 7-5 所示。

图 7-4 图形化组态应用界面

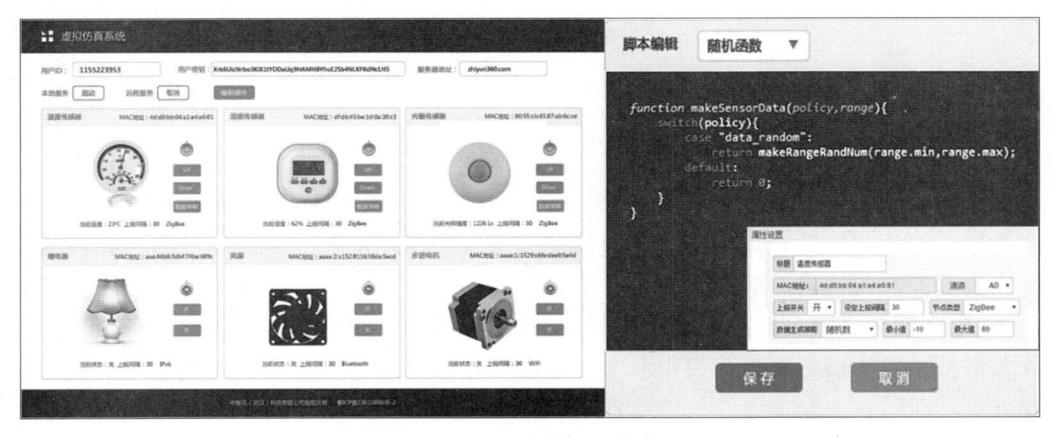

图 7-5 硬件数据源仿真

3. 智云物联平台常用硬件

智云物联平台支持各种智能设备的接入，智云物联平台常用硬件模型如图 7-6 所示。

（1）传感器：主要用于采集物理世界中发生的物理事件和数据，包括各类物理量、标识、音频、视频数据等。

（2）智云节点：采用单片机/ARM 等微控制器，具备物联网传感器的数据采集、传输、组网能力，能够构建传感网络。

（3）智云网关：实现传感网与电信网/互联网的数据联通，支持 ZigBee、WiFi、BLE、LoRa、NB-IoT、LTE 等多种传感协议的数据解析，支持网络路由转发，实现 M2M 数据交互。

(a) 传感器

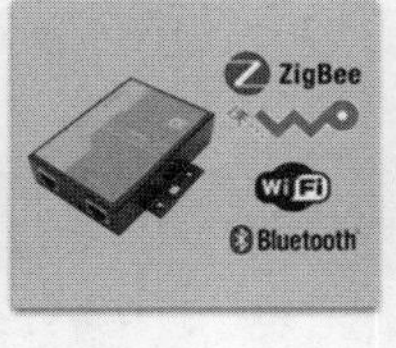

(b) 智云节点

(c) 智云网关

(d) 云服务器

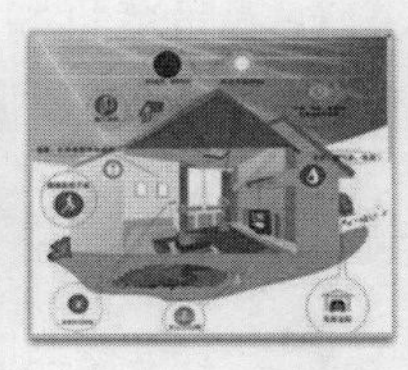
(e) 应用终端

图 7-6　智云物联平台常用硬件

（4）云服务器：负责对物联网海量数据进行中央处理，利用云计算大数据技术实现对数据的存储、分析、计算、挖掘和推送功能，并采用统一的开放接口为上层应用提供数据服务。

（5）应用终端：运行物联网应用的移动终端，例如 Android 手机、平板电脑等设备。

4. 开发前准备工作

学习智云物联平台前，要求用户预先学习以下基本知识和技能。

（1）了解和掌握基于 CC2530 的单片机接口技术和传感器接口技术。

（2）了解 ZigBee 无线传感网基础知识，以及基于 CC2530 的 ZigBee ZStack 组网原理。

（3）了解和掌握 Java 编程，掌握 Android 应用程序开发。

（4）了解和掌握 HTML、JavaScript、CSS、Ajax 开发，熟练使用 DIV＋CSS 进行网页设计。

（5）了解和掌握 JDK＋ApacheTomcat＋Eclipse 环境搭建以及网站开发。

7.1.2　ZXBee 数据通信协议

一个完整的物联网综合系统，其数据贯穿了从感知层到网络层，再到服务层，最后到应用层的各个部分。数据在这 4 个层之间层层传递。感知层用于产生有效数据，网络层需要对有效数据进行解析后向服务器发送数据，服务器需要对有效数据进行分解、分析、存储和调用，应用层需要从服务器获取经过分析的、有用的节点数据。整个过程中，数据都在物联网的各个组织层中进行分析和识别。要实现数据在每一层能够被正确地识别，就需要整套物联网系统在构建之初建立一套完整的数据通信协议。

通信协议（communications protocol）是指通信双方实体完成通信或服务所必须遵循的规则和约定。通过通信信道和设备互连起来的多个不同地理位置的数据通信系统，要使其能协同工作以实现信息交换和资源共享，它们之间必须具有共同的语言。交流什么、怎样交流及何时交流，都必须遵循某种互相都能接受的规则，这个规则就是通信协议。

本项目主要使用智云物联云服务平台，该平台支持物联网无线传感网数据的接入，并定义了物联网数据通信的规范——ZXBee 数据通信协议。

ZXBee 数据通信协议对物联网整个项目从底层到上层的数据段给出了定义，该协议有以下特点：

- 数据格式的语法简单，语义清晰，参数少而精。
- 参数命名合乎逻辑，见名知义，变量和命令的分工明确。

- 参数读写权限分配合理，可以有效抵抗不合理的操作，能够在最大程度上确保数据安全。
- 变量能对值进行查询，可以方便应用程序调试。
- 命令是对位进行操作，能够避免内存资源浪费。

总之，ZXBee 数据通信协议在物联网无线传感网中值得应用和推广，用户也容易在其基础上根据需求进行定制、扩展和创新。

1. 通信协议数据格式

通信协议数据格式：

{[参数]=[值],{[参数]=[值],…}

说明：每条数据以花括号"{}"作为起始字符；{}内参数多个条目以逗号","分隔。

例如：

```
{CD0=1,D0=?}
```

注意：通信协议数据格式中的字符均为英文半角符号。

2. 通信协议参数说明

通信协议参数说明如下。

(1) 下面给出参数名称定义。

- 变量：A0～A7、D0、D1、V0～V3。
- 命令：CD0、OD0、CD1、OD1。
- 特殊参数：ECHO、TYPE、PN、PANID、CHANNEL。

(2) 变量可以对值进行查询，例如：

```
{A0=?}
```

(3) 变量 A0～A7 在物联网云数据中心可以存储保存为历史数据。

(4) 命令是对位进行操作。

具体参数解释如下。

(1) A0～A7：用于传递传感器数值或者携带的信息量，权限为只能通过赋值问号"?"来进行查询当前变量的数值，支持上传到物联网云数据中心存储。例如：

- 温湿度传感器采用 A0 表示温度值，A1 表示湿度值，数值类型为浮点型 0.1 精度。
- 火焰报警传感器采用 A0 表示警报状态，数值类型为整型，固定为 0(未检测到火焰)或 1(检测到火焰)。
- 高频 RFID 模块采用 A0 表示卡片 ID 号，数值类型为字符串。

ZXBee 通信协议数据格式为：

```
{参数=值, 参数=值, …}
```

即用一对花括号"{ }"包含每条数据，{ }内参数如果有多个条目，则用逗号","进行分隔，例如：

```
{CD0=1, D0=?}
```

（2）D0：D0 的 Bit0～Bit7 分别对应 A0～A7 的状态（是否主动上传状态），权限为只能通过赋值“?”来进行查询当前变量的数值，0 表示禁止上传，1 表示允许主动上传。例如：

- 温湿度传感器采用 A0 表示温度值，A1 表示湿度值，D0＝0 表示不上传温度和湿度信息，D0＝1 表示主动上传温度值，D0＝2 表示主动上传湿度值，D0＝3 表示主动上传温度和湿度值。
- 火焰报警传感器采用 A0 表示警报状态，D0＝0 表示不检测火焰，D0＝1 表示实时检测火焰。
- 高频 RFID 模块采用 A0 表示卡片 ID 号，D0＝0 表示不上报卡号，D0＝1 表示运行刷卡响应上报 ID 卡号。

（3）CD0/OD0：对 D0 的位进行操作，CD0 表示位清零操作，OD0 表示位置 1 操作。例如：

- 温湿度传感器采用 A0 表示温度值，A1 表示湿度值，CD0＝1 表示关闭 A0 温度值的主动上报。
- 火焰报警传感器采用 A0 表示警报状态，OD0＝1 表示开启火焰报警监测，当有火焰报警时，会主动上报 A0 的数值。

（4）D1：表示控制编码，权限为只能通过赋值“?”来进行查询当前变量的数值，用户根据传感器属性来自定义功能。例如：

- 温湿度传感器：D1 的 Bit0 表示电源开关状态，如 D1＝0 表示电源处于关闭状态，D1＝1 表示电源处于打开状态。
- 继电器：D1 的 Bit 表示各路继电器状态，如 D1＝0 关闭两路继电器 S1 和 S2，D1＝1 开启继电器 S1，D1＝2 开启继电器 S2，D1＝3 开启两路继电器 S1 和 S2。
- 风扇：D1 的 Bit0 表示电源开关状态，Bit1 表示正转反转。如 D1＝0 或 D1＝2 风扇停止转动（电源断开），D1＝1 风扇处于正转状态，D1＝3 风扇处于反转状态。
- 红外电器遥控：D1 的 Bit0 表示电源开关状态，Bit1 表示工作模式/学习模式。如 D1＝0 或者 D1＝2 表示电源处于关闭状态，D1＝1 表示电源处于开启状态且为工作模式，D1＝3 表示电源处于开启状态且为学习模式。

（5）CD1/OD1：对 D1 的位进行操作，CD1 表示位清零操作，OD1 表示位置 1 操作。

（6）V0～V3：用于表示传感器的参数，用户根据传感器属性自定义功能，权限为可读写。例如：

- 温湿度传感器：V0 表示自动上传数据的时间间隔。
- 风扇：V0 表示风扇转速。
- 红外电器遥控：V0 表示红外学习的键值。
- 语音合成：V0 表示需要合成的语音字符。

（7）特殊参数：ECHO、TYPE、PN、PANID、CHANNEL。

ECHO：用于检测节点在线的指令，将发送的值进行回显，如发送：{ECHO＝test}，若节点在线则回复数据：{ECHO=test}。

TYPE：表示节点类型，该信息包含了节点类别、节点类型、节点名称，权限为只能通过赋值"?"来进行查询当前值。TYPE 的值由 5 个 ASCII 字节表示，如 1 1 001，第 1 字节表示节点类别（1 为 ZigBee，2 为 RF433，3 为 WiFi，4 为 BLE，5 为 IPv6，9 为其他）；第 2 字节表示节点类型(0 为汇集节点，1 为路由/中继节点，2 为终端节点)；第 3、4、5 字节合起来表示节点名称(编码用户自定义)。

7.1.3 通信协议参数定义

xLab 实验平台上传感器的 ZXBee 通信协议参数定义说明如表 7-1 所示。

表 7-1 传感器的 ZXBee 通信协议参数定义说明

传感器	属 性	参 数	权限	说 明
Sensor-A (601)	温度值	A0	R	温度值为浮点型，0.1 精度，−40.0℃～105.0℃
	湿度值	A1	R	湿度值为浮点型，0.1 精度，0～100%
	光强值	A2	R	光强值为浮点型，0.1 精度，0～65535Lux
	空气质量值	A3	R	空气质量值，表征空气污染程度
	气压值	A4	R	气压值为浮点型，0.1 精度，单位百帕
	三轴(跌倒状态)	A5	—	通过计算上报跌倒状态，1 表示跌到(主动上报)
	距离值	A6	R	距离值为浮点型，0.1 精度，20cm～80cm
	语音识别返回码	A7	—	语音识别码为整型，1～49(主动上报)
	上报状态	D0(OD0/CD0)	RW	D0 的 Bit0～Bit7 分别代表 A0～A7 的上报状态，1 表示允许上报
	继电器	D1(OD1/CD1)	RW	D1 的 Bit6、Bit7 分别代表继电器 K1、K2 的开关状态，0 表示断开，1 表示吸合
	上报间隔	V0	RW	循环上报时间间隔
Sensor-B (602)	RGB	D1(OD1/CD1)	RW	D1 的 Bit0、Bit1 代表 RGB 三色灯的颜色状态，00(关)，01(R)，10(G)，11(B)
	步进电机	D1(OD1/CD1)	RW	D1 的 Bit2 分别代表电机的正反转动状态，0 正转(5s 后停止)，1 反转(5s 后反转)
	风扇/蜂鸣器	D1(OD1/CD1)	RW	D1 的 Bit3 代表风扇/蜂鸣器的开关状态，0 表示关闭，1 表示打开
	LED	D1(OD1/CD1)	RW	D1 的 Bit4、Bit5 代表 LED1/LED2 的开关状态，0 表示关闭，1 表示打开
	继电器	D1(OD1/CD1)	RW	D1 的 Bit6、Bit7 分别代表继电器 K1、K2 的开关状态，0 表示断开，1 表示吸合
	上报间隔	V0	RW	循环上报时间间隔

续表

传感器	属性	参数	权限	说明
Sensor-C (603)	人体/触摸状态	A0	R	人体红外状态值,0 或 1 变化,1 表示检测到人体/触摸
	振动状态	A1	R	振动状态值,0 或 1 变化,1 表示检测到振动
	霍尔状态	A2	R	霍尔状态值,0 或 1 变化,1 表示检测到磁场
	火焰状态	A3	R	火焰状态值,0 或 1 变化,1 表示检测到明火
	燃气状态	A4	R	燃气泄漏状态,0 或 1 变化,1 表示燃气泄漏
	光栅(红外对射)状态	A5	R	光栅状态值,0 或 1 变化,1 表示检测到阻挡
	上报状态	D0(OD0/CD0)	RW	D0 的 Bit0～Bit5 分别表示 A0～A5 的上报状态
	继电器	D1(OD1/CD1)	RW	D1 的 Bit6、Bit7 分别代表继电器 K1、K2 的开关状态,0 表示断开,1 表示吸合
	上报间隔	V0	RW	循环上报时间间隔
	语音合成数据	V1	W	文字的 Unicode 编码
Sensor-D (604)	5 位开关状态	A0	R	触发上报状态值,1(UP)、2(LEFT)、3(DOWN)、4(RIGHT)、305(CENTER)
	电视的开关	D1(OD1/CD1)	RW	D1 的 Bit0 代表电视开关状态,0 表示关闭,1 表示打开
	电视频道	V1	RW	电视频道,范围为 0～19
	电视音量	V2	RW	电视音量,范围为 0～99
Sensor-EL (605)	卡号	A0	—	字符串(主动上报,不可查询)
	卡类型	A1	R	整型,0 表示 125K,1 表示 13.56M
	卡余额	A2	R	整型,范围 0～8000.00,手动查询
	设备余额	A3	R	浮点型,设备金额
	设备单次消费金额	A4	R	浮点型,设备本次消费扣款金额
	设备累计消费	A5	R	浮点型,设备累计扣款金额
	门锁/设备状态	D1(OD1/CD1)	RW	D1 的 Bit0、Bit1 表示门锁、设备的开关状态,0 为关闭,1 为打开
	充值金额	V1	RW	返回充值状态,0 或 1,1 表示操作成功
	扣款金额	V2	RW	返回扣款状态,0 或 1,1 表示操作成功
	充值金额(设备)	V3	RW	返回充值状态,0 或 1,1 表示操作成功
	扣款金额(设备)	V4	RW	返回扣款状态,0 或 1,1 表示操作成功
Sensor-EH (606)	卡号	A0	—	字符串(主动上报,不可查询)
	卡余额	A2	R	整型,范围 0～8000.00,手动查询

续表

传感器	属　性	参　数	权限	说　明
Sensor-EH (606)	ETC 杆开关	D1(OD1/CD1)	RW	D1 的 Bit0 表示 ETC 杆开关 0(关闭),1(抬起一次 3s 自动关闭,同时 bit0 置 0)
	充值金额	V1	RW	返回充值状态,0 或 1,1 表示操作成功
	扣款金额	V2	RW	返回扣款状态,0 或 1,1 表示操作成功
Sensor-F (611)	GPS 状态	A0	R	整形,0 为不在线,1 为在线
	GPS 经纬度	A1	R	字符串,形式为 a&b,a 表示经度,b 表示维度,精度 0.000001
	九轴计步数	A2	R	整型
	九轴传感器	A3	R	加速度传感器 x、y、z 数据,格式为 x&y&z
		A4	R	陀螺仪传感器 x、y、z 数据,格式为 x&y&z
		A5	R	地磁仪传感器 x、y、z 数据,格式为 x&y&z
	上报间隔	V0	RW	传感器值的循环上报时间间隔

7.2 智云 Web 开发接口

7.2.1 智云 Web 应用接口

针对 Web 应用开发,智云物联平台提供 JavaScript 接口库,用户直接调用相应的接口即可完成简单的 Web 应用的开发。

1. 实时连接接口

基于 Web JavaScript 的实时连接函数接口说明如表 7-2 所示。

表 7-2　基于 Web JavaScript 的实时连接函数接口说明

函　数	参数说明	功　能
new WSNRTConnect(myZCloudID, myZCloudKey);	myZCloudID: 智云账号 myZCloudKey: 智云密钥	建立实时数据实例,并初始化智云 ID 及密钥
connect()	无	建立实时数据服务连接
disconnect()	无	断开实时数据服务连接
onConnect()	无	监听连接智云服务成功
onConnectLost()	无	监听连接智云服务失败
onMessageArrive(mac,dat)	mac: 传感器的 MAC 地址 dat: 发送的消息内容	监听收到的数据
sendMessage(mac,dat)	mac: 传感器的 MAC 地址 dat: 发送的消息内容	发送消息

续表

函　数	参数说明	功　能
setServerAddr(sa)	sa：数据中心服务器地址及端口	设置/改变数据中心服务器地址及端口号
setIdKey(myZCloudID,myZCloudKey)；	myZCloudID：智云账号 myZCloudKey：智云密钥	设置/改变智云 ID 及密钥(需要重新断开连接)

2. 历史数据接口

基于 Web JavaScript 的历史数据函数接口说明如表 7-3 所示。

表 7-3　基于 Web JavaScript 的历史数据函数接口说明

函　数	参数说明	功　能
new WSNHistory(myZCloudID, myZCloudKey)；	myZCloudID：智云账号 myZCloudKey：智云密钥	初始化历史数据对象，并初始化智云 ID 及密钥
queryLast1H(channel,cal)；	channel：传感器数据通道 cal：回调函数(处理历史数据)	查询最近 1 小时的历史数据
queryLast6H(channel,cal)；	channel：传感器数据通道 cal：回调函数(处理历史数据)	查询最近 6 小时的历史数据
queryLast12H(channel,cal)；	channel：传感器数据通道 cal：回调函数(处理历史数据)	查询最近 12 小时的历史数据
queryLast1D(channel,cal)；	channel：传感器数据通道 cal：回调函数(处理历史数据)	查询最近 1 天的历史数据
queryLast5D(channel,cal)；	channel：传感器数据通道 cal：回调函数(处理历史数据)	查询最近 5 天的历史数据
queryLast14D(channel,cal)；	channel：传感器数据通道 cal：回调函数(处理历史数据)	查询最近 14 天的历史数据
queryLast1M(channel,cal)；	channel：传感器数据通道 cal：回调函数(处理历史数据)	查询最近 1 个月(30 天)的历史数据
queryLast3M(channel,cal)；	channel：传感器数据通道 cal：回调函数(处理历史数据)	查询最近 3 个月(90 天)的历史数据
queryLast6M(channel,cal)；	channel：传感器数据通道 cal：回调函数(处理历史数据)	查询最近 6 个月(180 天)的历史数据
queryLast1Y(channel,cal)；	channel：传感器数据通道 cal：回调函数(处理历史数据)	查询最近 1 年(365 天)的历史数据
query(cal)；	cal：回调函数(处理历史数据)	获取所有通道最后一次的历史数据
query(channel,cal)；	channel：传感器数据通道 cal：回调函数(处理历史数据)	获取该通道下最后一次的历史数据

续表

函　数	参数说明	功　能
query(channel,start,end,cal);	channel：传感器数据通道 cal：回调函数(处理历史数据) start：起始时间 end：结束时间 时间为 ISO 8601 格式的日期,如 2010-05-20T11:00:00Z	通过起止时间查询指定时间段的历史数据(根据时间范围默认选择采样间隔)
query(channel,start,end,interval,cal);	channel：传感器数据通道 cal：回调函数(处理历史数据) start：起始时间 end：结束时间 interval：采样点的时间间隔,详细见后续说明 时间为 ISO 8601 格式的日期 17,如 2010-05-20T11:00:00Z	通过起止时间查询指定时间段、指定时间间隔的历史数据
setServerAddr(sa)	sa：数据中心服务器地址及端口	设置/改变数据中心服务器地址及端口号
setIdKey(myZCloudID,myZCloudKey);	myZCloudID：智云账号 myZCloudKey：智云密钥	设置/改变智云 ID 及密钥

3. 摄像头接口

基于 Web JavaScript 的摄像头函数接口说明如表 7-4 所示。

表 7-4　基于 Web JavaScript 的摄像头函数接口说明

函　数	参数说明	功　能
new WSNCamera(myZCloudID,myZCloudKey);	myZCloudID：智云账号 myZCloudKey：智云密钥	初始化摄像头对象,并初始化智云 ID 及密钥
initCamera(myCameraIP,user,pwd,type);	myCameraIP：摄像头外网域名/IP 地址 user：摄像头用户名 pwd：摄像头密码 type：摄像头类型(F-Series、F3-Series、H3-Series)	设置摄像头域名、用户名、密码、类型等参数
openVideo();	无	打开摄像头
closeVideo();	无	关闭摄像头
control(cmd);	cmd：云台控制命令,参数如下： UP 为向上移动一次 DOWN 为向下移动一次 LEFT 为向左移动一次 RIGHT 为向右移动一次 HPATROL 为水平巡航转动 VPATROL 为垂直巡航转动 360PATROL 为 360°巡航转动	发指令控制摄像头云台转动

续表

函　　数	参 数 说 明	功　　能
checkOnline(cal)；	cal：回调函数(处理检查结果)	检测摄像头是否在线
snapshot()；	无	抓拍照片
setDiv(divID)；	divID：网页标签	设置展示摄像头视频图像的标签
freeCamera(myCameraIP)；	myCameraIP：摄像头外网域名/IP 地址	释放摄像头资源
setServerAddr(sa)	sa：数据中心服务器地址及端口	设置/改变数据中心服务器地址及端口号
setIdKey(myZCloudID,myZCloudKey)；	myZCloudID：智云账号 myZCloudKey：智云密钥	设置/改变智云 ID 及密钥

4. 自动控制接口

基于 Web JavaScript 的自动控制函数接口说明如表 7-5 所示。

表 7-5　基于 Web JavaScript 的自动控制函数接口说明

函　　数	参 数 说 明	功　　能
new WSNAutoctrl(myZCloudID, myZCloudKey)；	myZCloudID：智云账号 myZCloudKey：智云密钥	初始化自动控制对象，并初始化智云 ID 及密钥
createTrigger(name,type,param, cal)；	name：触发器名称 type：触发器类型(sensor、timer) param：触发器内容，JSON 对象格式，创建成功后返回该触发器 id(JSON 格式) cal：回调函数	创建触发器
createActuator(name,type,param, cal)；	name：执行器名称 type：执行器类型(sensor、ipcamera、phone、job) param：执行器内容，JSON 对象格式，创建成功后返回该执行器 id(JSON 格式) cal：回调函数	创建执行器
createJob(name,enable,param, cal)；	name：任务名称 enable：true(使能任务)，false(禁止任务) param：任务内容，JSON 对象格式，创建成功后返回该任务 id(JSON 格式) cal：回调函数	创建任务

续表

函　　数	参数说明	功　　能
deleteTrigger(id,cal);	id：触发器 id cal：回调函数	删除触发器
deleteActuator(id,cal);	id：执行器 id cal：回调函数	删除执行器
deleteJob(id,cal);	id：任务 id cal：回调函数	删除任务
setJob(id,enable,cal);	id：任务 id enable：true（使能任务），false（禁止任务） cal：回调函数	设置任务使能开关
deleteSchedudler(id,cal);	id：任务记录 id cal：回调函数	删除任务记录
getTrigger(cal);	cal：回调函数	查询当前智云 ID 下的所有触发器内容
getTrigger(id,cal);	id：触发器 id cal：回调函数	查询该触发器 id 内容
getTrigger(type,cal);	type：触发器类型 cal：回调函数	查询当前智云 ID 下的所有该类型的触发器内容
getActuator(cal);	cal：回调函数	查询当前智云 ID 下的所有执行器内容
getActuator(id,cal);	id：执行器 id cal：回调函数	查询该执行器 id 内容
getActuator(type,cal);	type：执行器类型 cal：回调函数	查询当前智云 ID 下的所有该类型的执行器内容
getJob(cal);	cal：回调函数	查询当前智云 ID 下的所有任务内容
getJob(id,cal);	id：任务 id cal：回调函数	查询该任务 id 内容
getSchedudler(cal);	cal：回调函数	查询当前智云 ID 下的所有任务记录内容
getSchedudler(jid,duration,cal);	id：任务记录 id duration：duration = x < year | month|day|hours|minute>//默认返回 1 天的记录 cal：回调函数	查询该任务记录 id 某个时间段的内容
setServerAddr(sa)	sa：数据中心服务器地址及端口	设置/改变数据中心服务器地址及端口号
setIdKey(myZCloudID,myZCloudKey);	myZCloudID：智云账号 myZCloudKey：智云密钥	设置/改变智云 ID 及密钥

5. 用户数据接口

基于 Web JavaScript 的用户数据函数接口说明如表 7-6 所示。

表 7-6 基于 Web JavaScript 的用户数据函数接口说明

函数	参数说明	功能
new WSNProperty(myZCloudID, myZCloudKey);	myZCloudID：智云账号 myZCloudKey：智云密钥	初始化用户数据对象，并初始化智云 ID 及密钥
put(key,value,cal);	key：名称 value：内容 cal：回调函数	创建用户应用数据
get(cal);	cal：回调函数	获取所有的键值对
get(key,cal);	key：名称 cal：回调函数	获取指定 key 的 value 值
setServerAddr(sa)	sa：数据中心服务器地址及端口	设置/改变数据中心服务器地址及端口号
setIdKey(myZCloudID,myZCloudKey);	myZCloudID：智云账号 myZCloudKey：智云密钥	设置/改变智云 ID 及密钥

7.2.2 智云开发调试工具

为了方便开发者快速使用智云物联平台，我们提供了智云开发调试工具(见图 7-7)，能够跟踪应用数据包及学习 API 的运用，该工具采用 Web 静态页面方式提供，主要包含以下内容。

图 7-7 智云开发调试工具

(1) 智云数据分析工具：支持设备数据包的采集、监控及指令控制，支持智云数据库的历史数据查询。

(2) 智云自动控制工具：支持自动控制单元触发器、执行器、执行策略、执行记录的调试。

(3) 智云网络拓扑工具：支持进行传感器网络拓扑分析，能够远程更新传感网络PANID和Channel等信息。

1. 实时推送测试工具

实时数据推送演示，通过消息推送接口，能够实时抓取项目上下行所有节点的数据包，支持通过命令对节点进行操作，获取节点的实时信息、控制节点的状态等。实时推送测试工具界面如图7-8所示。

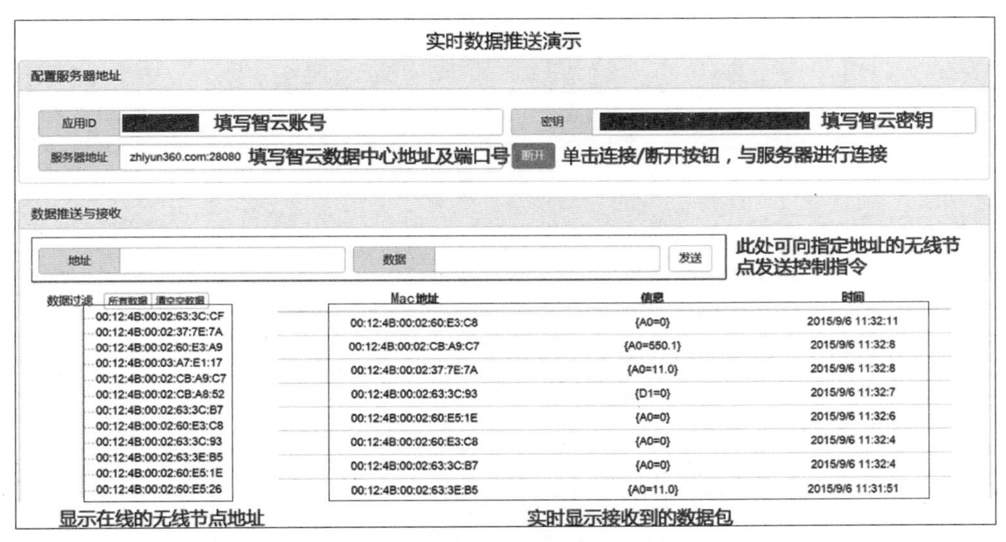

图7-8 实时推送测试工具界面

2. 历史数据测试工具

历数值/图片性历史数据测试工具(见图7-9)能够接入数据中心数据库，对项目任意时间段的历史数据进行获取(见图7-10)，支持数值型数据曲线图展示、JSON数据格式展示，同时支持摄像头抓拍的画面(图片)在曲线时间轴展示，如图7-11所示。

3. 网络拓扑分析工具

ZigBee协议模式下，网络拓扑图分析工具能够实时接收并解析ZigBee网络数据包，将接收到的网络信息通过拓扑图的形式展示，通过颜色对不同节点类型进行区分，显示节点的IEEE地址。网络拓扑分析工具界面如图7-12所示。

4. 视频监控测试工具

视频监控测试工具支持对项目中摄像头进行管理，能够实时获取摄像头采集的画面，并支持对摄像头云台进行控制，支持上、下、左、右、水平、垂直巡航等，同时支持截屏操作。视频监控测试工具界面如图7-13所示。

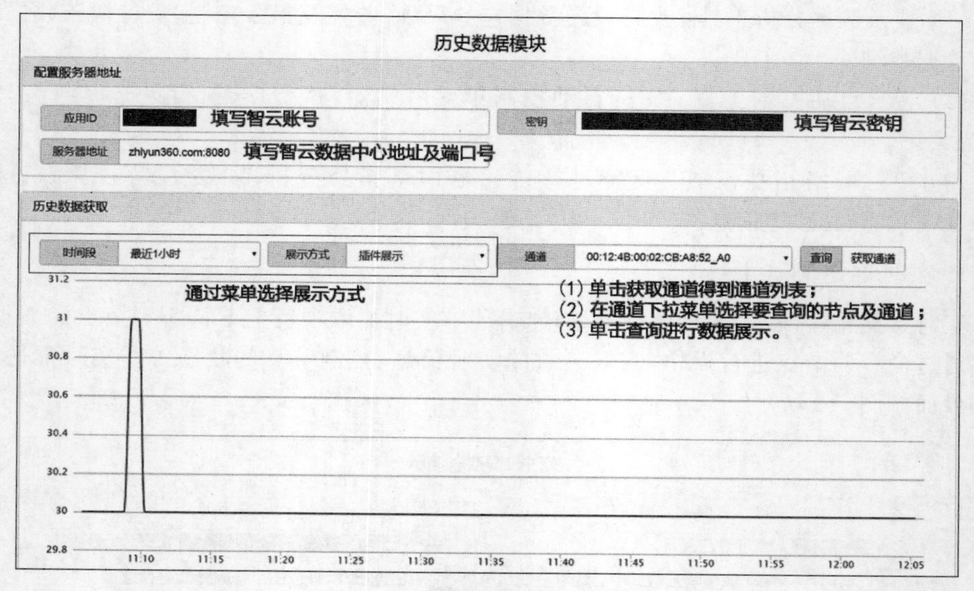

图 7-9　历史数据测试工具界面

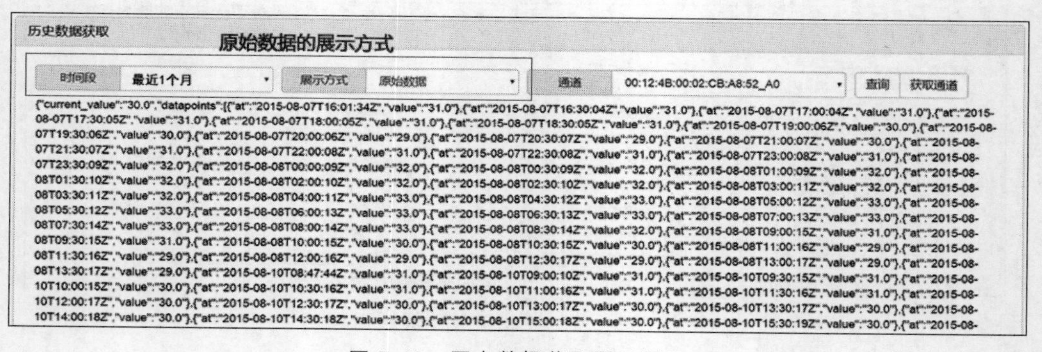

图 7-10　历史数据获取展示界面

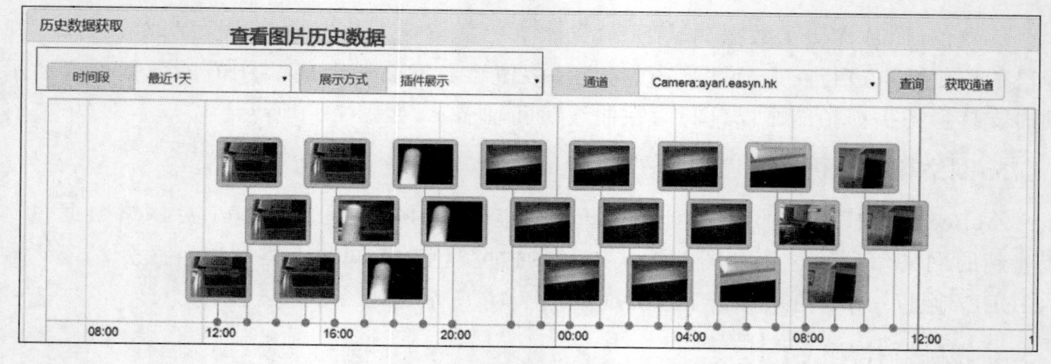

图 7-11　历史图片展示界面

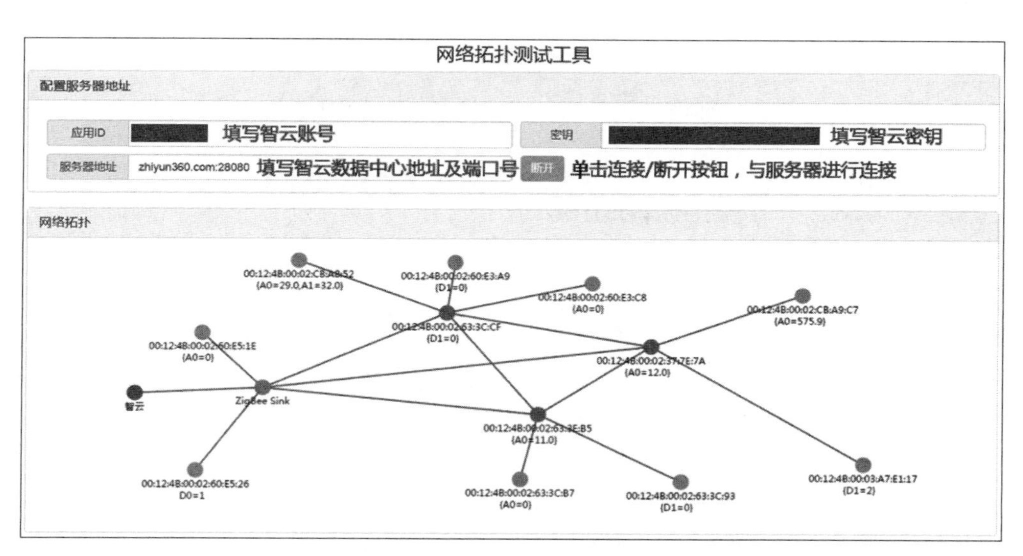

图 7-12　网络拓扑分析工具界面

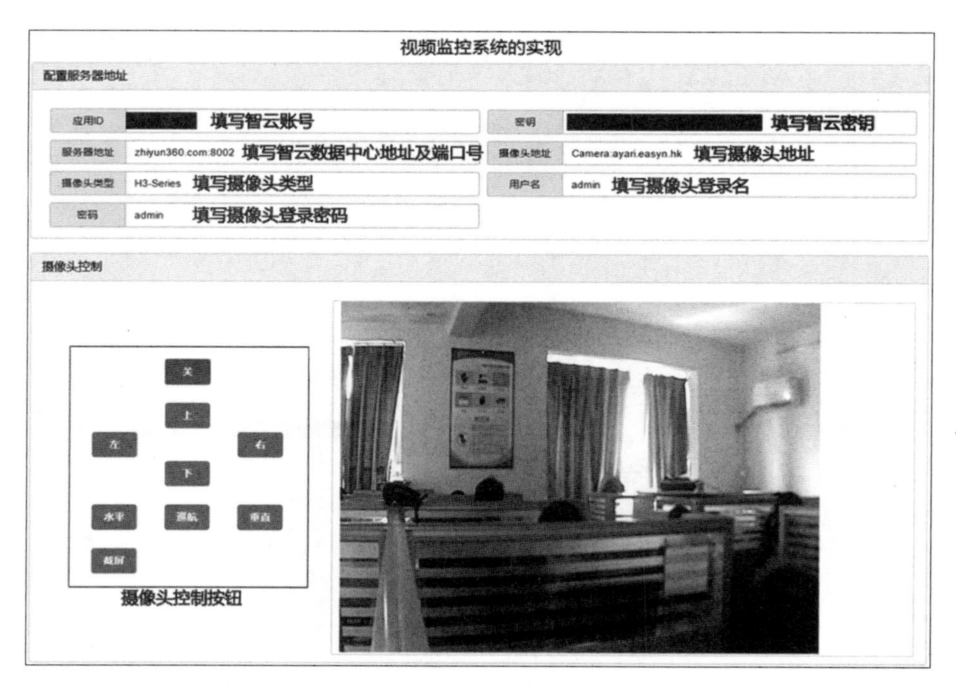

图 7-13　视频监控测试工具界面

5. 用户应用数据存储与查询测试工具

用户应用数据存储与查询测试工具，通过用户数据库接口，支持在该项目下存取用户数据，以 key-value 键值对的形式保存到数据中心服务器，同时支持通过 key 获取到其对应的 value 数值。

用户应用数据存储与查询测试工具可以对用户应用数据库进行查询、存储等操作，其界面如图 7-14 所示。

应用数据存储与查询测试演示

配置服务器地址

应用ID 填写智云账号 密钥 填写智云密钥

服务器地址 zhiyun360.com:8080 填写智云数据中心地址及端口号

应用数据查询与存储

操作 获取 名称 名称为空查询所有 查询 操作

查询的结果

ID	名称	值
0	sasdfasd	dfasdfasd
1	asdfas	ssfsdsddddd
2	asdfassss	ssfsdsddddd
3	zonesion	中文识别吗？
4	中文识别吗	1234abcd，。/../中文识别吗？
5	mj-sensor	{"00:12:4B:00:02:60:E5:26":{"name":"小区南大门"},"00:12:4B:00:02:60:E5:27":{"name":"小区北大门"}}
6	mj-user	{"BC3323A6":{"name":"用户01","phone":"1864334543","address":"1栋1-304"},"BC3323A7":{"name":"用户02","phone":"13943466606","address":"1栋1-401"},"3A923C0B":{"name":"用户03","phone":"13339873233","address":"2栋1-502"},"DB7EFC07":{"name":"测试卡片","phone":"13224567655","address":"2栋2-304"}}
7	user	{"123":{"name":"test","phone":"1234434"},"456":{"name":"233","phone":"3323"},"83D7E901":{"name":"张三","phone":"13122122132"},"3A923C0B":{"name":"徐志远","phone":"13123346755"},"DB7EFC07":{"name":"李四","phone":"13233434344"},"83D0EC01":{"name":"管文序","phone":"13233203345"}}

图 7-14　用户应用数据存储与查询测试工具界面

6. 自动控制测试工具

自动控制模块测试工具通过内置的逻辑编辑器实现复杂的自动控制逻辑，包括触发器（传感器类型、定时器类型）、执行器（传感器类型、短信类型、摄像头类型、任务类型）、执行任务和执行记录四大模块，每个模块都具有查询、创建、删除功能。自动控制测试工具界面如图 7-15 所示。

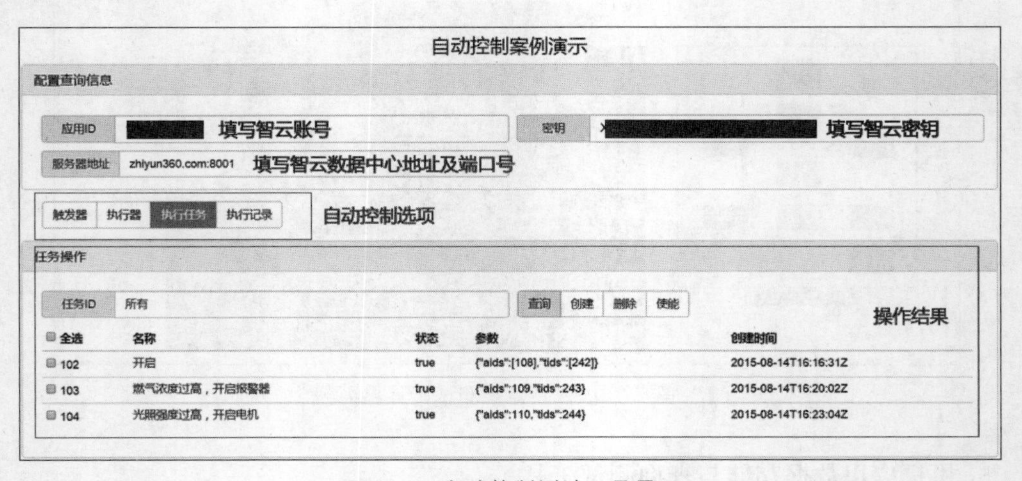

图 7-15　自动控制测试工具界面

7.2.3　实时连接接口分析

智云物联云平台提供了实时数据推送服务的 API，用户根据这些 API 可以实现与底层传感器的信息交互，理解了这些 API 后，用户就可以在底层自定义一些协议，然后根据 API

和协议实现对底层传感器的控制以及数据采集等功能。实时数据查询与推送界面如图 7-16 所示。

实时数据查询与推送

应用ID [ ] 密钥 [ ] 服务器地址 [zhiyun360.com:28080] 断开

Mac地址 [00:12:4B:00:10:27:A5:19] 参数 [{OD1=64,D1=?}] 发送

Mac地址	信息	时间
00:12:4B:00:10:27:A5:19	{A0=27.1,A1=23.0,A2=252.5,A3=16,A4=0.0,A5=0,A6=0.0,D1=64}	2019/1/5 14:40:56
00:12:4B:00:10:27:A5:19	{D1=64}	2019/1/5 14:40:38
00:12:4B:00:10:27:A5:19	{D1=64}	2019/1/5 14:40:37
00:12:4B:00:10:27:A5:19	{A0=27.1,A1=22.8,A2=257.5,A3=29,A4=0.0,A5=0,A6=0.0,D1=64}	2019/1/5 14:40:26
00:12:4B:00:10:27:A5:19	{A0=27.1,A1=22.8,A2=264.2,A3=30,A4=0.0,A5=0,A6=0.0,D1=64}	2019/1/5 14:39:56
00:12:4B:00:10:27:A5:19	{A0=27.2,A1=22.7,A2=268.3,A3=29,A4=0.0,A5=0,A6=0.0,D1=64}	2019/1/5 14:39:26

图 7-16 实时数据查询与推送界面

Web 程序中首先要包含智云 Web 接口的 JS 文件 WSNRTConnect.js，因为要使用 jQuery 库，所以需包含对应的库文件，接下来调用 new WSNRTConnect 初始化实时连接对象 rtc。

```
<script src="../../js/jquery-1.11.0.min.js"></script>
<script src="../../js/WSNRTConnect.js"></script>
<script>
var rtc=new WSNRTConnect();
```

Web 应用中连接功能是通过“链接”按钮实现的。单击此按钮时，click 事件代码首先通过 if (! rtc.isconnect)判断当前实时连接对象是否连接，如果没有连接就调用 rtc.setIdKey($ (" # aid").val(), $ (" # xkey").val())获得用户输入的 ID 与 Key，通过 rtc.setServerAddr($ (" # saddr").val())获得服务器地址，调用 rtc.connect 方法连接到智云服务器。

```
$(document).ready(function(){
                $("#btn_con").click(function(){
                    if(!rtc.isconnect) {
                        rtc.setIdKey($("#aid").val(), $("#xkey").val());
                        rtc.setServerAddr($("#saddr").val());
                        rtc.connect();
                    } else {
                        rtc.disconnect();
                    }
                });
```

“链接”按钮上动态字符切换功能实现，若连接上智云服务器此按钮显示为“断开”，若没有连接上则显示为“链接”。代码实现如下。

```
function onConnect(){
        rtc.isconnect=true;
        $("#btn_con").val("断开");
        $("#btn_con").attr("class","btn btn-warning");
        console.log("断开");
    }
    function onConnectLost() {
        rtc.isconnect=false;
        $("#btn_con").val("链接");
        $("#btn_con").attr("class","btn btn-success");
        console.log("链接");
    }
```

如果连接成功,则下面的表格通过 onmessageArrive 函数监听接收到的数据,并在表格中显示数据。

```
function onmessageArrive(mac, msg) {
var d=new Date();
var time=d.toLocaleDateString()+" "+d.getHours()+":"+d.getMinutes()+":"+d.
getSeconds();
var ul_mac=$(".filter").children("ul").attr("mac");
var html="<tr mac='"+mac+"'><td>"+mac+"</td><td>"+msg+"</td><td>"+time+"
</td></tr>";
$("table").find("tbody").prepend(html);
}
```

发送命令功能通过 rtc.sendMessage($("#mac").val(), $("#pa").val())方法实现,需要节点设备的 Mac 地址与协议命令参数。

```
$(document).ready(function(){
        $("#query").click(function(){
            if(!rtc.isconnect) {
                return;
            }
            rtc.sendMessage($("#mac").val(), $("#pa").val());
        });
    });
```

7.2.4 历史数据接口分析

历史数据接口界面如图 7-17 所示。

历史数据的页面通过"查询"按钮的 click 事件处理实现相关功能。new WSNHistory($("#aid").val(), $("#xkey").val())通过获取的 ID 与 Key 初始化历史数据对象,通

历史数据查询

应用ID 密钥 服务器地址 zhiyun360.com:8080

查询时间段 最近1小时 通道 00:12:4B:00:10:27:A5:19_A0 查询

{"current_value":"24.7","datapoints":[{"at":"2019-01-05T11:34:29Z","value":"22.8"},{"at":"2019-01-05T11:34:59Z","value":"22.9"},
{"at":"2019-01-05T11:35:29Z","value":"23.0"},{"at":"2019-01-05T11:35:59Z","value":"23.0"},{"at":"2019-01-05T11:36:29Z","value":"23.1"},
{"at":"2019-01-05T11:36:59Z","value":"23.1"},{"at":"2019-01-05T11:37:29Z","value":"23.2"},{"at":"2019-01-05T11:37:59Z","value":"23.2"},
{"at":"2019-01-05T11:38:29Z","value":"23.3"},{"at":"2019-01-05T11:38:59Z","value":"23.3"},{"at":"2019-01-05T11:39:29Z","value":"23.4"},
{"at":"2019-01-05T11:39:59Z","value":"23.4"},{"at":"2019-01-05T11:40:29Z","value":"23.5"},{"at":"2019-01-05T11:40:59Z","value":"23.5"},
{"at":"2019-01-05T11:41:29Z","value":"23.5"},{"at":"2019-01-05T11:41:59Z","value":"23.6"},{"at":"2019-01-05T11:42:29Z","value":"23.6"},
{"at":"2019-01-05T11:42:59Z","value":"23.7"},{"at":"2019-01-05T11:43:29Z","value":"23.7"},{"at":"2019-01-05T11:43:59Z","value":"23.8"},
{"at":"2019-01-05T11:44:29Z","value":"23.9"},{"at":"2019-01-05T11:44:59Z","value":"23.9"},{"at":"2019-01-05T11:45:29Z","value":"24.0"},

图 7-17 历史数据接口界面

过 myHisData.setServerAddr($("#saddr").val())设置服务器地址，通过 time=$("#history_time").val()获得要查询的时间段参数，$("#history_channel").val()获得要查询的通道号，最后 myHisData[time](channel,function(dat){})实现查询与页面显示。

```
$(function(){
    $("#history_query").click(function(){
        //初始化 API
        var myHisData=new WSNHistory($("#aid").val(), $("#xkey").val());
        myHisData.setServerAddr($("#saddr").val());
        $("#data_show").text("");
        var time=$("#history_time").val();
        var channel=$("#history_channel").val();
        myHisData[time](channel, function(dat){
                var data=JSON.stringify(dat);    //JSON 对象变为字符串
                $("#data_show").text(data);
            })
        })
    })
```

7.3 项目案例

7.3.1 项目目标

智云服务连接测试项目主要是调用智云物联平台的 Web 编程应用实时接口，对智云服务器进行实时连接。

7.3.2 案例描述

实时连接 Web 程序框架如图 7-18 所示。

历史数据 Web 程序框架如图 7-19 所示。

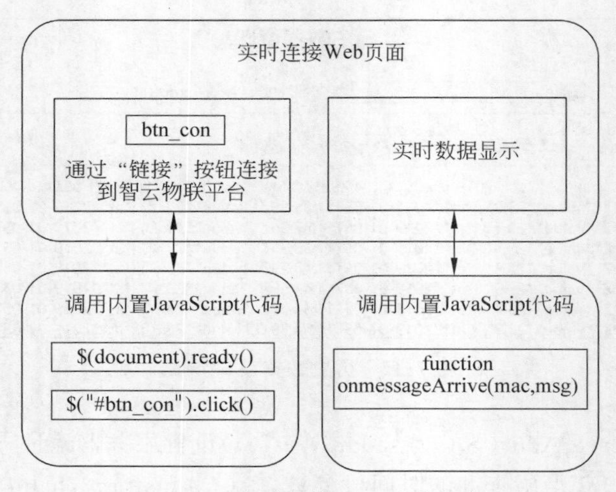

图 7-18　实时连接 Web 程序框架

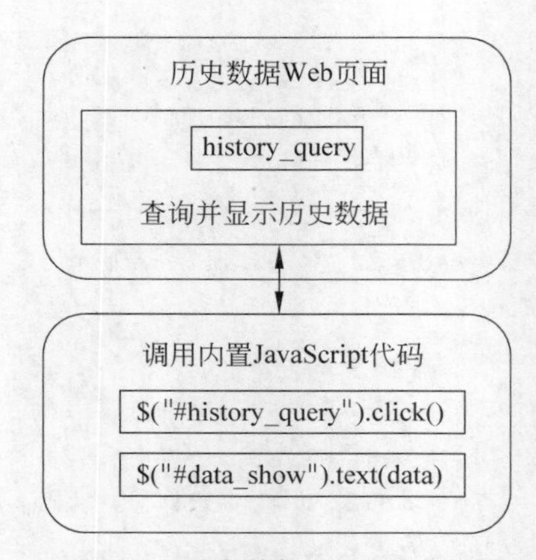

图 7-19　历史数据 Web 程序框架

7.3.3　案例要点

智云物联平台提供了实时数据推送服务的 API，用户根据这些 API 可以实现与底层传感器的信息交互，理解了这些 API 后，用户就可以在底层自定义一些协议，然后根据 API 和协议实现对底层传感器的控制及数据采集等功能。

7.3.4　案例实施

1. 实时连接代码设计

1）实时连接页面文件 realTimeConnect.html

实时连接页面代码如下。

```
<!DOCTYPE html>
<html>
```

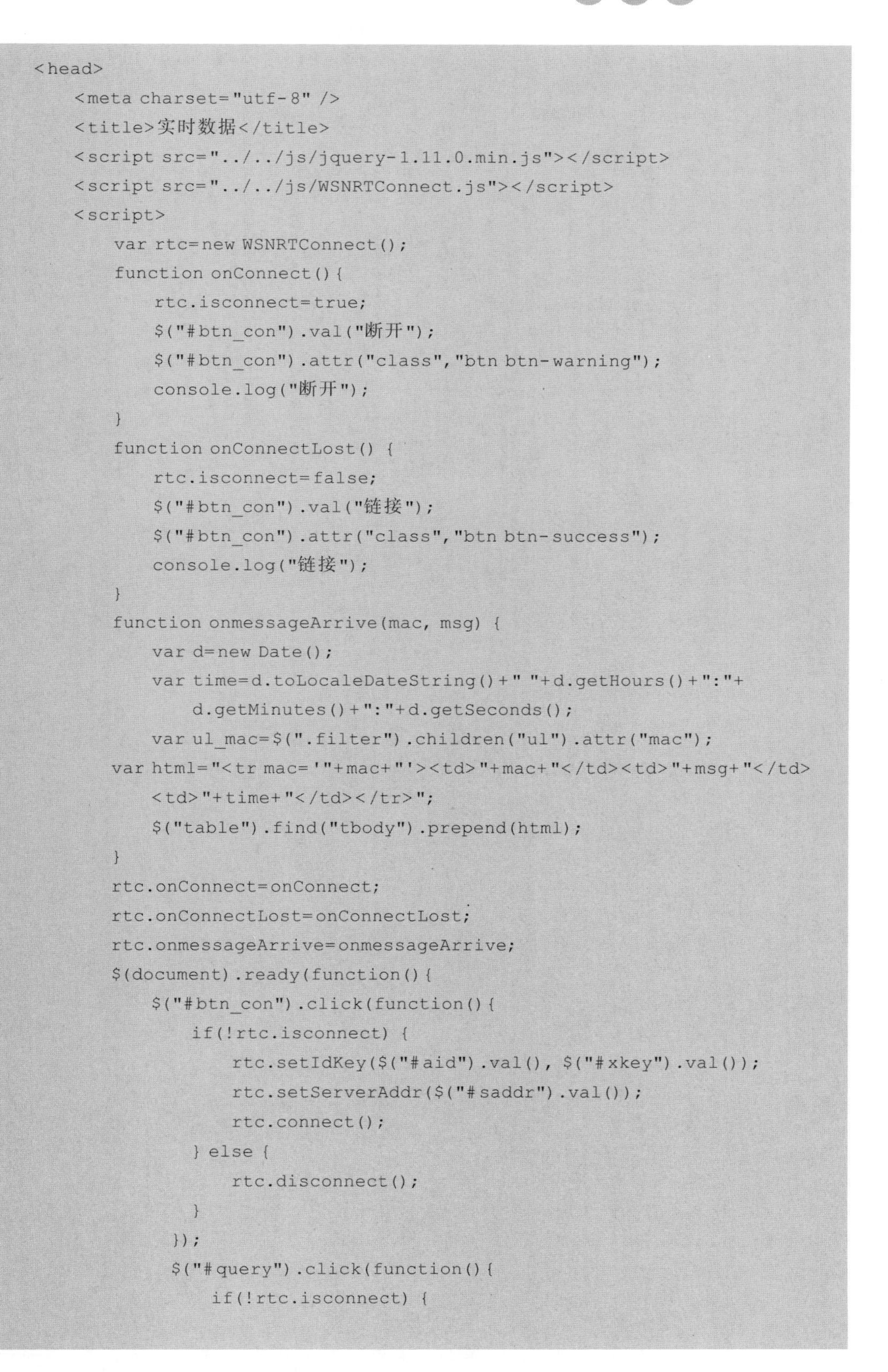

```
<head>
    <meta charset="utf-8" />
    <title>实时数据</title>
    <script src="../../js/jquery-1.11.0.min.js"></script>
    <script src="../../js/WSNRTConnect.js"></script>
    <script>
        var rtc=new WSNRTConnect();
        function onConnect(){
            rtc.isconnect=true;
            $("#btn_con").val("断开");
            $("#btn_con").attr("class","btn btn-warning");
            console.log("断开");
        }
        function onConnectLost() {
            rtc.isconnect=false;
            $("#btn_con").val("链接");
            $("#btn_con").attr("class","btn btn-success");
            console.log("链接");
        }
        function onmessageArrive(mac, msg) {
            var d=new Date();
            var time=d.toLocaleDateString()+" "+d.getHours()+":"+
                d.getMinutes()+":"+d.getSeconds();
            var ul_mac=$(".filter").children("ul").attr("mac");
        var html="<tr mac='"+mac+"'><td>"+mac+"</td><td>"+msg+"</td>
            <td>"+time+"</td></tr>";
            $("table").find("tbody").prepend(html);
        }
        rtc.onConnect=onConnect;
        rtc.onConnectLost=onConnectLost;
        rtc.onmessageArrive=onmessageArrive;
        $(document).ready(function(){
            $("#btn_con").click(function(){
                if(!rtc.isconnect) {
                    rtc.setIdKey($("#aid").val(), $("#xkey").val());
                    rtc.setServerAddr($("#saddr").val());
                    rtc.connect();
                } else {
                    rtc.disconnect();
                }
              });
              $("#query").click(function(){
                if(!rtc.isconnect) {
```

```
                    return;
                }
                rtc.sendMessage($("#mac").val(), $("#pa").val());
            });
        });
    </script>
    <style>
        h1{
            text-align:center;
        }
        h2{
            text-align:center;
        }
        hr{
            width:1024px;
            margin:0px auto;
            border: 1px dashed #666;
        }
        label{
            width: 80px;
        }
        .form_button{
            margin-top:10px;
        }
        .form-control{
            width: 200px;
            margin-top:10px;
        }
        .block{
            width:1024px;
            margin:10px auto;
        }
    </style>
</head>
<body>
    <h1>智云平台 Web 接口测试程序</h1>
    <hr/>
    <h2>实时数据查询与推送</h2>
    <!--配置服务器信息-->
    <div class="server block">
        <label for="aid">应用 ID</label>
         <input type="text" id="aid" value="12345678"/>
        <label for="xkey">密钥</label>
         <input type="text" id="xkey" class="form-control"
            value="12345678" />
```

```
        <label for="saddr">服务器地址</label>
         <input type="url" id="saddr" class="form-control"
            value="zhiyun360.com:28080"/>
         <input type="button" id="btn_con" class="btn btn-success"
            value="链接"/>
      </div>
      <hr/>
      <!--查询指定数据-->
      <div class="query block">
         <label for="mac">MAC 地址</label>
          <input type="text" id="mac" class="form-control" />
          <label for="pa">参数</label>
          <input type="text" id="pa" class="form-control" />
         <input type="button" id="query" value="发送" />
      </div>
      <hr/>
      <div id="data_show" class="data block">
         <table class="table table-condensed">
            <thead>
               <tr>
                  <th width="300px">MAC 地址</th>
                  <th width="300px">信息</th>
                  <th width="300px">时间</th>
               </tr>
            </thead>
            <tbody>
            </tbody>
         </table>
      </div>
   </body>
</html>
```

2）WSNRTConnect.js 文件代码

WSNRTConnect.js 文件代码如下。

```
function randomString(length) {
   var text="";
   var possible="ABCDEFGHIJKLMNOPQRSTUVWXYZabcdefghijklmnopqrstuvwxyz
      0123456789";
   for(var i=0; i<length; i++)
      text+=possible.charAt(Math.floor(Math.random() * possible.length));
   return text;
}
```

```
var WSNRTConnect=function(myZCloudID, myZCloudKey) {
    var thiz=this;
    thiz.uid=myZCloudID;
    thiz.key=myZCloudKey;
    thiz.saddr="zhiyun360.com:28080";
    thiz.onConnect=null;
    thiz.onConnectLost=null;
    thiz.onmessageArrive=null;
    thiz.setIdKey=function(uid, key) {
        thiz.uid=uid;
        thiz.key=key;
    };
    thiz.initZCloud=function(uid, key) {
        thiz.uid=uid;
        thiz.key=key;
    };
    thiz.setServerAddr=function(addr) {
        thiz.saddr=addr;
    };
    thiz.disconnect=function() {
        thiz.wsc.close();
    };
    thiz.connect=function() {
        thiz.wsc=new WebSocket('ws://'+thiz.saddr);
        thiz.wsc.onopen=function(event) {
            var auth={
                method:"authenticate",
                uid:thiz.uid,
                key:thiz.key
            };
            var dat=JSON.stringify(auth);
            thiz.wsc.send(dat);
            if(thiz.onConnect) thiz.onConnect();
        };
        thiz.wsc.onmessage=function(message) {
            try{
                var msg=JSON.parse(message.data);
                if(msg.method && msg.addr && msg.data) {
                    if(msg.method=='message') {
                        if(thiz.onmessageArrive) thiz.onmessageArrive(msg.
                            addr, msg.data);
                    }
                }
            } catch (err) {
```

```
                    console.log("error msg "+err);
                }
            };
            thiz.wsc.onclose=function() {
                if(thiz.onConnectLost) thiz.onConnectLost();
            };
        };
        thiz.sendMessage=function(mac, payload) {
            var msg={
                    method:"control",
                    addr:mac,
                    data:payload
            };
            var dat=JSON.stringify(msg);
            thiz.wsc.send(dat);
        };
};
```

2. 历史数据代码设计

1）历史数据页面文件 historyQuery.html

历史数据页面代码如下。

```
<!DOCTYPE html>
<html>
<head>
        <meta charset="utf-8" />
        <title>历史数据查询</title>
        <script src="../../js/jquery-1.11.0.min.js"></script>
        <script src="../../js/WSNHistory.js"></script>
        <script>
            $(function(){
                $("#history_query").click(function(){
                    //初始化 api
                    var myHisData=new WSNHistory($("#aid").val(), $("#xkey").
                        val());
                    myHisData.setServerAddr($("#saddr").val());
                    $("#data_show").text("");
                    var time=$("#history_time").val();
                    var channel=$("#history_channel").val();
                    myHisData[time](channel, function(dat){
                        var data=JSON.stringify(dat);    //JSON对象变为字符串
                        $("#data_show").text(data);
                    })
```

```
                })
            })
        </script>
        <style>
            h2{
                text-align:center;
            }
            hr{
                width:1024px;
                margin:0px auto;
                border: 1px dashed #666;
            }
            label{
                width: 80px;
            }
            .form_button{
                margin-top:10px;
            }
            .form-control{
                width: 200px;
                margin-top:10px;
            }
            .block{
                width:1024px;
                margin:10px auto;
            }
        </style>
    </head>
    <body>
        <h2>历史数据查询</h2>
        <!--配置服务器信息-->
        <div class="server block">
            <label for="aid">应用 ID</label>
            <input type="text" id="aid" value="12345678"/>
            <label for="xkey">密钥</label>
            <input type="text" id="xkey" class="form-control"
                value="12345678" />
            <label for="saddr">服务器地址</label>
            <input type="url" id="saddr" class="form-control"
                value="zhiyun360.com:8080"/>
        </div>
        <hr/>
        <!--查询历史数据-->
        <div class="query block">
```

```
            <label for="history_time">查询时间段</label>
            <select class="form-control" id="history_time">
             <option value="queryLast1H">最近 1 小时</option>
             <option value="queryLast6H">最近 6 小时</option>
             <option value="queryLast12H">最近 12 小时</option>
             <option value="queryLast1D">最近 1 天</option>
             <option value="queryLast7D">最近 1 周</option>
             <option value="queryLast14D">最近 2 周</option>
             <option value="queryLast1M">最近 1 月</option>
             <option value="queryLast3M">最近 3 月</option>
             <option value="queryLast6M">最近半年</option>
             <option value="queryLast1Y">最近 1 年</option>
            </select>
            <label for="history_channel">通道</label>
            <input type="text" id="history_channel" class="form-control"
                value="00:12:4B:00:02:CB:A8:52_A0"/>
            <input type="button" id="history_query" value="查询" />
        </div>
        <hr/>
        <div id="data_show" class="data block">
        <!--显示操作后数据-->
        </div>
  </body>
</html>
```

2）WSNHistory.js 文件代码

WSNHistory.js 文件代码如下。

```
function WSNHistory(myZCloudID, myZCloudKey) {
    var thiz=this;
    thiz.uid=myZCloudID;
    thiz.key=myZCloudKey;
    thiz.saddr="zhiyun360.com:8080";
    thiz.setIdKey=function(uid, key) {
        thiz.uid=uid;
        thiz.key=key;
    };
    thiz.initZCloud=function(uid, key) {
        thiz.uid=uid;
        thiz.key=key;
    };

    thiz.setServerAddr=function(addr) {
```

```
        thiz.saddr=addr;
    };
    thiz.query=function(channel, start, end, interval, cb) {
        var url,q;
        if(arguments.length==1) {
            url="http://"+thiz.saddr+"/v2/feeds/"+thiz.uid;
           cb=arguments[0];
        } else {
           q="start="+start+"&end="+end+"&interval="+interval;
           url="http://"+thiz.saddr+"/v2/feeds/"+thiz.uid+"/datastreams/"+
              channel+"?"+q;
        }
        //console.log(url);
        $.ajax({
            type: "GET",
        url: url,
        dataType:"json",
        beforeSend: function(xhr) {
                xhr.setRequestHeader("X-ApiKey", thiz.key);
            },
            success: function(data) {
                cb(data);
            }
        });
    };
    thiz.queryLast=function(channel, cb, pa) {
        var url="http://"+thiz.saddr+"/v2/feeds/"+thiz.uid+"/datastreams/"
             +channel;
        if(pa) {
            url+="?"+pa;
        }
        $.ajax({
            type: "GET",
        url: url,
        dataType:"json",
        beforeSend: function(xhr) {
                xhr.setRequestHeader("X-ApiKey", thiz.key);
            },
            success: function(data) {
                cb(data);
            }
        });
    };
    thiz.queryLast1H=function(channel, cb) {
```

```
        thiz.queryLast(channel, cb, "duration=1hour");
    };
    thiz.queryLast6H=function(channel, cb) {
        thiz.queryLast(channel, cb, "duration=6hours");
    };
    thiz.queryLast12H=function(channel, cb) {
        thiz.queryLast(channel, cb, "duration=12hours");
    };
    thiz.queryLast1D=function(channel, cb) {
        thiz.queryLast(channel, cb, "duration=1day");
    };
    thiz.queryLast5D=function(channel, cb) {
        thiz.queryLast(channel, cb, "duration=5days");
    };
    thiz.queryLast14D=function(channel, cb) {
        thiz.queryLast(channel, cb, "duration=14days");
    };
    thiz.queryLast1M=function(channel, cb) {
        thiz.queryLast(channel, cb, "duration=1month");
    };
    thiz.queryLast3M=function(channel, cb) {
        thiz.queryLast(channel, cb, "duration=3months");
    };
    thiz.queryLast6M=function(channel, cb) {
        thiz.queryLast(channel, cb, "duration=6months");
    };
    thiz.queryLast1Y=function(channel, cb) {
        thiz.queryLast(channel, cb, "duration=1year");
    };
}
```

操作步骤如下。

(1) 编程实现智云 API 测试 Web 程序。

(2) 使用 XLab 实验平台组建智能家居的 DEMO 演示项目(或使用数据源仿真组建项目)。

(3) 通过智云物联云平台 ZCloudWebTools 工具(如图 7-20 所示)测试智云服务器连接与实时数据的接收。

(4) 实时连接运行测试。

实时连接运行主界面如图 7-21 所示。

输入正确的 ID\KEY,就可在页面看到传感器相关数据,如图 7-22 所示。

数据推送功能测试,主要是对传感器节点进行控制。通过实时数据显示的信息查找 TYPE=12602 节点 Mac 地址,通过查询 ZXBee 数据通信协议对控制节点上相关传感器进行控制,如图 7-23 所示。

实时数据
智云物联云平台工具
首页
实时数据
历史数据
网络拓扑
视频监控
用户数据
自动控制
实时数据测试工具
配置服务器地址
应用ID
密钥
服务器地址
zhiyun360.com
断开
分享
数据推送与接收
地址
数据
发送
数据过滤
所有数据
清空空数据
00:12:4B:00:10:27:A5:19
Mac地址
信息
时间
00:12:4B:00:10:27:A5:19 {A0=23.2,A1=41.7,A2=251.7,A3=41,A4=0.0,A5=0,A6=0.0,D1=0} 12/21/2018 14:41:50
00:12:4B:00:10:27:A5:19 {A0=23.2,A1=41.5,A2=250.8,A3=44,A4=0.0,A5=0,A6=0.0,D1=0} 12/21/2018 14:41:20
00:12:4B:00:10:27:A5:19 {A0=23.2,A1=41.7,A2=247.5,A3=44,A4=0.0,A5=0,A6=0.0,D1=0} 12/21/2018 14:40:20
00:12:4B:00:10:27:A5:19 {A0=23.2,A1=41.5,A2=246.7,A3=43,A4=0.0,A5=0,A6=0.0,D1=0} 12/21/2018 14:39:50
00:12:4B:00:10:27:A5:19 {A0=23.1,A1=41.8,A2=245.8,A3=41,A4=0.0,A5=0,A6=0.0,D1=0} 12/21/2018 14:39:20
00:12:4B:00:10:27:A5:19 {A0=23.1,A1=41.7,A2=245.8,A3=44,A4=0.0,A5=0,A6=0.0,D1=0} 12/21/2018 14:38:50

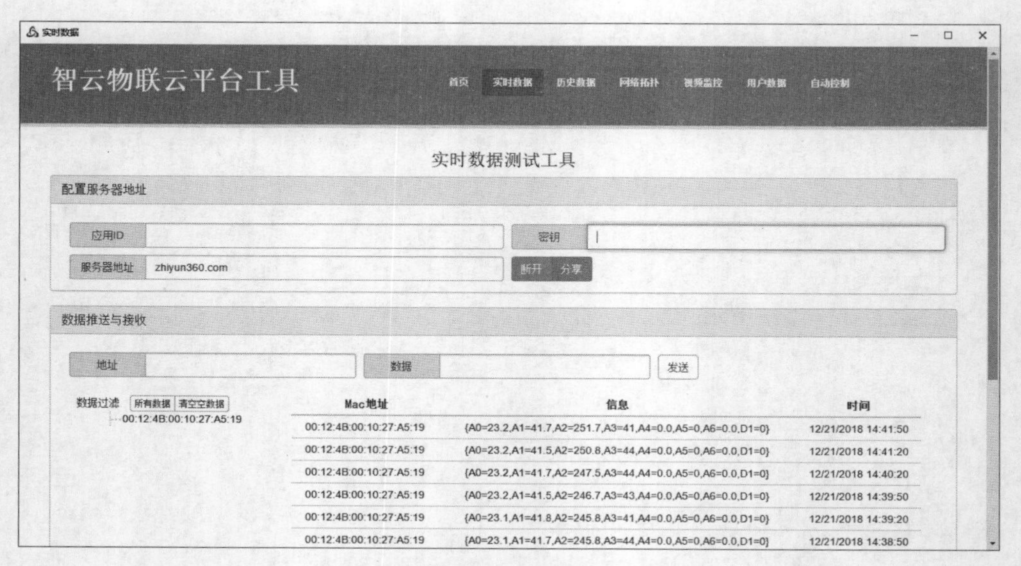

图 7-20　ZCloudWebTools 工具

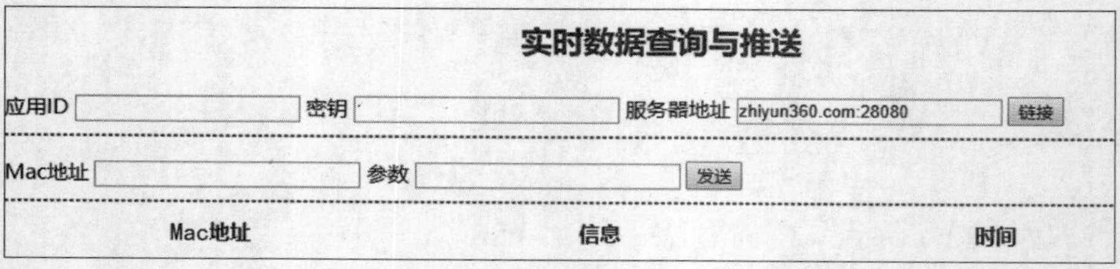

实时数据查询与推送
应用ID
密钥
服务器地址
zhiyun360.com:28080
链接
Mac地址
参数
发送
Mac地址
信息
时间

图 7-21　实时连接运行主界面

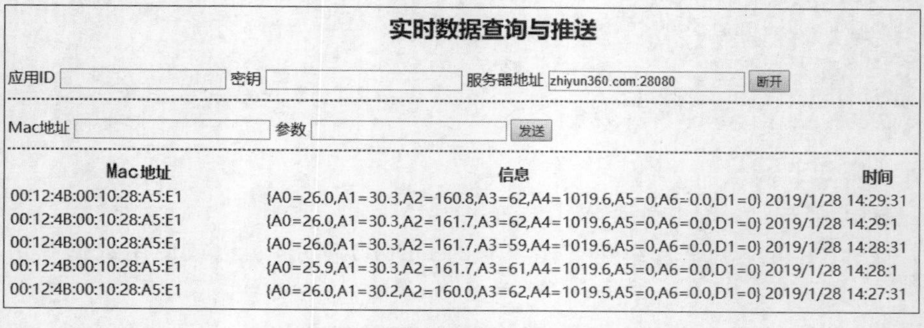

实时数据查询与推送
应用ID
密钥
服务器地址
zhiyun360.com:28080
断开
Mac地址
参数
发送
Mac地址
信息
时间
00:12:4B:00:10:28:A5:E1 {A0=26.0,A1=30.3,A2=160.8,A3=62,A4=1019.6,A5=0,A6=0.0,D1=0} 2019/1/28 14:29:31
00:12:4B:00:10:28:A5:E1 {A0=26.0,A1=30.3,A2=161.7,A3=62,A4=1019.6,A5=0,A6=0.0,D1=0} 2019/1/28 14:29:1
00:12:4B:00:10:28:A5:E1 {A0=26.0,A1=30.3,A2=161.7,A3=59,A4=1019.6,A5=0,A6=0.0,D1=0} 2019/1/28 14:28:31
00:12:4B:00:10:28:A5:E1 {A0=25.9,A1=30.3,A2=161.7,A3=61,A4=1019.6,A5=0,A6=0.0,D1=0} 2019/1/28 14:28:1
00:12:4B:00:10:28:A5:E1 {A0=26.0,A1=30.2,A2=160.0,A3=62,A4=1019.5,A5=0,A6=0.0,D1=0} 2019/1/28 14:27:31

图 7-22　传感器相关数据显示

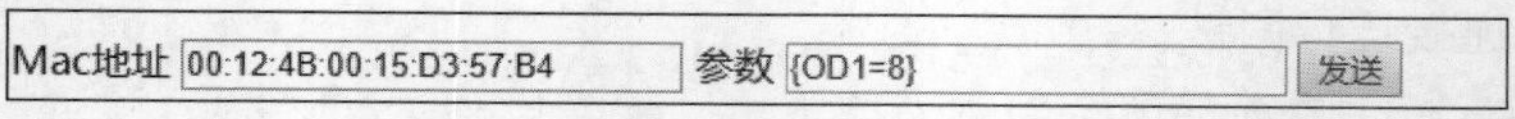

Mac地址
00:12:4B:00:15:D3:57:B4
参数
{OD1=8}
发送

图 7-23　ZXBee 数据通信协议控制

(5) 历史数据查询运行测试。

历史数据查询主界面如图 7-24 所示。

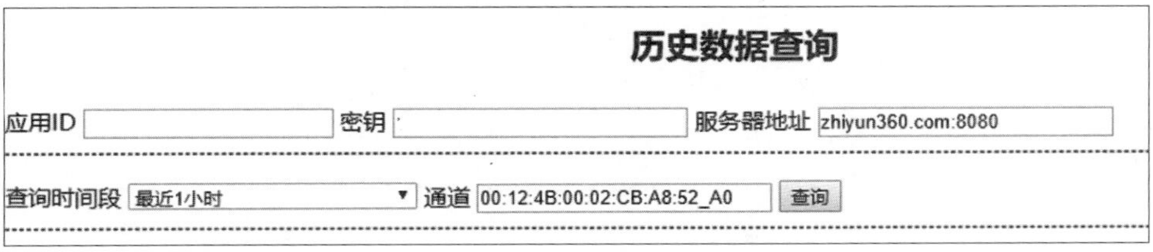

历史数据查询

应用ID 密钥 服务器地址 zhiyun360.com:8080

查询时间段 最近1小时 通道 00:12:4B:00:02:CB:A8:52_A0 查询

图 7-24 历史数据查询主界面

输入正确的 ID\KEY 与要查询的传感器通道号，就可以在页面看到相关数据，如图 7-25 所示。

图 7-25 历史数据查询操作

习题

1. Web 应用中连接功能是通过什么按钮实现的？简述其“断开”与“链接”调用函数过程。
2. Web 应用程序假如显示的是某个硬件节点设备的温湿度数据，简述温湿度数据从硬件到 App 的传递过程。
3. 简述智云平台框架由哪几部分组成。
4. 简述 ZXBee 数据通信协议的特点。

图书资源支持

感谢您一直以来对清华版图书的支持和爱护。为了配合本书的使用，本书提供配套的资源，有需求的读者请扫描下方的“书圈”微信公众号二维码，在图书专区下载，也可以拨打电话或发送电子邮件咨询。

如果您在使用本书的过程中遇到了什么问题，或者有相关图书出版计划，也请您发邮件告诉我们，以便我们更好地为您服务。

我们的联系方式：

地　　址：北京市海淀区双清路学研大厦 A 座 714

邮　　编：100084

电　　话：010-83470236　010-83470237

客服邮箱：2301891038@qq.com

QQ：2301891038（请写明您的单位和姓名）

资源下载：关注公众号“书圈”下载配套资源。

资源下载、样书申请

书圈

获取最新书目

观看课程直播